KAIZEN JOURNEY

カイゼン・ジャーニー

市谷 聡啓 | 新井 剛

たった1人からはじめて、「越境」するチームをつくるまで

SE SHOEISHA

Foreword

この本は何？

私たちは、みなさんがいる場所「ソフトウェア開発の現場」をより良い方向へと変えていくための方法を、この本を通じて届けたいと思っています。

問題が起きない現場なんて、まずないでしょう。仕事をしていれば、大小様々な問題が起きるものです。問題にもポジティブなものと、ネガティブなものがあります。

ポジティブなものとは、挑戦した結果に生じる問題のことです。もっとより良い開発のやり方、仕事の進め方を求めて、「新たな方法」に踏み出そうとすると、当然不慣れですからうまくいかないことが多いでしょう。こうした新たな方法は、世の中を見渡せばたくさんの選択肢として提示されています。

一方、ネガティブなものとは、誰も望んでいない、できれば回避したい問題にあたります。人と人との期待のズレから起きる対立。原因が是正されず、繰り返し発生してしまう障害や不具合。どういうコミュニケーションを取れば良いかわからず、起きてしまう認識の齟齬。ネガティブなほうの問題は、そのような現状に至っている背景や事情がたいていあるため、解決するためにはこれまでの習慣や前例を越えていかなければならないというハードルの高さがあります。しかも、行動の原動力は、現状を何とかしたいという思いであり、個人から出発することが多いと思います。つまり、現場を変えるという挑戦をたった一人から始めることになるのです。

私たちも、これまでそのような状況であがいてきました。そんなときに、力を貸してくれる人や後押ししてくれる人がいたら、どんなに心強いかということを良くわかっています。しかし、そうした人たちが運良く周りに現れるとは限りません。私たちも数多くの挫折を味わってきました。やはり、現場を変えるなんて一人では進めることができないのでしょうか。

そんなことはありません、ということが言いたくて私たちはこの本を書きました。一人から行動を起こすことはできます。そして、その行動が次の進展をつくります。この本では、私たち自身がこれまで経験し、実践してきたことを下敷きにして、どのようにして始めて、周りを巻き込み、前進していくのかを具体的に示しました。

私たちは、この本が現場を変えていく人たちに寄り添う存在になって欲しいと願っています。

対象読者

この本は、ソフトウェア開発に携わる人を対象として書かれています。ただし、紹介している工夫は、ソフトウェア開発に限らず、チームでの活動を前提としている仕事についている方にも役に立つところがあると思います。

また、特にソフトウェア開発についてまだ経験が浅い方を想定して書いています。経験が浅いうちは、仕事のやり方をどう変えていくか、どこから始めるかに苦戦するはずです。この本の内容が、指針の一つになると思います。

そして、開発の経験を豊富に持ち、日々仕事のカイゼンに取り組んでいる方にも、仕事のふりかえりとして活用していただければと思います。

この本の読み方

この本は、ストーリーと解説を中心に構成しています。1話につき、1つ以上のストーリーと解説があります。

ストーリーでは、架空の世界の下で設定されたキャラクターたちでお話を紡いでいます。フィクションではありますが、私たちのこれまでの経験、出来事を棚卸して、また、理解しやすいように編集・改変を加えて構成しているため、まったくのゼロから創作したお話というわけでもありません。そうでなければ、紹介している数々の工夫にも説得力が生まれないだろうと考えたためです。

ストーリーには、二つの役割があります。読者が解説の内容を受け止めやすくするために、導入の状況や背景を説明する役割と、解説の内容を補足・補完する役割です。解説だけでは、それぞれの工夫を取り入れるにあたっての文脈が伝えづらいため、これらの役割を担っています。

解説では、現場や仕事をカイゼンするための具体的な工夫を説明しています。どのような段取りや手順で進めるのか。コツや注意すべきことは何か、をまとめています。ストーリーの文脈とつながりを持たせるために、各部のストーリーで登場するキャラクターに語らせる形式を取っています。

また、さらに解説の内容を補強する理論や、解説から一歩進んだ内容などを紹介するものとしてコラムを用意しています。巻末には、各話で紹介している工夫を一覧にまとめた付録を設けました。読み進める上で、あるいは後から特定の工夫を見つけるための手段として活用してください。

全体は、3部構成になっています。第1部は一人で、第2部はチームで取り組む内容を扱っています。第3部はさらにチームの外側にいる人たちとの取り組みになります。状況に応じて、どの部から読んでもらっても構いませんが、少しずつ現場を変えていく方法を追うのであれば、第1部から読み進めることをお勧めします。

この本に関する情報

この本についてのお知らせや補足情報は以下で提供しています。また、内容についてのフィードバックもぜひお寄せください。

・サポートページ http://kaizenjourney.jp/
・Facebookページ https://www.facebook.com/kaizenjourney.jp/
・Twitter公式ハッシュタグ #kaizenj

前置きはここまでとします。

この本のお話の主人公は、たくさんの問題に直面し、その都度、工夫をこらしながら乗り越えていきます。読み進めるにあたっては、自分ならどうするだろうかと考えを巡らせてみてください。ひょっとしたら主人公とは違った行動になるかもしれません。それも一つの学びといえるでしょう。

それでは、一緒に、このカイゼンの旅を始めましょう。楽しい旅を！

contents

Prologue
終わりなきジャーニー

「江島さん。ちょっと良いですか」
　僕の席にやってきたのは、小柄な女性だった。すぐにずれ落ちる大きなメガネを右手で器用に上げながら、まっすぐと僕を見てくる。
「七里さん、ダメです。なってません」
　もう、彼女から同じ内容の苦情を何度ももらっている。普段はチャットでやりとりしているが、ラチがあかないと感じたのだろう、直接目の前までやってきたわけだ。
「ちょっと待って。このメッセンジャー、もう終わるから」
　彼女が来る直前までやりとりをしていたメッセンジャーに、急いで続きを打ち込む。内容は、今月開催するコミュニティイベントの打ち合わせについてだった。相手は、小町さんという社外の人。長く一緒にコミュニティの運営をしている間柄だ。少ない言葉のやりとりでもだいたい、意思疎通ができる。
　小町さんとのやりとりを終えて、目の前に佇むウラットさんに視線を向け直した。ウラットさんはタイ出身だが、日本に移住してからもう何年も経っていて、日本語は流暢だ。最近新設されたQAチームの若きリーダーだ。
　まずは、僕も何度となく返しているお決まりの言葉で返事をする。
「ウラットさん、七里の何がダメなの」
「七里さんは、テストというものをわかっていません。今回、彼が送ってきたアプリに対して、QAチームが検出したバグは35件です」
　ウラットさんは、本気で怒っているようだった。七里のチームには、ウラットさんからテストのレクチャーを何度もしてきてはいるのだが、あまり効果が上がっていないようだ。ウラットさんは畳みかけてきた。
「こんなことでは困ります、江島さん。プロダクト開発部のマネージャーとして、七里さんの指導が必要です」
　七里は僕の直属の部下なので、僕に申し入れてくるのは正しい。ただ、七里にも言い分があるかもしれない。ウラットさんの言葉を全面的に受け入れつつ、七里の話も聴いてみると返した。ウラットさんはまだ言い足りなさそうだった。
　ふと、チャット上の通知が飛んできて、視線が奪われる。今度は、チャットの上で、言い合いが始まっていた。
「@enoshima に確認しましたが、管理者向けの機能はスコープから外れたそうです。3日前に。なぜ、まだつくるべきものとして上がっているんですか？」
　発言の主は、万福寺さんというRubyのプログラマーだった。仲間内ではその容貌から和尚と呼ばれている。どうやら、こっちはこっちで、チームリーダーの浜須賀とそのメンバーの間で揉め事が起きているようだ。和尚と長くコンビを組んでいる、マイさんというプログラマーが、同じく続いた。
「浜ちゃん！ いい加減、しっかりしないとネ！」
　マイさんは海外生活が長く、独特のイントネーションの持ち主なのだが、テキストでのやりとりでもそれは変わらないようだった。わざわざ話し言葉をしっかり再現させている。
「すいません。忘れていました……」
　浜須賀は、すっかり元気をなくしたようだ。すかさずチームのアーキテクト、由比さんがフォローに入った。
「まあまあ。浜須賀さんは前回の江島さんとのミーティング、目は開いていたようですけど、頭は眠っていたのでしょう。ちょっとみんなで何をつくるべきなのか点検し直しましょう」
　きちんと辛辣な言葉を織り交ぜるのが由比さんらしい。フォローになっているのか怪しいところはあるが、こっちのチームは話が収まりそうだった。僕が少し気をそらしたのを見て、ウラットさんがまた機嫌を悪くした。
「江島マネージャー！ 聴いてますか、人の話！ 江島さん品質のこと、なめていますか！」
　しまった。ウラットさんは身振り手振りも含めて、一生懸命品質について語り始めた。こうなったら、話しきらないともう収まらない。僕は観念したように、背中を椅子に深く預けた。
　なんのかんのと毎日言い合っている部内だが、僕には心地の良いやりとりだった。みんな、良いプロダクトをつくろうと、前のめりで仕事をしている。だからこそ、衝突もある。僕が入社3年目の頃の開発部は、衝突さえなかった。
　デスクの上にある写真立てが目に入ってくる。あるチームの打ち上げの写真だ。それを見た僕は、笑みがこぼれてしまう。このチームのときも、ドラマチックな開発だった。3年目の頃は会社を辞めようと考えていたこともあった。それから、もう思い出せないくらい、いろんな出来事があった。でも、すべての始まりとなったことは今でもはっきりと覚えている。あれは、僕にとって忘れることのない事件だったから。

KAIZEN JOURNEY

第1部 一人から始める

第1部｜登場人物紹介

江島：物語の中の主人公。20代半ばのプログラマー。間違っていると思ったらそのままにはできず、周囲に問題提起を行う。しかし、なかなか周りとの温度感が合わず、モヤモヤとしている。反面、振る舞いが生意気と思われることも多く、会社では少し浮いた存在になっている。このお話は、彼の視点で語り進められる。株式会社アチーブ・アンド・パートナーズ（AnP社）所属。

石神：アジャイルな開発についての先達。とっつきにくく強面だが、魂の宿る言葉を発し、人を魅了する力を持つ。江島もまた、その魅了された一人。

片瀬：江島と同じ年齢の中途入社社員。江島とは違う部署に所属。メガネをかけていて色白で、一見頼りない印象だが、実は自分の中に軸を持っていて、ぶれない。AnP社所属。

砂子：江島にとっては兄貴のような存在。発注管理システム運用保守のクライアント側の担当者。明るく、他人を励まして物事を成し遂げようとするタイプだが、言葉はやや乱暴。プロダクトの質に妥協することはない。株式会社MIH所属。

神戸橋：江島が所属するチームのリーダー。会社の上層部や顧客と開発メンバーとの間にいる単なる伝言役という典型的な中間管理職。AnP社所属。

藤谷：プログラマー。江島とは違う部署に所属。体力に自信を持っていてタフな同僚。AnP社所属。

株式会社アチーブ・アンド・パートナーズ（AnP）：江島が所属する企業。メーカー向けのSI（システムインテグレーション）事業を中心としてきたが、この3年（第1話が始まる3年くらい前から）は、自社サービスの開発・提供に軸足を変えつつある。社員数は500名程度。通年採用者も多く、魅力ある企業文化として知れ渡っているが内状は残業の嵐。

株式会社MIH：インテリアをメイン事業としているメーカー。国内シェアは第3位。AnP社には、業務基幹系システムの開発を委託してきた。AnP社にとっては売上も大きく、重要なクライアントという位置づけ

第01話 EPISODE 01

会社を出ていく前にやっておくべきこと

ストーリー ■ 僕が遭遇した、ある忘れられない事件

会社を変えよう、と決意した。ここは僕がいるべきところではない。

入社してからすぐに、その思いは湧き上がり、今日の今日まで高まり続ける一方だった。3年の月日が流れても、変わることはなかった。だから、もうこのあたりで良いだろうと思い立った。

この3年の間、様々なことを考えた。僕がいる会社の現場のレベル感はひどく低い。いつもプロジェクトは炎上していて、目論見どおりに終わることはまずない。メンバーの士気は低くて、プロジェクトの最初からたいていやる気がない。そんな感じだから仕事はうまくいかず、約束されていたかのように燃え盛り、それがまたメンバーの気持ちを挫いていく。ひどい循環だ。

僕は、どうすれば仕事がもっとうまくいくのか、あれこれと考えては周りに提案をしてきた。世の中にあふれている様々な開発のやり方や習慣、工夫、ツールなどを調べては共有のために社内で展開する。

でも、何かにつけて後ろ向きな人たちにいくら言ったって、ムダだった。僕があの人たちに伝えるべき言葉はもうない。だから、ここにいる必要も、もうない。

思えば、入社したときから、一人で動くことが多かった。だから、コードを書いて、ソフトウェアをつくるということも自己流で、独学で身につけてきた。少し苦労はしたけど、おかげで周りには僕ほどコードが書ける人はいない。もっと学べるところへ行きたい。もっともっとワクワクするようなサービスをつくりたい。もう、思いを押さえつけることができなくなっていた。

社外の勉強会やイベントに参加するようになったのも、会社を辞めようと思ってからだった。どんな現場があり、どんな人がいて、どんなサービスをつくっているのか、世の中をもっと見て回って、次の場所を選ぼうと考えていた。

会社の仕事は定時で終えて、毎日のように社外のイベントへと出かけていく。世の中は広く、思っていた以上にいろんな人と、いろんな現場があった。僕は社外に出かけるたびに、ちょっとした興奮を得ていた。だからこそ、次の選択がな

かなかできないでいた。隣の芝生は青いとはいうけども、本当に青いのだ。世の中の芝生は青く、僕がいる場所だけ枯れていたのだろう。

ある出版社が企画・主催しているカンファレンスに行ったときは、そろそろイベントや勉強会を見て回るのも飽き始めていた頃だった。だいたい、どこかで聞いたような話を耳にするようになっていた。このカンファレンスも、出版社が商業的なPRを狙ったイベントだろうから、目新しい話はないかなと想像していた。

……ところが。この日のある人の話が、僕の選択を大きく変えることになってしまう。とてもじゃないけど想像なんてできなかった。ある人との小さな出会いが、僕の人生を大きく曲げることになるなんて。

僕はその人の話に引き込まれ、心を奪われた。これは技術セッションなのだろうか？ これは一体何の話なんだ？ わからなかった。実は、何年か経った後でも、このときのことを思い起こすことがあるんだけど、いまだに自分の受け止め方で合っているのか自信を持てていない。

話の内容は、あるソフトウェア開発会社で、その人が信頼し、もはや愛しているといっても過言ではない「開発のあり方とやり方」について、どのように取り組んでいるか、という事例だった。

チームとクライアントを巻き込んでのふりかえり、朝会、見える化の取り組み、スクラムとカンバンの併用運営、チームメンバーや関係者の巻き込み方、アジャイルな見積もりと計画づくり、加えてプロジェクト全体でバッファをマネジメントするやり方。僕にとってはどれもワクワクするような開発のスタイル。

とはいえ、要は事例の紹介だ。でも、今まで僕が見聞きしてきた、他の人のどの話とも違う。彼の話は、「自分が良いと思ったことをやる、やった」ということに終始した。それは、彼の「信仰」についての語りのように思えた。

彼、石神さんの話に、なぜ僕は引き込まれたのだろう？ その答えは、イベント後の懇親会で彼と会話することで理解できた。

石神さんは、懇親会会場でなぜかひとりぼっちでご飯を食べていた。僕はチャンスと捉えて、石神さんの話に惹かれたことを一生懸命伝えようとした。石神さんは、僕が投げかける感想や質問を一切置き去りにして、眉間の皺をこちらに見せた。

「それで、あなたは何をしている人なんですか？」

何も答えられなかった。何一つ言葉が出てこなかった。そして、理解した。僕は、何一つやっていないんだ。

石神さんの話に魅せられた理由、それは彼が「自分が良いと信じていること」に振り切っているからだった。何かを始めようとすると、誰からとなく細かい反論があるかもしれないし、採用することへの不安もあるかもしれない。誰もついてこないかもしれないし、誰からも評価されないかもしれない。ところが、石神さんにとってはどれも無視して良い、十分に小さなことなのだ。

自分の話をしているときの石神さんは実に楽しそうだ。今、目の前にいる強面が醸す雰囲気から、一変する。自分が良いと信じる開発のやり方やあり方について語ること、他人と分かち合うことが楽しくて仕方ない、そんな雰囲気だった。

僕は、会社でぼんやりとした人たちに、こうすべき、ああすべき、こう考えるべき、なぜこうしない、とさんざん言いちらしてきた。でも、自分一人で何かを始めることはなかった。「何をしている人なのか？」に答えられるようなお話を持っていなかった。

彼はまだ僕の答えを待っているようだった。眉間の皺が深い。なぜ石神さんが講演者にもかかわらず、ひとりぼっちなのかわかった。取っ付きやすさをどこかに置いてきたような人なのだ。僕は、絞り出すようにようやく言葉を一つ吐き出すことができた。

「……まだ、何もしていません」

もはや石神さんの顔をまともに見ることはできない。それでも、僕はこのときから、選んだのだった。

「今はまだです。これから、やっていきます」

■〉●

石神の解説● 自分がいつもいる場所から外に出てみよう

第1部の解説は、私、石神が担当する。

もっと仕事のやり方を良くしたい、変えたい、新たな取り組みを始めたいと思ったときに、何からやっていけば良いのか、どうすれば良いのか取っ掛かりもわからず前に進めないときがある。

まずは、情報を集めてみようということになるが、その手段は様々ある。インターネットの海の中で、代表するキーワードで検索しブログや事例を拾い読みするだけでは、実践の支えになりにくいだろう。私としては、**自分がいつもいる場所から外に出てみる**ことをお勧めしたい。

同じ場所にいると、考え方ややり方の傾向が揃ってきてしまうことが多い。それで問題解決ができている間は良いが、今までのやり方では解決できないことに直面したり、仕事のカイゼンが進まなくなったりすることも出てくる。外には、自分たちとは異なった考え方を持っていたり、経験をしていたりする人たちがたくさんいる。だから、外に出ることで問題解決の可能性は広がる。

幸いなことに世の中では、たくさんの勉強会やイベントが開催されている。そこには、外との接点がある。他の現場の体験や工夫について見聞きすることができる。聴くだけではなく、質問や意見をぶつけてみることもできる。

自分の疑問や意見を表明してみるのは大事なことだ。言葉にして、他人に伝えようとすることで、自分の考えが整理されるからだ。

外に出て知見を得ていくにあたって、覚えておかなければならない大事なことがある。外から得られた学びを、そのまま自分たちの現場や仕事で適用しようとしても、たいていうまくいかない。自分たちの「状況」に照らし合わせてみることが必要だ。

なぜなら、得られる情報の多くは、発信した人の体験から抽出されたものだからだ。体験は、ある状況や条件の下で起きたことだから、それらの前提を無視して、結果だけを得ようとしても、自分たちの置かれている状況と合致しないためうまくいかない。

これは、キーワードだけで技術やプロセス、プラクティスを引っ張ってきて、現場に手段のみを持ち込もうとしたときにも同じことがいえる。キラキラした言葉に心を持っていかれてはならない。

私たちは、**他者の実践の背景にどんな状況、制約があったのかを理解し、自分たちの状況、制約の下ではどのように実践するべきなのか捉え直さないといけない。**このことを、くれぐれも気に留めておいて欲しい。

図1-1 | 外から得た学びを、自分たちの状況に照らし合わせる

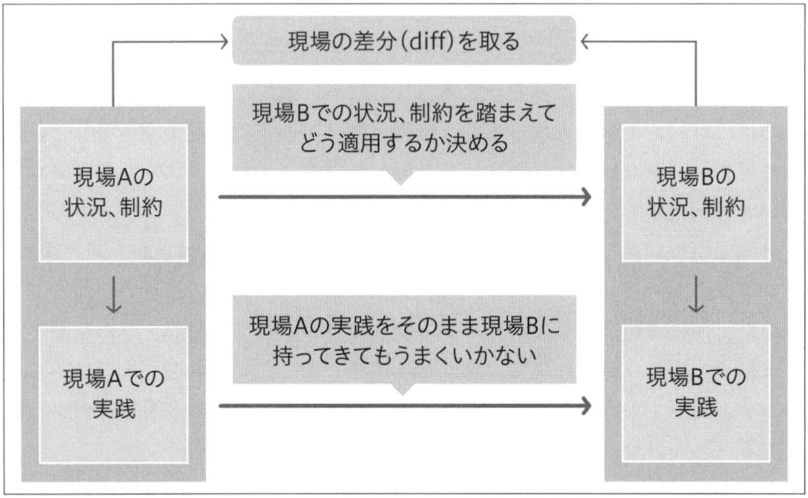

第02話 EPISODE 02

自分から始める

ストーリー ■ 何から始めよう?

自分から始める、一体何を？

僕がいる現場の開発や部署の問題点を挙げることは、今までもやってきたことだから、いくらでもできる。でも、その中で、自分から始められることは一体何だろうか。「何でもやれそうだ、やれることがたくさんありそうだ」というのは、まだ自分が何をできるのかわかっていないということなのだ。

僕がいる会社では、すでにどこかで起きていただろうという問題が、現場を変えて何度でも起きている。クライアントの希望するソフトウェアをつくるにあたってプロジェクトチームを結成するわけだけど、そのチームはプロジェクトが終わるたびに解散してしまう。ときには、プロジェクトの途中でも、フェーズの切れ目で別の人たちにバトンを渡すことさえある。

だから、あるときに起きた問題と、その解決策が組織的に蓄積されることがない。常に、個人にたまっていく。いろんな経験をした人は重宝されるが、組織として見たときに効率的な動き方になっているわけではない。

それから、やるべきタスクの抜け漏れもひどくて、プロジェクトの終盤になるとたいてい、やるべきことをやってなくて、トラブルが起きる。リーダーの経験によるところが大きくなってしまっていて、その人が経験していないことはプロジェクト上、計画からごっそりと落ちてしまう。運用をまったく考えられていないのに、ローンチを迎えてしまう。管理者向けに必要な機能がごっそりと抜け落ちている。一度もパフォーマンスを計測していない。なんて、怖くて考えたくもないことが起きてしまう。

計画上だけの話ではない。もっというと、今日何をするべきかもあいまいで、プロジェクトチームとはいいながら、チームメンバー同士でお互いが何をしているのか、何に課題を感じているのか、まったくわかっていない。みんな朝バラバラと自分で決めた時間に来て、黙々と仕事をして、だいたい遅くまでやって、バラバラと帰っていく。たまに開催される、リーダーのための進捗報告会か、流れてくるメールのやりとりで状況を推測するくらいだ。

おそらく、僕らはただ同じ時間に、同じ場所に座っているだけの関係なのだ。

何か問題が起きたところで、協力して何かをするということに対しての動きは遅い。

こういう問題に気づいている人もいれば、以前は気にしていたけども、今は自分のことにしか興味がない人もいる。協力しようという雰囲気をずいぶん前に置き去りにしてしまっている中では、何かしようとする気もやがて湧かなくなる。

これらは組織全体の問題という言い方ができるし、実際僕もそう言ってきた。でも、これらは、僕の問題でもあるのだ。なぜなら、僕もできているわけではないから。

自分がいる現場を変えるために何から始めるべきか、どうにも考えがまとまらなくなり、僕は石神さんに相談してみようと考えた。イベントの懇親会でロクに会話は成り立たなかったけど、名刺をもらうことはできた。連絡手段はある。

メールを書き始めようとして、でも、すぐに思い直した。「自分が何から始めるべきか」の問いに、石神さんが答えてくれる気がしない。「お前は何者なんだ」の問いに、言葉に窮して、これからやりますと答えてしまった以上、じゃあ何からやったら良いですかねとは、さすがに聴けない。僕は石神さんの発表した内容を丹念に読み返して、ヒントを探すことにした。

探索している中で、これなら一人でも取り組めるかもしれないと思ったのは4つの習慣だった。

■〉●

石神の解説● 最初に何に取り組むか

状態の見える化から始めよう

仕事をよりうまくやるためには一体何からやったら良いか？ と聞かれることは少なくない。そのとき、私が挙げるのは次の4つ、**タスクマネジメント、タスクボード、朝会、ふりかえり**だ。こうした仕事をする上での習慣的な取り組みのことを、プラクティスと呼ぶ。

なぜ、この4つなのかというと、**仕事のカイゼンは、まず状態の見える化から始める**べきだからだ。江島の置かれている状況も、タスクの抜け漏れやコミュニケーション不全が起きているようなので、状態の見える化に取り組んでいきたいところだ。状態の良し悪しの判断が何もついていないところで、問題に手当たり次第に手をつけたところで、効果を期待するのは難しい。

この4つはそれぞれ独立して始めることのできるプラクティスだが、それぞれ相互に関係しているため、4つ同時にすることでより効果を発揮する。それぞれの詳細は以降の話で明らかにするため、ここではその概要を記しておくことにする。

タスクマネジメント

何か仕事をするときに、いきなり作業を始めるのではなく、その仕事の背景や目的を理解することから取り組みたい。目的を捉え違えると、いくら作業を進めてもムダだからだ。間違ったものをいくら正しくやっても、ムダになってしまう。

目的を明らかにしておくと、目的を達成するための段取りが不足していたり、遂行するためのスキルが足りていないことにも気づける。早めに気づけば打てる手も増やせる。「うまくいかない要素」を早めに見つけることも、タスクマネジメントの大事な観点だ。

それから、仕事が大きいようなら、小さな独立したタスクに分けることを考えたほうが良い。タスクを小さくすると、どうなれば終わるのかを見立てられるようになり、見積もりがしやすくなる。

タスクの規模が見定めされたら、その期限を踏まえてどれから始めて、どのような順番で進めたら良いかの計画が立てやすくなるだろう。計画を立てれば、リソースの不足やスケジュールの問題も明らかになる。何に手を打つべきか、自ずとわかるだろう。

タスクボード

タスクボードは、計画づくりをした内容を見える化するためのものだ。ボード上で、タスクの状態に対応するステージを用意し、状態を見えるようにする。

いくら素晴らしい計画づくりをしても、その計画の遂行具合がどのようなものか見えるようになっていないと、タスクをやりきることはできないだろう。

見える化をすることでタスクが後どれくらいあるか、それぞれがどのような状況にあるかがひと目でわかるようになる。わかりやすさは、気づきやすさにつながる。問題を早期に発見し、やはり早めに手を打つことができる。

そのためには、日々の変化をボードに反映しておくことが大切だ。

朝会

そのボードの変化を反映するタイミングが朝会だ。さらに、日々の朝会による確認で、計画とのズレを検出し、再計画するきっかけをつくることができる。

朝会は毎日決まった時間、場所、リズムで行うことが原則だ。条件を揃えると、何か異変が起きたときに察知しやすいからだ。例えば、いつもの時間にメンバーが遅れてくることが続いたら、メンバーに何か問題が起きているかもしれない、ということを想像しやすい。

朝会では、昨日は何をやったのか？ それを踏まえて今日は何をするのか？ 今日することや計画を達成する上で困っていることはあるか？ を整理する。整理した結果、もし計画とのズレが大きくなるようであれば、計画の立て直しを行う。

ふりかえり

最後はふりかえりだ。仕事のやり方やその結果を棚卸して、次の計画づくりや日々の仕事に活かすことを目的とした活動である。

4つのプラクティスのうち、時間がないとふりかえりを最初にやらなくなることが多い。しかし、私としては他の3つよりもむしろ、ふりかえりだけは続けるようにしたほうが良いと考えている。ふりかえりがなければ、仕事のやり方に向き合い、より良くする機会を失ってしまうからだ。

図1-2｜相乗効果を発揮する4つのプラクティスの依存関係

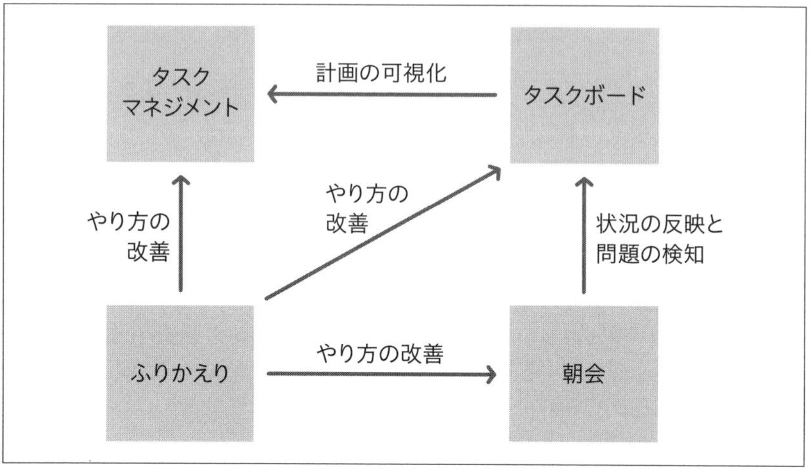

小さく試みる

これらのプラクティスを始めることは難しいことではない。しかし、やったことがない人や現場にとっては「うまくできなかったらどうしよう？」「上司や周りから何か言われたらどうしよう？」といった不安がつきまとうものだ。

そういうときは**「許可を求めるな謝罪せよ（It is easier to ask forgiveness than permission.）」**という言葉を胸に、まずは"小さく試みる"ことだ。許可が下りるまで待っていたら機会を失ってしまう。失敗してしまったら謝ればいいんだ。

これまでと違うやり方なのだから、不安があるの当たり前。一度もやったことがないことを、最初からうまくやれる可能性はそもそも低い。君は、初めて自転車のハンドルを握ったとき、うまく乗れただろうか？ きっと最初は、おそるおそる地面に何度も足を着きながら、少しずつ少しずつ漕いで進んだのではないだろうか。

それと同じことで、プラクティスの実践も小さく試みることから始めよう。うまくいかなくたって、大怪我をすることがないように。例えばいきなりチーム全体まで手を広げるのではなく、まずは自分一人で始めたりね。

やってみればいろんなことがわかる。やってみないとわからなかったことが、自分の体験として手に入ることになる。

まずはやってみる。何かを始めるときに、大事な心構えだ。

Column

アナログ vs デジタル

タスクをマネジメントする際、ホワイトボードや模造紙を使って付箋紙にタスクを書き出すアナログな方法で実施すれば良いか、オンラインのタスク管理サービスを使うデジタルな方法が良いかは迷うところです。

アナログの良いところは、簡単に視界に入ってくること、ディスプレイの制約がないため俯瞰して見られること、手で触れられること、チームの集合場所かつコミュニケーションの場になること、サービスの提供する機能の制約に縛られないことなどが、思いつくでしょう。

一方、デジタルの良いところは、履歴管理などの記録や差分が取れること、検索性に優れていること、通知サービスやスケジュール管理できること、物理的空間の制約がなくほぼ無限にデータを保管できること、リモートワークでの情報共有の利便性などが挙げられます。

アナログツールを自分たちでカイゼンを繰り返してつくり上げていくか、オンラインのタスク管理サービスなどに自分たちのスタイルを合わせるかの違いでもあります。

最初はアナログで実施することをお勧めします。タスクボード内に書く項目の種類、各項目の大きさの比率やヘッダー名称、流れなど、カスタマイズ性が優れています。コミュニケーションが不十分で多様な問題を抱えているチームには特に推奨します。TODO(未着手)、DOING(着手中)、DONE(完了)の枠組みによる進捗管理だけでなく、ふりかえりのアクションプラン、社内業務に関する備忘録など、様々な情報を共有する場としても活用できます。ホワイトボードに記載することの手軽さと気軽さと見やすさは最大のメリットです。

練度が上がり、アナログとデジタルを行き来したとしても、その過程で必要のないものはどんどん削ぎ落とされていきます。仕事をしやすくするために活用していくことが重要なのですから、どちらか一方に固執する必要はありません。洗練させて、形骸化しないボードにカイゼンし、ルールを自分たちの手でつくり上げていくことが、全員で仕事を楽しくするコツだと思います。

(新井 剛)

●〉■

ストーリー ■ 時間を味方につける。

なるほど、よくできている。石神さんが紹介している4つのプラクティスに取り組むことができたら、仕事にもっとワクワクできるようになるだろう。石神さんがこういう開発のやり方を熱心に話すのがよくわかった。開発の現場を、何か変えられそうな期待感がある。

これらは、一つひとつでも意味のあることだけど、全部やっていくことで効果をつなげられるんだ、ということに気づいた。ふりかえりは、過去を省みて、今やるべきことを決める。タスクマネジメントは、未来を見渡し、やはり今やるべきことを捉え直す。それから、朝会やタスクボードは、まさに今を捉えて、どうするか判断するためのものだ。

つまり、過去から現在を変える、未来から現在を変える、そして、現在を変える。3つの時間軸で、自分たちの活動をカイゼンしていくための作戦なのだ。だから、すべてに取り組んで、つなげられるとより効果が大きいはずだ。まさに**時間を味方につける**ようなものだ。

僕は自分の発見にテンションがさらに上がって、明日にも始めよう、全部やろうと思い立った。ところが、石神さんは、繰り返し繰り返し、警告を至るところに残していたのだった。曰く、「そのままやるなよ」と。プラクティスは強力だけども、手順をそのまま自分たちの状況にあてはめようとしたところで、うまくいかない、という話だった。

なるほど。当然だが、現場、現場の状況は違う。そうした多様な現場の状況に、一つの手順を被せようとしたところで、どこか合わないところが出てくるだろう。実際、僕がこれまで社内でやってきたやり方は、他で見聞きしたことをそのまま展開する、単なる押し付けだったかもしれない。これらのプラクティスの手順をただ覚えて、そのままやろうとするのではなくて、なぜこれらが効果的なのかを踏まえ、どうすれば自分の現場で効果的になるのか、もっと考えるべきだ。

ふりかえりの頻度はどうすると良いだろう？ 1週間単位か、それとも2週間？ カイゼンのサイクルを早めるなら、1週間だろう。でも、慣れないチームのメンバーに、そのサイクルで回していけるだろうか。

朝、決められた時間に、本当に全員集まれるだろうか？ 朝は、みんな自分の最適な時間で会社にやってくる。統一的な時間帯を押し付けて、本当にできるだろうか？

タスクボードは、どうやって表現するべきだろう？ デジタルツールを使う？ 壁に張り出すべき？ それはどこに置くべきだろう。運用するためには、チームメンバーをどう巻き込めば良いのか。

何よりも、明日現場に行って、これらのプラクティスを話して、みんなはどんな反応をするだろうか。みんなの雰囲気を思い出してみると、気持ちが萎えてしまう。まず、みんな「何を言っているんだお前は」という顔を僕に寄越すだろう。もしくは、言葉が耳に届かず無視されるかもしれない。

……やっぱり、やめておくか。決意を投げ捨てて、隣の青い芝生を追う？ たとえ、すぐには通用しなくても、自分のできることをやってみる？ 僕の中で、ぐるぐるといろんな考えが浮かんでは、消えた。

考えを巡らす中で、また、あのときのことを思い出した。石神さんからもらった問いだ。「あなたは何をしている人なんですか？」。

そうだ。僕はまだ何も始めていない。自分から始めるんだ。誰かを巻き込んでいくのが難しいなら、自分一人から始めれば良い。

僕は、自分が何者なのか、言えるようになりたい。

一人で始めるふりかえり

ストーリー ■ ふりかえり、本当にできている?

これから始める4つのプラクティスで、ふりかえりが一番なじみがあった。僕はもう、ふりかえりらしきことをすでにやっている。たいてい、プロジェクトを終えるときには一人で、何をやったか、どんな出来事があったかを思い返す時間を取るようにしている。そうした時間は自分にとって大事な時間で、ここで棚卸した内容が、次のプロジェクトで挑戦してみたいことにつながったりしている。

ちなみに、チームや部署でふりかえりをやっていそうな人はいない。僕がいる会社では、半年に1回、部のメンバーが全員集まって、各自の半年の棚卸と次の半年で何をやるかについて発表するイベントがある。ここが、自分の仕事を顧みる機会になっている人は多い。

この取り組みは、僕が認めている唯一の会社の施策といっても良い。マネージャーやリーダーだけではなくて、新人を含めた部署の全員で、自分自身のビジョンをみんなの前で語る。誰がどんなことを考えて仕事をしているのかを知る、良い機会なのだ。

でも、この機会を活かしている人はロクにいなくて、退屈な話を全部で3時間も4時間も聞かされる、苦行のイベントと化していた。芯のない振り返りの内容。3分で考えつくような目標。それを聞いて、こちらは一体どうしろと? という面持ちになってしまう。

だから、ふりかえりのテクニックは、僕が取り組むより、部のみんなに展開したほうが良いかもしれない。

……といって、また自分からは始めないのが、これまでの僕だ。僕は、もう一度、考え直した。部のふりかえりが有効に機能していないと感じるのは、やはりやり方に問題があるのだろう。僕だって「これこそふりかえりのやり方」みたいな知識を持っているわけではない。

部に提案する前に、とにかく、自分で1回やってみよう。ちょうど明日で1週間の終わりを迎える。会社からの帰り道に、ちょっとやってみよう。

……で、どうやってやるんだっけ?

石神の解説● ふりかえりで仕事のやり方を見直す

ふりかえりの基本

ふりかえりについて見ていくことにしよう。ふりかえりとは、これまで行ってきたことから「気づき」を得て、学び、これからどう進んでいくかを決める活動のことだ。

たいていの現場はやることがあふれていて忙しい。毎日が忙しすぎると、自分たちの手元、すぐ近くしか見えなくなってしまう。結果、客観的に自分たちのやり方を捉え直す機会が少なくなってしまう。あえて立ち止まるという考えも、必要なことなのだ。ふりかえりは、「**立ち止まって考える**」ための機会といえる。

ふりかえりには、大きく二つの目的がある。一つは「プロセスのカイゼン」だ。仕事をよりうまくやれるようになるために、実施する。

もう一つは、条件や制約がよくわからないような、また展開が予測しにくいような「不確実性の高い状況」の下でも前進していくためだ。得られた手がかりを分析し、次のアクションを考える。不確実な状況を明らかにしていくことがふりかえりの目的になる。例えば、踏み込んでいく領域の知見がチームメンバーにまだない状態で、新規事業や新しいサービスづくりに取り組む場合などだ。おそらく、取り組みのスタート時点で計画を綿密に立てたところで、進めていく中で変更が頻繁に起きるだろう。こうした状況では、計画に過度に依存した進め方よりも、経験から得られたことを計画づくりに随時反映させていく作戦のほうが結果的に前進できる。

Keep、Problem、Try

さて、ふりかえりのやり方としてはKPT(ケプト)と呼ばれる「**Keep、Problem、Try**」のフレームワークが有名だ。それ以外にもYWT(やったこと、わかったこと、次にやること)など様々なやり方がある。

一つずつ見ていこう。「Keep」では続けたいこと、つまりやってみて良かったことを挙げる。良かった(「Good」)から挙げてみたものの、続けていくかどうかは別の判断になることもある。

このKeepが挙がっていること自体を見るのも重要な観点だ。得てして、立ち上がったばかりのチームや、分の悪いプロジェクトだとKeepが一つもないということがある。

臆してはいけない。何もないことはない。なぜなら、ふりかえり自体は始められているのだから :)。 ふりかえりすらできていなかったら、カイゼンの芽は小さくなってしまう。まずは、ふりかえりができたこと、そしてそれをKeepすることを挙げよう。

次に、「Problem」では問題点を挙げるようにする。ただし、問題になる前の兆候や気づきを見逃さないようにするため「モヤモヤしていること」「気にかかっていること」も挙げるようにしよう。

Problemではできるだけ具体的なことを挙げるようにしたい。断片的な感情(例えば「しんどかった」とかね)を挙げることは、状態の可視化にはつながるのでダメではないが、そのままでは手が打ちにくい。そのメンバーには何が起きているのかを説明してもらうようにしよう。その問題によってどんな不都合や不利益が出ているのかという問いかけをしてみると、より深い洞察が得られるはずだ。

まずは、KeepとProblemを洗い出すことに専念しよう。それらを踏まえて「Try」、次に試したいことを挙げるようにする。

状況によってはたくさんのProblemが挙げられて、対応するTryの量も多くなるかもしれない。でも、それらを全部やろうとするのは待ったほうが良い。Tryを全部やろうとして、どれも中途半端になってしまっては、効果的とはいえない。

取り組むTryについては、緊急度や重要度を見定めて、順番をつけるようにしよう。次のふりかえりまでの期間と、チームの練度によって、取り組めるTryの量は変わる。5つかもしれないし、3つかもしれない。たった一つでも良い、どこまでやれそうかチームで話し合って決めるようにしたい。

Problemを残してしまって良いのかだって? いったん置いてみて、本当に問題の度合いが大きいなら、やっぱりProblemとしてまた挙がってくるだろう。そのときには取り組む順番を上げるほうが良い、という判断ができる。

ふりかえりの頻度

ふりかえりをどのくらいの頻度で行うべきか。これもよく聞かれることだ。先に言っておくが、絶対的な基準があるわけではない。ちょうど良い間隔は自分たちで見つけて欲しい。ただし、考え方は示しておこう。

ふりかえりのTryとは、実験ともいえる。だから、実験の結果を得られて、評価できる期間が望ましいといえる。3カ月に1回では、長すぎて実験していること自体忘れてしまいかねないだろう。逆に毎日? 良いかもしれない。でも、期間が短すぎて、効果が得られたのか判断がつかない場合があるだろう。

アジャイル開発の流儀の一つ、スクラムを採用していれば、1カ月か、それより短い期間でふりかえりを繰り返すだろう（スクラムではチームの状態を検査し、改善計画を立てる機会をスプリントレトロスペクティブと呼ぶ）。チームが立ち上がったばかりで、チームワークが熟れていないようなら1週間。ふりかえりの間隔を頻繁にして、カイゼンのサイクルを早くしたいところだ。一方、チームのリズムが取れてきているなら、2週間くらいが間隔としてちょうど良いだろう。

2回目のふりかえり

2回目のふりかえりについても、言及しておくとしようか。2回目のふりかえりでは、前回のTryを見るところからスタートしよう。

Tryをやってみてどうだったのか？ 効果があって続けたほうが良さそうなら、Keepに移動させる。効果があるということは、具体的にはProblemに変化が起きるということだ。問題の度合いが減じていたり、解消していたりするか、結果を捉えておこう。

こんな風に、ふりかえりを続けていくと、良い習慣としてKeepが増えていくはずだ。ただし、Keepの捉え直しも、忘れないように。チームの状態や、プロジェクトの状況は、時間とともに変わっていく。当時はKeepだったけども、今では形骸化してしまっている、なんていうKeepを律儀に続ける必要はない。Keepを止める判断も、ふりかえりの中で行うようにしよう。

図1-3｜KPT

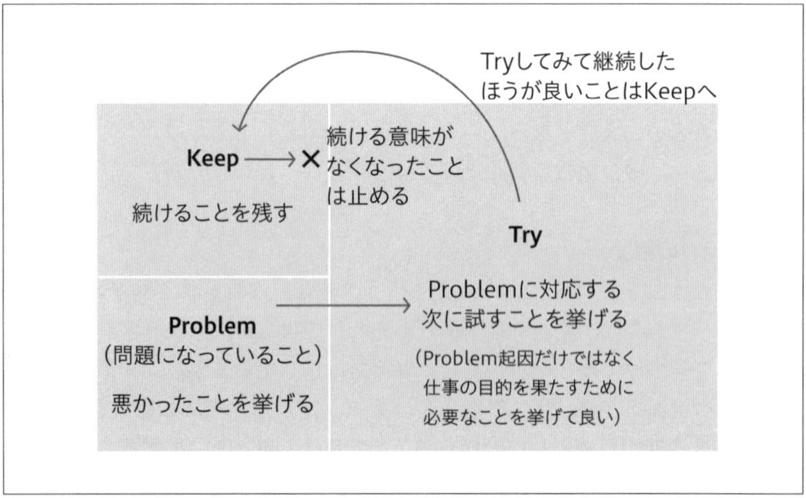

それから、ふりかえりを継続しているとProblemやTryに傾向が見えてくることがある。例えば、タスクの抜け漏れが多くて、具体的なケースを変えて何度もProblemに挙がってくるとかね。

第4話で解説するけども、ひょっとしたらタスクマネジメントの考え方がチームに欠けているのかもしれない。であるならば、問題を個別に対処するのではなく、問題の原因(これを真因と呼ぶ)に対して手を打つことを考える。この例でいえば、タスクマネジメントのやり方をチームに導入し直すほうが良いかもしれない。傾向を捉えて手が打てると、次の問題発生の予防につなげることができる。

最後に。ふりかえりはチームでやることが前提になっていることが多いようだけども、その目的から一人で行ったって良い。江島もひとりふりかえりに取り組むようだな。一方で、一人でやるふりかえりの問題に気づけるかな……

Column

事実・意見・対策

社内の様々なシーンで問題解決のための議論が多々あるでしょう。発言する内容は、事実にもとづいているものや、主観的な決めつけの意見や、解決案まで含んでしまった内容まで様々あるはずです。事実、意見、対策の3つに分けて議論を整理し、問題解決をナビゲートします。客観的な事実を導き出しての議論は、誤解が減り、感情面からくる否定が起こりづらくなります。ぜひ試してみてください。　（新井 剛）

＜手順＞

①問題発見フェーズ
　①-1　問題点を自由気ままに出し、全部意見へ仮置きする(A)
②事実発見フェーズ
　②-1　意見をもとに具体的な不利益を記載する(B)
　②-2　これらの深掘りのもと事実を記載する(C)
③対策フェーズ
　③-1　事実の問題が再発しない対策案を考え、ベスト案をマークする(D)
　③-2　これらの対策を誰が・いつ行うのかを記載する(E)

図1-4｜付箋紙を使いながら問題解決をナビゲートする

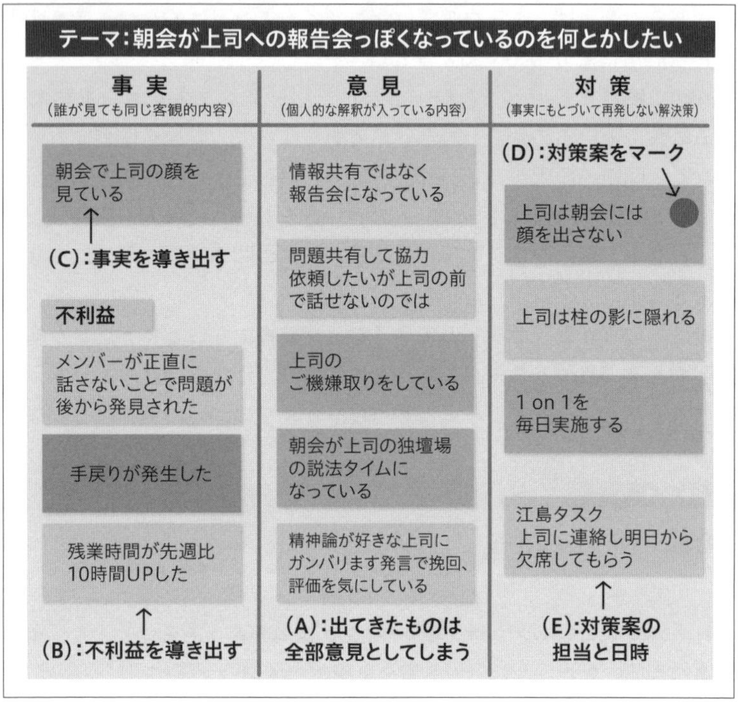
テーマ：朝会が上司への報告会っぽくなっているのを何とかしたい
事 実
（誰が見ても同じ客観的内容）
意 見
（個人的な解釈が入っている内容）
対 策
（事実にもとづいて再発しない解決策）
朝会で上司の顔を見ている
（C）：事実を導き出す
不利益
メンバーが正直に話さないことで問題が後から発見された
手戻りが発生した
残業時間が先週比10時間UPした
（B）：不利益を導き出す
情報共有ではなく報告会になっている
問題共有して協力依頼したいが上司の前で話せないのでは
上司のご機嫌取りをしている
朝会が上司の独壇場の説法タイムになっている
精神論が好きな上司にガンバリます発言で挽回、評価を気にしている
（A）：出てきたものは全部意見としてしまう
（D）：対策案をマーク
上司は朝会には顔を出さない
上司は柱の影に隠れる
1 on 1を毎日実施する
江島タスク
上司に連絡し明日から欠席してもらう
（E）：対策案の担当と日時

※本項は、西村直人氏が考案し、新井剛と共同でScrum Boot Camp Premium（CodeZine Academy Edition）セミナーにて教えている内容をもとに執筆しました

●〉■

ストーリー ■ ふりかえりの、ふりかえり

ふりかえりを1週間の終わりにやるようになって、最初に気づいたのは、頻度を上げることの利点だった。プロジェクトの終わりに1回だけやる、つまり3～4カ月に1回だけやるのに比べて、毎週ふりかえるということはその結果を活用する機会も格段に増えるということだ。

今週の中でわかった状況や問題について、カイゼンするための取り組みが次の週にはさっそく始められたりもする。もっと仕事をうまくやるためにはどうしたら良いかということを、頻繁に考えることになる。プロジェクトの終わりに1回きりしかやっていなかったときに比べると、自分の仕事のやり方に向き合う時間がとてつもなく増える。

こうするともっと良くなるんじゃないかという試みが、狙いどおりうまくいったときの気持ち良さ。逆に、うまくいかなかったとしても、またその次の週に向けて作戦が考えられる柔軟さ。僕はすっかり、ふりかえりが好きになっていた。

さっそく仕事がカイゼンされ始めたことに気を良くして、僕がSNSのタイムラインに投稿するつぶやきはどんどん増えた。まだ周りを巻き込めていないので、カイゼンの成果を分かち合う相手もいない。無意識に、誰がいるともわからないインターネットの向こう側へ向けて発信をしていた。
「ふりかえりし始めたら、すぐに良い感じで仕事が回り始めた」
「もともとふりかえりはやっていたけど、どんどん得意になっているわー」
「ふりかえりのやり方に自信がない人は言ってね。やり方教えます」
などなど。
すると、さっそくリプライが飛んできた。
「へー、どうやるの！」
相手の名前を見て、鼓動が一気に早鐘を打ち始める。石神さんだった。まったく思ってもいなかった人に、ちょっと得意げになっている自分を見られてしまった。恥ずかしさが一気に込み上げてきた。これは、リプライに気がつかなかったふりをするしかいない。そっとブラウザを閉じようとしたところで、また通知が飛んでくる。それは、石神さんからの宿題だった。
「ふりかえりがうまくいってるって、どうやって判断したら良いんですか？」
僕は観念して、石神さんに返事を書いた。
「すいません、考えてみます……」

石神さんに問いかけられて、僕は**ふりかえりのふりかえり**をやってみることにした。幸い、ふりかえりの内容をテキストでメモとして残すようにしている。それが結構たまってきているので、眺め直した。そこでわかったのは、「ふりかえりはもうやっている、わかっている」と得意げだった僕としては、意外なことだった。
次にやることに挙げる内容が「もっと早めに始める」とか「もっと注意する」とかといったレベルのものを繰り返しているだけで、有効な行動にはつながっていないのだ。問題について、何か手を打てた感じがしていても、本当は自分を満足させているだけでしかない。
ちなみに、他のチームメンバーの話にも耳を向けてみると、やはり同じ雰囲気だった。何か問題があったとき、立てている対策の中身には具体性はなく、もっとがんばってほにゃらら、という程度でしかない。がんばって何とかなるなら、きっとうまくいっているはずなんだ。個人のやる気とか、気配りとかではなくて、問題を防ぐ仕組みをつくらないと、同じことを繰り返してしまう。

「次にやること」の中身がダメだったという以上に僕が頭を抱えてしまう問題も、ふりかえりのふりかえりで見つけることができた。それは、意外と僕が問題を見逃しているということだった。

ふりかえり時に問題を見逃してしまうと、後で捉え直す機会がない。だから、問題が大きくなってから、その存在に気づくということを繰り返していた。無意識のうちに、面倒な問題から目をそむけてしまっているところもありそうだった。多かれ少なかれ、誰にでもあることだとは思う。ここで、「がんばって、目をそむけないようにする」と決めたところで、もちろん解決策にはならない。

せっかくふりかえりをやっていても、自分で気づけていない、手を打てていないことがあるようでは、やる意味が薄れてしまう。僕は思いの外、ふりかえりをうまくやれていないことに、気持ちがへこんだ。

ある不具合について対策を考えるミーティングに出ているときも、ふりかえりのカイゼンのことで頭をいっぱいにしていた。他のメンバーの、またあいまいな対策はおおよそ聞き流しながら。

「……これだけ不具合が起こるということは、プログラマーがコードを書くときの注意が足りないからですね。もっと仕様書をよく読んで、注意深く、問題がないか確認するべきです」

「仕様書にも、何もかも書いているわけではないので、より注意が必要ですね」

「テスト項目でももっと注意が必要となるでしょう」

僕は、やたら耳に入ってくる「注意」という言葉にうんざりとした。どうして、この会社の人たちは、何の意味もない掛け声を上げるのに、何時間も時間を費やすんだろう。自分で何一つ意味のあることを言っていないことに気づけないのかな！……と心の中で毒を吐いて、僕は唐突に理解した。

そうか、**他の人に気づかせてもらう**んだ。自分で気づけないのはどうしようもない。だから、他の人に気づかせてもらう仕組みにしないといけないんだ。自分の経験や思考だけだと、自分自身が限界になる。でも、他人の経験や思考を活かす仕組みにすれば、自分の限界は越えられる。

「だから、ふりかえりを、チームでやるんだな……」

僕は、一人ででも良いから、と始めたふりかえりの限界を感じてしまった。でも、今は、まだチームを巻き込める気がしない。それをやるには、もう少しチームメンバーの信頼を得る必要があったからだ。

一人で始めるタスクの見える化

ストーリー ■ 忘れてました、忘れてました、そして、忘れてました。

「また、結合テストでバグが53件だ」

チームリーダーの神戸橋さんが、印刷した紙の束を僕とPCの間の空間に投げ込んできた。いまどき、まだ紙で印刷して、チェックしているのはどうなの、と僕が別のことで目をそらそうとすると、神戸橋さんは畳みかけてきた。

「結合テストが始まると、いつも、毎日50件も100件もバグが出てくる。珍しいことじゃない。たいていのプロジェクトで、同じことが起きる」

お前らプログラマーのせいだ。神戸橋さんは要はそう言いたいらしい。実は僕も、反論ができない。結合テストで起きている問題の大半はどれも後から考えれば、なんで事前に考慮してなかったんだろうとか、なんで他のプログラマーと話をすり合わせておかなかったんだろうとか、つまらないものばかりなのだ。でも、そのつまらないことをあらかじめ潰しながら仕事を進めることができないでいる。

「原因を聴けば、忘れてました、忘れてました、そして、忘れてました、だよ」

今日はどうやらとことん僕のことを詰めたいらしい。他のメンバーの反応がのれんに腕押しなので、まだ反骨心のある僕のほうが手応えがあるらしい。いい迷惑なんだけど。

僕もあてはまるのだけど、確かにメンバーが思い思いのやり方でやるべきことの管理をしているので、抜け漏れは人によってムラがあるし、一向にカイゼンされない。やるべきことの粒度が人によってバラバラなのだ。そんなものをメンバー間で受け渡しすることもあるから、どこまでやるべきかという観点で、また抜け漏れが起きてしまう。

神戸橋さんだってそのことに気づいているはずなのに、何も手を打たない。僕は、ささやかな反撃に出ることにした。

「神戸橋さん、そもそも仕様があいまいなんですよ」

「当たり前だろ。そのあいまいな仕様を詰めて、詰めて、そして、詰める。それもお前の仕事だ」

僕の反撃は、にべもなく叩き潰された。これも、ごもっともと耳が痛い。わかっている。あいまいな要件を持ってくる人(神戸橋さん)のせいにしたところで、仕方がないことくらいわかっている。他のメンバーもみんな、たいてい生真面目なので、神戸橋さんにこう頭ごなしに言われると、うなだれるしかない。

やりたいことを実現するために、やるべきこととは何か。これを抜け漏れなく洗い出して、一つひとつ倒していく。文章にすると何のことはない当たり前のことだが、これがうまくいかない。やるべきことを想像しなければいけないわけで、プログラマーたちは経験とスキルを総動員して臨む。なので、どこまで洗い出せるかは、人によって差が生まれてくる。

僕の場合は、どうにもこの手の想像が苦手だった。つくった結果が、相手が言う「やりたかったこと」とずれてしまう。おそらく、僕が頭に描いている完成のイメージが相手とずれているのだろう。僕はこうあったほうが良いだろうと、自分の思い込みを優先してしまうところがある。

問題は、やるべきことの管理がずさんなことと、やりたいことの完成形が描けずに仕事を進めてしまうところだ。

(まずは、やるべきことの管理か……。でも、これ、プログラマーの仕事なのか？)

僕は、頭を振った。リーダーが何とかしてくれる、他の誰かが何とかしてくれる、なんて信じようとしたって状況が変わらないのは、もうこの何年かでわかっていることじゃないか。わかっていることに目をつむるのをやめにしないと何も変わらない。

「神戸橋さん、どうしたら良いか考えてみますよ！」

頭を振ったり、急に元気になったりする僕の雰囲気に対して、神戸橋さんは変な生き物でも見るようだった。

■〉●

石神の解説● タスクマネジメントのやり方をモノにする

タスクを書き出し、見える化する

江島の言うとおり、まずはやるべきことの管理の仕方から見ていこうか。もう一つの、完成形が描けない問題は、その後で解説することにする。

まず、タスクとは自分がする仕事の最小単位のことだ。タスクマネジメントで気にしないといけないポイントはいくつもある。

□タスクがどれくらいあるのか
□そのタスクのそれぞれのゴールは何か
□タスクのゴールにたどり着くために気をつけることは何か

□で、今の状況はどうなっているのか

……といった感じに。

忙しくなると、自分がどれくらいのタスクを持っているのかもわからなくなることが多いので、まずは最初のポイント「タスクの見える化」に取りかかろう。

私のお勧めは、付箋紙１枚１枚にタスクを書き出していくことだ。表計算ソフトのリストではダメなのかだって？ ホワイトボードか壁に張り出したほうが、目線をそちらに向ければすぐに俯瞰ができるので、やっぱり付箋紙に書き出すのをお勧めしたいね。他の人の目にも触れやすいからな。お互いの仕事場が物理的に離れている場合は、アナログなやり方だけでは済まないが、そうでないなら目のつきやすいところに張り出しておきたい。

視覚に訴える工夫として、付箋紙の色を使うことも考慮したい。タスクの種類や依頼元によってある程度グルーピングできるのであれば、それぞれ付箋紙の色を変えることで、どんな種類の依頼があるかもひと目でわかるようになる。

また、タスクの書き方だけど、「○○処理」と名詞で表現するより、「○○処理をプログラミングする」というように名詞＋動詞で書くと、より良い。名詞で終わっていると何をするべきなのか、わからなくなってしまう場合があるからな。

さて、こうしたタスクの付箋紙をまとめておく手段としては「タスクボード」や「カンバン」がある。タスクボードは、第6話。カンバンは、第18話で紹介する。

「どうなったらこのタスクは終わるのか」を言えるようになる

タスクに関連する情報として、以下のことが挙げられる。

□誰から依頼されたのか
□次は誰に渡すのか
□期日はいつか
□どれくらい作業時間がかかりそうか
□どうなったらこのタスクは終わるのか

「誰から依頼されたのか」によって、依頼した側がどのようなことを期待しているのかが変わる。実は、直接依頼してきた人だけを見ていてもダメかもしれない。依頼してきた人の向こう側には「依頼してきた人に依頼した人」がいるかもしれない。その人の期待が見えていなくて、せっかく仕事をしても結果的に

「これじゃない」になってしまうかもしれない。

だからといって、いちいち「依頼してきた人に依頼した人」が誰で、何を求めているかなんて確認していたら生産的ではないから、どうなれば仕事が完成したといえるのかをあらかじめ決めて、仕事の受け渡しを行うことが有効になってくるわけだ。この考え方が「カンバン」だ。「カンバン」を運用するためには仕事の流れからの整理が必要になるわけだが、詳しくは第18話を見てくれ。

「次は誰に渡すのか」については、今度は自分が「依頼する人」になるわけだから、このタスクの続きを受け取る人のことを考えないといけない。どのような状態で渡されることを次の人が期待しているか明らかにしたほうが効率的だ。

さて、タスクには着手する順番が必要だ。このときに必要となる情報が「期日はいつか」と「どれくらい作業時間がかかりそうか」だ。期日と作業時間から、どれに最も早く着手しなければいけないかを見ておく必要がある。

着手する順番を決めたら、それを依頼者や上司、同僚に見えるようにしておくと良い。「自分は何をどれからやるつもりだ、もし期待と違っていたら言及してね」と示すわけだ。さっき言った「タスクボード」や「カンバン」を使ってな。

最後に、「どうなったらタスクが終わるのか？」だが、これは「完成の定義」や「完成の条件」と呼ばれることがあるものだ。詳しくは第10話で伝えることにするが、人によって、完成の定義が異なる場合があるということを前提に置いておこう。「ほにゃららのドキュメントを書く」というタスクの完成の定義は、「ドキュメントを書いてリポジトリにコミットする」が終わりかもしれないし、「書き上げて、依頼者にレビューしてもらって、そのレビューの対応も終わりにすること」かもしれない。

人によってまちまちになりがちな完成の定義を、そのままにしてタスクに取りかかってしまうと、手戻りが発生して、思っていたより時間がかかってしまいがちだ。タスクの目的と依頼者の期待を踏まえて、完成の定義を関係者ですり合わせておこう。

大きなタスクを大きなまま扱わない

江島が挙げていた「完成形が描けない問題」の原因は、「どうなったらこのタスクは終わるのか」をすり合わせられていないところにあるんだが、そもそもすり合わない理由の一つに「タスクの粒度」がある。

例えば、「商品の配送先ごとに発注単位を分けられるようにしたい」という依頼があったとする。この依頼は「マスタ化されていない配送先をユーザーごとに管理できるようにしたほうが良いのか」とか、「商品の在庫状況によって調達に時間がかかるものとそうでないものを、配送先ごとにまとめてしまって良いのか」とか、「詰める」べきことがたくさんある。配送先管理を始めるならば、新しい機能をごろっとつくることになる。そこまで依頼者は求めているのか。すり合っていなければ、当然、完成形で大きな差が生まれるだろう。このように、**大きなタスクを大きなまま扱っていると、認識の違いが起きやすくなる。**

まず、目的によって、分割することを考えよう。先の例でいえば、「マスタ化されていない配送先をユーザーごとに管理できるようにする」、「商品の配送先ごと、在庫状況ごとに発注単位を分ける」といった感じに。ユーザー管理と、発注単位を分ける話は、目的がそれぞれ異なるからな。

このように、そのままの大きさでは解決できない問題を小さな問題に分割し、そのすべてを解決することで、最初の大きな問題を解決するやり方を**分割統治法**という。

タスクを分けたら、それぞれのタスクがどこまで実現できなければいけないか、また関係者とすり合わせをすることにしよう。

それから、タスクが適切に分割されているかを判断するために、そのサイズに着目すると良いだろう。タスクのサイズとは、すなわち、タスクを終了させるのに必要な時間だ。例えば、1日以上かかるようなタスクは分割を考えたほうが良い。

1日のうちで終わる粒度であれば、その日にやったことが何かを明確にすることができる。逆に、3日かかる想定のタスクで、1日目が終わったからといって「3分の1終わった」とは言えないような内容だとすると、進み具合がわかりにくくなるよな。

それに、タスクが終わると「進んでいる」という感覚が生まれる。その感覚は、自分自身のモチベーションに、きっとなるだろう。

Column

緊急・重要のマトリクス

メールやSlackの返答で午前中が終わり、午後は会議や相談依頼で時間が消費され、気がつくと定時を過ぎてしまう。まとまった時間を要するタスクや、重要だとはわかっている懸案事項を、先送りしていることはありませんか？ 緊急タスクだけをきちんとスケジュールどおりに実施することが、優れた時間管理方法ではありません。また、多忙さの側面だけで、働いていると勘違いしてもいけません。顧客に価値を届けることが本来の仕事のはずです。

ときには立ち止まって仕事を棚卸しましょう。スキルアップしたいことや、疑問に思っているタスクもあると思います。それらも含め、緊急・重要の4象限のマトリクスに整理するのです。(ここで紹介するマトリクスは、書籍『完訳　7つの習慣　人格主義の回復』(スティーブン・R・コヴィー著／フランクリン・コヴィー・ジャパン 訳／キングベアー出版)を参考に作成しました)

図1-5の1や3の領域だけで大半の時間を使うのではなく、重要であるけれども、緊急性がない2の領域の時間を増加させます。人間関係づくりや自己啓発、カイゼンなどのタスクを手がけることが大切です。

重要なことでも手がつけられないと思ったら、今度は先送りせず、スケジュール表にあらかじめ時間を確保してしまいましょう。自ら実行せざるを得ない状況をつくり出してしまうのです。また、同じ領域で同じくらいの緊急・重要度のものが出てきた場合は、簡単に実施できて効果が出やすいほうを優先させます。自らの成長のためにも時間を管理するテクニックを身につけましょう。

(新井 剛)

図1-5 | 緊急・重要のマトリクス

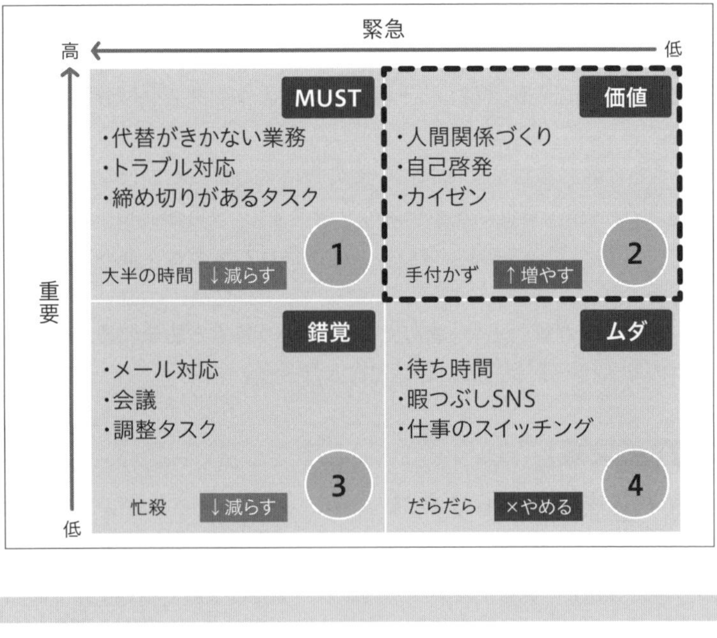

●〉■

ストーリー ■ 分割して、統治せよ。

ダメだ、どうしても抜け漏れが減らない。完成形が合ってこない。まるで当て物ゲームでもやっているかのようだ。そもそも、どうあると良いのかという確認がうまくいかない。神戸橋さんにボールを投げたところで、神戸橋さんはそれをクライアントにただ投げるだけだ。

間接的なキャッチボールを何度となくやったところで、結局、形となったアウトプットのイメージがクライアントとずれている。さらにクライアントと僕の間だけではなくて、一緒につくっている僕と他のメンバーの間でもずれている。

「……最初からずれるのを織り込んで、つくってから詳細を詰めるというのはどうですかね」

神戸橋さんへの提案は、やはりにべもなく否定された。

「やり直すようなコストをクライアントは払ってくれない」

「でも、クライアントも完成のイメージを持ってなくないですか？」というのは、言わないようにした。言ったところで、神戸橋さんは「それを持たせろ、持たせろ、そして持たせるのが、お前の仕事だ」と、繰り返すだけだ。

僕は、完成形が大きくずれてしまうケースと、ほどほどにあって問題にまでは至っていないケースに何か違いがあるか、その差を洗うことにした。ところが、最近のプロジェクトを棚卸しても、たいていのプロジェクトで大きなズレが発生していた。

さじを投げたくなったが、踏みとどまって、さらに昔のプロジェクトの棚卸を始めた。僕が新人の頃に一緒にやっていた先輩に蔵屋敷さんという人がいて、蔵屋敷さんとやったプロジェクトには今のような変なストレスがなかったことを思い出した。むしろ、楽しかった。だから、僕はソフトウェア開発が好きになったんだし、この会社でやっていこうと思えたのだ。

そして、原因が見えてきた。やりたいことの粒度が大きすぎるのだ。神戸橋さんはクライアントの話を掘り下げることをしない。だから、依頼されてくる内容は話が大きすぎるままなのだ。やりたいことを実現するには、いくつも機能をつくらないといけない。一体いくつ必要なのか、見立てるのが難しい。つくってみてわかることも増えてくる。

やりたいことのサイズが大きいままだと、内容があいまいなのだ。どうとでも取れる。どうなると良いのかわからない。僕は、石神さんがかつて話をしていたことがある「分割統治法」について調べ、その方針をとることにした。

分割して、統治せよ。大きな話をまずは細かく分けることから始めよう。大きな達成は、小さな達成の寄せ集めだと考えよう。何が達成できれば良いのか、小さくばらそう。そして、ばらしたものを依頼者とすり合わせる。配送先をユーザーで管理できるようにしたい、発注単位を在庫のありなしで分けたい、さらに配送先ごとに発注単位を分けたい、などなど。そこまでやらなくて良いとか、もっとこうしたいということを拾い出せそうだ。

これって、蔵屋敷さんのプロジェクトでは、当たり前のようにできていたことだった。蔵屋敷さんは、よく僕に「どうなったら完了といえるのか？」と問いかけてくれていた。その答えが長くなったり、あいまいだったりすると、考え直しを求められた。僕は、あの頃のことを少し懐かしむ気持ちになった。あまり言葉は多くなく、そこが突き放す印象を周囲に持たせてしまう蔵屋敷さんだけど、僕にとっては最初で最後のリスペクトしてやまない先輩。蔵屋敷さんとは品質管理部に異動になってから、まったく交流が途絶えてしまった。僕はまた蔵屋敷さんと再会することになるのだけど、それはまだ先の話。

第05話 明日を味方につける

EPISODE 05

ストーリー ■ なくなってしまった朝のミーティング

「またやってないんですか」

チャットの向こうのクライアントの表情は、冷え切っていた。テキストだから僕の想像でしかないんだけど。

「すいません。。」

句点を一つ増やして申し訳なさを表現する。

「いつも漏れますよね、この手のタスク。定常タスクをやってもらうためだけに運用契約をしているわけではないんですよ。私の依頼、ちゃんと管理できてます？」

あるクライアントの発注管理システムを、僕がいる会社でずいぶん昔に構築したらしいのだけど、その背景から運用保守契約を長く続けさせてもらっている。僕が担当していなかった頃から含めて、もう4、5年になるんじゃないだろうか。

運用として、やるべきことは大してなく、商品の洗い替えのときにデータのメンテナンスをするのがメインだ。後は突発的な依頼作業をこなしていくだけ。

このシステムの運用担当者は僕ひとり。本当にほそぼそとやっている感じだ。クライアント側の担当者は砂子さんといって、僕より5つほど年上。僕も砂子さんも前任者から引き継いで、この1年くらいコンビを組んで運用を行っている。

砂子さんは言葉は少し乱暴だけどいつも陽気で、立場で分け隔てることなく振る舞うような人だった。僕にとっては社内の先輩よりも先輩らしい、兄貴のような存在だった。でも、今日のようなことがあると、やっぱり詰められる。「期待しているからこそ、厳しくもする」とは、砂子さんの言葉だ。

ひとしきりチャットを終えて、一息深い息を吐いた。気がつくと周りには誰もいない。僕と、フロアのはるか遠くで新人が頭を抱えているだけだ。

今日もこれで終わり。卓上の日めくりカレンダーを1枚めくる。僕はこれで、日付が変わっていくのを認識している。これがないと、昨日という日、今日、明日の区別がつかないのだ。どれも同じような日々。日付が変わるだけ。

今、僕はメインのプロジェクトでプログラマーを務めながら、砂子さんと発注システムのお守りをやっている。それから、他のプロジェクトの技術支援が1本。後は、生産性向上委員会と呼ばれる、社内向けの仕事。これで、もう手一杯だった。タスクは常にあふれ気味だ。

砂子さんが言っていたことを思い出してみる。タスクは、もちろん管理している。付箋紙1枚1枚にタスクを書き出している。4種類の仕事があるので、それぞれ色を分けている。それらを机の脇に、タイル状に揃えて貼り出している。

タスクには締め切りがもちろんある。一応、付箋紙のかたまりの上のほうを、優先順位が高いタスク群としてまとめている。でも、4つの仕事が入り組んでいるため、今日やるべきことというのがうっかり、埋没してしまうことがある。日々の仕事に追われて、タスクを眺め直して、優先順位順に並べ替えられていないのが原因だ。

問題は何か？ 僕はふりかえりをするようになってから、現象に心を奪われるのではなく、その背景や、問題が起きる原因は何かまで、掘り下げるようにしていた。

「そもそも4つも別々の仕事をやっているのが問題なのではないか？」

すぐにこの方向で掘り下げるのは諦める。神戸橋さんにこの手の話をしてもどうにもならない。「みんなマルチタスクでやっている、俺もやっている、そして、お前もやれ」と片づけられるだけだ。

問題は、締め切りをうっかり踏み抜いてしまうことだ。当然タスクごとに締め切り日は記載している。でも、今日やるべきことの認識ができていないのだ。

そう、今日1日という単位で何をすべきかが抜けやすいんだ。ただでさえ、1日1日の区別がつかなくなっているので、惰性で動くようになってしまっている。

以前は、現場単位で毎朝「朝礼」と呼ぶ、立ったままで行う短いミーティングがあった。実はこのおかげで、チーム全体で気にしなければならないことに、みんなで気がつけるようになっていたのだ。

ただ、リーダーが神戸橋さんに代わってから、朝礼はリーダーが一方的に気になることを言ったり聴いたりする、進捗報告の場になってしまったのと、会社としてフレックスタイム制を導入したこともあり、メンバーの足取りは俄然重たくなり、だんだんと揃わなくなった。そして、朝礼には誰も参加しなくなってしまった。

最終的に、神戸橋さんが朝礼をやめることを決めた。朝礼の時間に合わせてリーダーが考えてきた、忙しいときには極めてどうでも良いアイスブレイク話を聴くのはちょっとした苦痛だ。このときばかりは神戸橋さんを支持したものだった。

しかし、それでも朝礼は、全体で抜け漏れをタイムリーに確認できる、唯一の機会となっていたのだ。これがなくなってから、また、マルチタスクになってから、やるべきことの抜け漏れもひどくなっていた。それは僕だけの話ではない。他のメンバーも同じだ。

僕たちはチームとはいいながらも実際には各メンバーが個別の仕事、プロジェクトを抱えていて、お互いに絡むことは少ない。同じプロジェクトに数人で当たることもあるが、互いに他の仕事を抱えながらなので、集中している感じにはならない。つまり、僕らはチームとは呼んでいるが実際には、ほぼ個人ごとで仕事に取り組んでいるだけのグループに過ぎない。

そんな状況なので、もう一度「朝のミーティングをやりましょうよ」と言ったところで、賛同するような人はまずいないと思われた。何よりも神戸橋さんがそれを許さないだろう。彼はやめると決めてしまったのだ。

みんなでできないなら、僕一人だけでやろうか。ひとり朝会だ。奇妙には感じたけど、良いアイデアだと思った。30分でも、10分でも良い。朝の時間であれば、そのくらいはできそうだ。

遠くのほうで、新人が机に突っ伏してしまった。気になった僕は、立ち上がって、彼のそばに歩み寄ってみた。限界を迎えていたらしく、もう寝息を立てていた。僕は隣に置いてあった毛布を彼にかけて、オフィスを後にした。

■〉●

石神の解説● 朝会

1日の最初に、1日の計画を立てる

江島はひとり朝会を始めることを選んだようだな。朝でも、昼でも、夕方でも良いが、1日の段取りを立てる上では、仕事を始める時間帯の最初に行うと良いだろう。5分でも10分でも良い。毎日やっていれば、その日を段取るのにそれほど多くの時間はかからなくなる。

朝会の目的は、昨日までにやったことを確認して、今日やることの計画を立てる、タスクの再計画にある。当然、何らかのタスク管理手段とあわせて運用したほうが良い。

朝会ではどのようなことを点検すると良いだろうか。以下の3つを挙げておこう。

☐昨日やったこと
☐今日やること
☐困っていること

スクラムでも、日々確認すべきこととして以下の3つを挙げている。

□開発チームがスプリントゴールを達成するために、私が昨日やったことは何か？
□開発チームがスプリントゴールを達成するために、私が今日やることは何か？
□私や開発チームがスプリントゴールを達成する上で、障害となる物を目撃したか？

※上記3つの項目は、「スクラムガイド」（©2017 Scrum.Org and ScrumInc. ／ URL http://www.scrumguides.org/docs/scrumguide/v2017/2017-Scrum-Guide-Japanese.pdf）より引用

今回は、ひとり朝会がテーマだが、チームで朝会をやる場合には、この3つの質問に答えることが最も手短な状況説明といえるだろう。

一人でやる場合でも、チームでやる場合でも、「昨日やったこと」を言語化してみることで、短いふりかえりの効果がある。昨日やったことを思い起こすことで、昨日遭遇した問題、今日気をつけないといけないこと、他人に知らせないといけないことなどに気づくことができる。

3つの質問の中で、特に大事なのは3つ目だ。予定どおりにできなかったことがあったとすると、それは何が原因なのか？ これはふりかえりのProblemにあたる。ふりかえりで考えるのは1週間や2週間に1回かもしれないが、この3つ目の問いかけは毎日行う。毎日、問題を検知できるチャンスがあるということだ。

問題の原因について、いきなり核心に迫れなくても良い。問題を認識することと、原因を追求することは分けて行えば良い。まずは、問題を見える化することだ。

さて、もう一つ大事な視点があるのだが、これは江島が気づいたようだ。彼の気づきを聴くことにしよう。

●〉■

ストーリー ■ 明日を味方につける。

ひとり朝会を始めるようになってわかったことがある。今日やるべきことは何かを理解し、決められるということは、逆にいうと、何を明日に回しても良いかという判断ができるということだ。**今日のタスクのマネジメントは、明日のタスクのマネジメントでもある。**

すべてを今日やりきることはできない。遠い先まで、計画を立ててそのとおりに実行することは難しいけれども、今日と明日の間に境界をつくって、この境目でタスクをやりくりするのは、比較的簡単だ。今日と明日との間で、すべてのタスクを見直すようにする。今日やるか明日で良いかを判断するだけなので、時間もかからない。

結果として、僕は今日やるべきことのレベルで、やり忘れをかなり減らせるようになった。ひとり朝会を5回繰り返せば、ふりかえりをやるタイミングになる。1週間を思い起こしながら、やるべきことが残っていないか点検をする。これを繰り返していると、僕の日々にリズムが生まれるようになった。

今日という日は、昨日とは違う。明日とも区別される。今日は、今日なのだ。僕は時間を味方につけたような気分になった。

「最近、うまくやれてますよね」

さっそく砂子さんが声をかけてきてくれた。変化を察知し、きっちり声をかけてくれるので、こちらもやりがいが出てくる。一方、神戸橋さんはまだ気づいていないようだ。

さて、今日も始めるかと伸びをしたところで、神戸橋さんが珍しくメンバーを全員集めた。ばらばらと数人が彼の周りに群がる。彼からの連絡は、人事についてだった。あの遅くまで残っていた、新人が辞めてしまったらしい。

神戸橋さんは言うべきことを言うと、さっと群がりを解散させた。みんなも、あくびをしながら自席へと戻っていく。あくびの代わりに、言葉にできない感情が込み上げてきた。僕は、遠くにある彼の机をのぞき込んだ。机の雑然とした状態が、辞めてしまったあの子の気持ちを表しているかのように思えた。ぐちゃっぐちゃに片づいていない中で、毛布だけがきっちりとたたまれて、机の上に優しく置かれていた。

■〉●

石神の解説● 1on1

一対一で対話する

会社の照明が消えていく中、自分の席だけが煌々と明るく、時計の針が頂点を指すまで残業し終電に乗る毎日。こんな状況では、仕事の生産性は落ちるし、仕事自体を続けられなくなってしまうかもしれない。本人だけでは状況を変えることができない場合だってある。上司やリーダー的な役割の人がメンバーの一人ひとりと向き合い、丁寧に対話する時間をつくっていくことが大切だ。

これを「1on1」という。定期的に決まった時間で、上司とメンバーが1対1で行うコミュニケーションのことだ。上司が一方的に話すための時間ではない。メンバーのための対話の時間なのだ。メンバーの状況を改善するだけではなく、対話から得られる気づきによってメンバーが成長する機会にもなる場だ。

やり方に関しては、難しく考える必要はないぞ。最初は、雑談の延長線上くらいでちょうど良い。リラックスできる雰囲気をつくることは大事だ。テーマは、メンバーが話したいことであれば何でも良い。上司は聞くことに徹する。最初から信頼関係を築けているわけではない。とことん話を聞こう。信頼関係とは、まず、「自分を見てくれている、耳を向けてくれている」と認識できたところから始まる。

自分は聞き上手ではないけど大丈夫かな、だって？ あなたに取って欲しい行動が一つだけある。それは、相手を見て頷くことだ。そして、頷きは、心持ち多めに。あなたが一度にすべてを受け止められなかったり、理解できなかったりすることはもちろんある。ただ、相手に、「あなたを見ている、話を聞きたい」という姿勢が伝わるようにしよう。

何回か実施していくと、日常では表明しにくいことや抱えているトラブル、キャリアについて、あるいはプライベートの相談したいことなどに話が変化していくだろう。そのとき、上司は自分の考えを一方的に押し付けるのではなく、問いかけることを心がける。メンバー自らが答えを考え出すことを促し、気づきを得られる機会としたい。上司がやることは、メンバーが出した答えを後押ししてあげることだ。

さて、やってみると良さそうだけど、そもそも仕事や会議に追われてメンバーと話す時間やタイミングもないという言い訳も聞こえてきそうだな。でも、本当に「メンバーと共にする時間」よりも大事なことばかりなのか、問うてみて欲しい。月1回、30分でもメンバーのために時間を取れないだろうか。もし、本当にその時間が取れないなら、上司やリーダーという立ち位置から降りたほうが良いかもしれない。

第06話 境目を行き来する

ストーリー ■ 帰ってこないタスク

しまった……。また、手遅れになっているタスクを見つけてしまった。チームメンバーの藤谷に依頼した、機能の改修がもう2週間も放置されていた。さっそく藤谷とSlackで会話を始める。

「藤谷、配送先マスタをユーザーで管理できるようにする機能の件、どうなった？」

一向に返事はない。仕方なくSlackのアプリを画面から消して、他のタスクに取りかかる。とりあえず声をかけておいて、返事を待とう。他にもやることは山ほどある。

3時間ほど経過して、別件でチャットをやっているときに、はたと気がついた。藤谷からの返事がまだない。あいつ……。仕方なく、席を立ち上がって、別フロアへと移動を始める。

藤谷がいるのは、一つ上の階になる。藤谷は、自席にいた。髭が無造作に伸び散らかされていた。

「藤谷、返事しろよ」

「……おお、江島。何のことだっけ」

1日や2日は家に帰っていないような雰囲気だったが、藤谷の声に力はあった。昔から体力には自信を持っている、タフな同僚だった。

「さっきメッセしただろう。配送先の機能開発の件だよ」

「おお、ごめん。今日は問い合わせが多くてな。ちょっと目を離したら、すっかり忘れてしまったよ」

先週一人新人が辞めたことで、全社的に異常な残業が起きていないか、各部署での棚卸と分析が行われている。藤谷は、開発プロジェクトとは別に、自分の部署の残業時間整理をアサインされてしまったらしい。彼もマルチタスクっぷりがひどくなっていた。

機能の件について念を押し、自席に戻ろうとして、また唐突に別のことを思い出した。砂子さんの仕事の絡みで、インフラの調査を他部署に頼んでいたんだった。藤谷の部署の隣がインフラに特化したチームで、顔ぶれを見て思い出した。このタスクも依頼からもう1週間経っている。音沙汰は一切ない。

もうだいたいこんな調子だ。仕事の中で、タスクの受け渡しをよくやるわけだけど、自分の手元のタスクの抜け漏れと同じくらい、他人に頼んだタスクの行方がわからなくなって問題になる。

他人に頼むタスクは、複数人に対して同時に様々あるから、誰に何を頼んだのか容易に見失ってしまう。相手がきっちり自分のタスク管理をしてくれていれば良いが、まあそんなことはない。返ってくるべきタスクが遅れに遅れて、結果的にこちらの仕事に影響が出てしまうことなんてざらだ。

もっというと、返って来るタイミングがわからないから、いざ返ってきても、こちらもすぐに受け止められなかったりする。同時に複数返ってくることもある。なおさら、さばけない。もう少しいつ返ってくるのかが見通せると、こちらの稼働も調整しておけるのだが。相手はこっちの状況なんて気にしていないし、気にする余裕もない。

僕は藤谷の件を片づけて、その週のふりかえりでこの問題について考えてみることにした。

問題は二つある。まず、自分が誰に何を頼んでいるのかを見失ってしまうこと。もう一つは、そのタスクがいつ返ってくるかわからないという問題だ。もちろん、他人のタスクの状態を僕が逐一把握できる仕組みは今はない。いちいちこちらから、他人のタスクの状態を細かく追うことはやってられない。

いつ返ってくるか予測ができないなら、せめて、今自分の手元にあるタスクと、誰かに渡したタスクの総量が僕のキャパシティを越えないようにしておきたい。自分の手元にあるタスクでいっぱいいっぱいにしてしまうから、いざ返ってきても受け止められないわけだ。僕の手元のタスクと、誰かに渡っていったタスクの両方を俯瞰して仕事を組み立てられる仕組みが必要なんだ。

■〉●

石神の解説● タスクボードでタスクを見える化する

タスクボードの基本

さて、今回はタスクボードだ。端的に説明すると、3つのステージで構成されたボードのことだ。一定の期間に終わらせるべきタスクがどれくらいあり、それぞれのタスクが未着手(TODO)なのか、着手中(DOING)なのか、完了(DONE)しているのかを、区分されているステージで表現する。

図1-6｜タスクボード

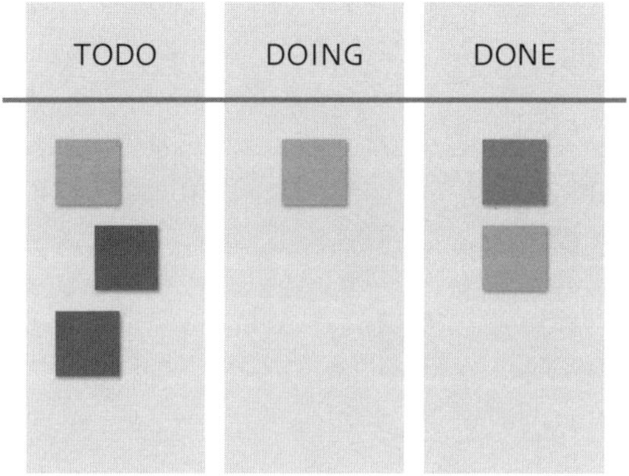

一人で始める場合は、手元に置けるような小さなホワイトボードと付箋紙があれば始めることができる。チームで運用する場合は、大きめのホワイトボードか模造紙があれば良いね。

使い方だが、タスクマネジメント(第4話)のところで説明したように、まず付箋紙1枚1枚に一定期間(例えば1週間)にやる分のタスクを書き出す。それらはこれからやる分だから、TODOのステージに貼り出しておく。

TODOのタスクのうち、"今から着手するタスク"をDOINGに移動させ、DOINGのタスクが完了したらDONEに移動させる。そして、またTODOにあるタスクをDOINGに移動させて作業を始める。基本的にはこの繰り返しだ。

タスクボードを運用し始めると、まずTODOがあふれるという現象がたいてい起こる。タスクを見える化すると、気づけることが増えて、先々のことや気になることなどもタスクとして貼り出すようになって、TODOが増えがちになる。

TODOを洗い出すと、すっきりする反面、量が多くなってタスクの全体像が俯瞰しづらくなる。だから、TODOには直近で必要な一定期間分のタスクのみを貼り出すようにして、先々のタスクや気づいたことなんかは、別の場所にためておくようにすると良いだろう。この別の場所を、**Icebox(冷凍庫)**といったり、**Parking Lot(駐車場)**と呼んだりする。優先順位をつけずに、いったん預けておく場所という意味合いだ。

図1-7 | Parking Lotを追加したタスクボード

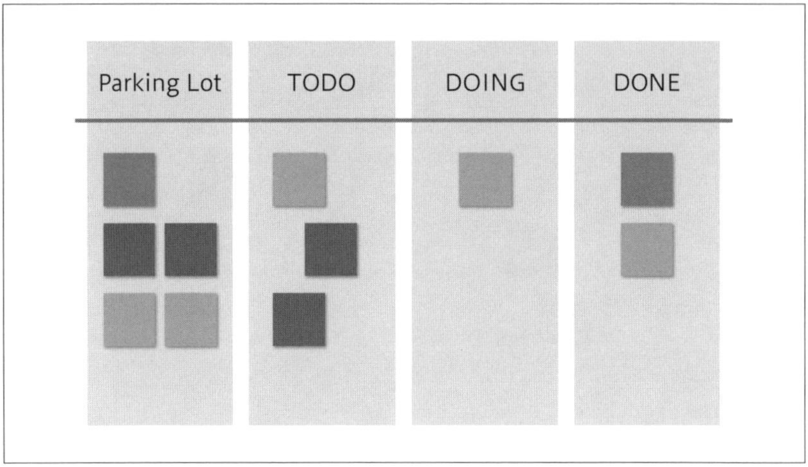

タスクには取り組むべき順番がたいていはある。TODOのステージで、上下の並びで優先順位を表現すると良いだろう。

DOINGにはいくつもタスクを置いて良いのか？

さて、これもよく質問を受けるのだけど、DOINGのステージには複数のタスクを置くことを許すべきだろうか？

DOINGは“今から着手するタスク”を置く場所なのだから、原則としては一つしか置かない。複数のタスクを同時にやろうとすると、作業の切り替え時に負荷がかかり、効率を落とす。この負荷のことをスイッチングコストと呼ぶ。

たくさんの着手中があるのは、一見がんばっているようには見えるが、DONEのステージにいかないうちは、まだ何もできていないということだ。スイッチングコストが高まって、効率の良い状態とはいえないだろう。それより、一つのタスクをどうすれば早くDONEまで持っていけるかの観点で工夫を講じてみて欲しい。

最後に。ふりかえりでタスクボードを眺めるようにしよう。自分たちが一定期間にどれくらいのタスクをこなすことができるのか？ どのようなタスクを終えられなかったのか？ などがタスクボードの状態からわかるからだ。これらの情報は、次のタスク計画をするときに必ず活きる。

Column

WIP制限・緊急割り込みレーン

マルチタスクで仕事をしていると様々な弊害があります。まずは、作業の切り替えのスイッチングコストです。作業の切り替えの際、そのタスクの仕事の背景などを思い出す時間は馬鹿になりません。これらの時間は価値を何も生み出していない時間なのですから、極力ゼロにしたいですね。

また、集中力も途切れることになります。同時に複数のことを考えなくてはいけないため、注意力が散漫になり、ミスを起こす確率も上がるでしょう。ミスを起こせば手戻りが発生し、新たなムダな仕事を生み出してしまいます。

そこでWIP(Work in Progress：仕掛り作業)を制限する方法があります。WIPを1や2に制限し、同時に複数の仕事に着手してはいけないというチームのルールをつくってしまうのです。

WIP制限を導入して一つずつ仕事を完了させていくと、次の工程や顧客に価値が届くまでの待ち時間が短くなります。何の価値も生んでいない滞留時間が削減されるわけですね。作業の流れが速くなり、問題も早く見つかり、カイゼンする機会が生まれます。その問題を解決しない限り次の作業に着手できないため、積極的に問題を倒すことになるでしょう。問題の先送りが激減するわけですね。

周りのメンバーも取りかかれる作業の数に制限があるため、困っているメンバーがいれば無視するわけにもいかないでしょう。完了させるために仲間や経験者と一緒に問題を解決することにもなり、その結果、チームでの協調性を高める効果も生まれます。

WIP制限をしていたとしても、必ず発生する突発的な緊急トラブルの対応はどうしたら良いでしょうか？ 1分1秒でも早く問題を解決しないことには、顧客離れや、経営危機に発展する恐れがあるようなタフタスクです。

そんなときのために「緊急割り込みレーン」をタスクボードに追加します。高速道路のパトカーや救急車が走るレーンをイメージしましょう。常に空けておき、誰が見ても緊急とわかるように、超重要であることがわかるようにレイアウトします。

レーンは一番上に配置して、緊急色の赤などで囲うと良いでしょう。同時に、ピンクや赤い付箋紙に緊急タスクを記載することで、トラブル退治モードであることを周知させ、緊急度の低い依頼や中断が入らないように見える化してしまうのです。

もし、一人で抱え込むにはハードすぎて時間がかかるようであれば、メンバー全員が今やっている作業を中断してでも、トラブル解決のために全員で片づけにいきましょう。

(新井 剛)

●〉■

ストーリー ■ 僕だけのタスクボード

さっそく自分だけのタスクボードをつくってみた。100円均一の店で売っていたボードと付箋紙で、簡単に準備することができた。ステージは、シンプルに、TODO、DOING、DONEだ。DOINGステージに貼る付箋紙には、誰に依頼しているのか、いつまでなのかを記載するようにした。

図1-8 | 自分だけのタスクボード

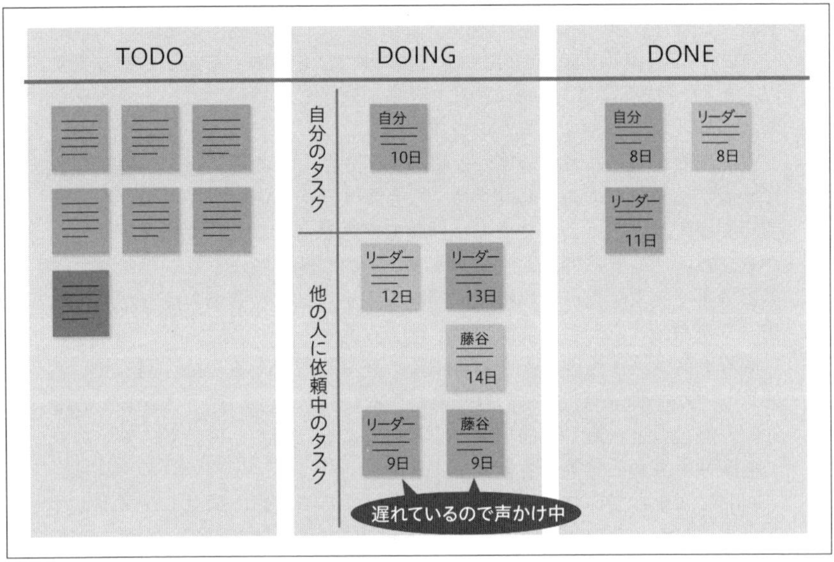

要は、他人に渡したタスクも、僕のタスクなんだと理解すれば良かった。見えない僕のタスクがどれだけあるのかをわかるようにしてやる。

僕のタスクのTODOとDOING、誰かに頼んだタスクのDOINGから、僕が今実質的にどのくらいの量を抱えているのかがわかる。

ひとり朝会で、タスクボードを点検して、付箋紙を動かしてやる。他人のタスクで、動いていないものがあれば、声かけを行う。

さらに、ふりかえりの時間で、今週のボードを眺め直す。何をDONEにできたのか。倒すべきタスクで残ってしまっているものはないか。他の人に頼んだタスクで、まだ動いていないものはないか。それから、TODOを見てこれからやるべきタスクを想像し、来週どんな状況になるかをシミュレーションしてみる。

格段に、タスクの抜け漏れが減ったことを実感できるようになった。僕がひとり朝会でぶつぶつ言いながらボードに向き合い、またふりかえりでじっとボートを眺めている様子を見て、気になったのだろう、同僚の片瀬が声をかけてきた。

片瀬は、僕と同じ年齢で、最近中途採用で入社したプログラマーだった。メガネをかけていて、色白で、ちょっと頼りない印象があるけども、見た目と違って芯がある男だった。自分が納得するまで、仕事を引き受けることも、進めることもしない。

「これどうやって使うんですか」

同じ年だけど、中途採用だから遠慮しているのか、片瀬はだいたい丁寧語を使ってくる。

「これはタスクボードといって、3つのステージでタスクの状態を可視化するんだよ」

「ときどき目に入っていたんですけど、なかなか良さそうですね」

片瀬は、僕から説明を熱心に引き出し始めた。ボードだけではなく、朝会やふりかえり、タスクマネジメントの方法についても、ひとしきり話が及んだ。どれも、この2カ月の間で僕が取り組み、だんだんと効果が出始めている工夫たちだ。

「そうですかぁ」

ふんふんと頷いて、一つひとつ納得した上で片瀬は僕に提案をしてきた。

「これ、一緒に運用しません？」

一緒にやるって？ 僕は何を言い出すんだと思った。

「すごく面白そうですよね。それに、一人ではなくて、何人かでやったほうがもっと効果あるんじゃないですか」

片瀬は、僕が薄々気づいていたけど、踏み出せていなかったことを簡単に言ってのけた。そう、ふりかえりも、朝会も、ボードの運用も、自分一人だと自分の考えや見方が限界になってしまって、気づけない問題がどうしても出てきてしまう。他の人の経験と、そこからの意見が欲しいとだんだん思うようになっていた。

僕はおそるおそる片瀬に聴いた。

「……朝早いけど、大丈夫？」

こうして、僕は片瀬と二人でまずは朝会を始めることにした。一人から始めたことが、二人になった瞬間だった。

第07話 EPISODE 07

二人ならもっと変えられる

ストーリー ■ 変わらない現場

「それで、あなたは何をしている人なんですか？」

石神さんからもらった宿題に僕はこの半年間取り組んできた。僕から始められることをやる。半年が経って、やっていることにもリズムが生まれていた。

まずひとり朝会で1日が始まる。そこで、タスクボードを眺める。朝会を5回繰り返すと、ひとりふりかえりの時間がやってくる。そして、また次の週には朝会がやってくる。この繰り返しだ。

以前感じていた、同じ問題が繰り返し起きてしまうとか、タスクの抜け漏れといったことが減ったことを実感できた。

……ただし、僕一人の話だ。まだ、一人でしかやれていない。片瀬がときどき朝会に来るようになったけども、あいつはそもそもまったく違う部署で、やっていることが違いすぎて、朝会をやるといっても、お互いに「へー」とか「ふーん」としか言えないことが多い。

やっぱり、チームでやらないとダメだ。チームでやりたい。チームでの仕事をもっとうまくやれるようになれば、きっと仕事はもっと面白くなる。自分たちで挑戦できることがもっと増える。

それに、一人でやっているうちは一人の能力や経験が限界になってしまう。チームで仕事をすることの意義を、ようやく僕は理解し始めていた。

でも、チームをまだ巻き込める気がしなかった。僕は、まだ他のメンバーとロクに言葉を交わす機会もない。それに、リーダーの神戸橋さんは自分が状況を把握できていれば良いという考えの持ち主だから、チームでやる取り組みに難色を示すに違いなかった。

脳内で神戸橋さんが何度も答えてくれている。

「それ、どのくらい工数を取るの？ それでどのくらい効率的になるの？」

リーダーになるって、そういうもんなのだろうか。僕もリーダーになったら、工数と効率化のことしか口にしなくなるのだろうか。

タスクボードを運用しているので、僕の活動はチーム内でも目立ち始めていた。神戸橋さんも認識しているし、すでに少し苦々しく思っているようだった。工数のことを言い出すのは、時間の問題だ。周りのみんなは、また何か江島がやっているよ、くらいにしか見ていない。

一体、どうすれば他の人を巻き込めるのか、想像もつかなかった。僕は、ずっとこんな感じでやっていくのだろうか。また、気持ちがモヤモヤとしてきた。他の現場ではどうしているのだろう。

あのときの石神さんはとっても楽しそうに話をしていた。きっと一緒にやるチームがいるのだろう。他の現場にはそういうところもあるのに、なんで僕はこんなところで、いまだに一人でやらないといけないんだ。そのことにどれだけの意味があるというんだろう。だんだんと、モヤモヤは怒りにも似た感情になってきた。何もかも放り出したくなってくる。

僕は石神さんと出会った、あのイベントのサイトをまたのぞいてみた。今年も、またやるらしい。石神さんは今年は話さないみたいだ。また、行ってみようか。僕は、イベントへのサインアップを行うことにした。今度は、もう、この現場へ戻ってくる気持ちは芽生えないかもしれないな、と考えながら。

■〉●

石神の解説● いつだって始めるのは自分からだ。でも、いつまでも一人ではない

この話では、解説するべきことはないようだな。江島は、すっかり心が折れてしまったようだ。ここで終えるなら、それでも良い。ただ、一つだけ伝えたいことがある。

私が紹介してきたプラクティスは、アジャイル開発から借りてきたものだ。アジャイル開発には、XP（eXtreme Programming）という流儀がある。

そのXPを創始したケント・ベックが書いた書籍『エクストリームプログラミング』の冒頭に「XP is about social change.」という一文がある。これは、自分のこれまでの振る舞いを変え、他者との関わり方を変えていく、という表明だ。

XPが定めた価値、原則、プラクティスは、それまでとは異なる新しい開発のあり方ややり方を伝えるためのものだった。これらに則り、行動を変えていこう、それを自分から始めようというのがケント・ベックが言いたかったことだ。

行動を変え、新たな一歩を踏み出すのに「遅すぎる」ということはない。**行動を始めるべきだと気づいたそのときが、その人にとっての最速のタイミング**だ。決して、気おくれするな。

変化は一人から始められる。その次は、その変化を目の当たりにした二人目がきっと出てくるはずだ。二人になったら、もっとできることが増える。もっ

と、伝えられるようになる。そうして、変化は少しずつ伝播していく。その変化はやがて大きなものへとつながっていくはずだ。

いつだって始めるのは自分一人からだ。だが、君はいつまでも一人というわけではない。そのことを、覚えておいて欲しい。

Column

素朴理論と建設的相互作用

二人目の存在は、励まし合う存在だけではありません。疑問や背景への質問によって、お互いの知識に影響を与え合うことができ、より深い知識へとつなげられます。

人は自分が経験したことをベースに物事を考え、親や他人から日常の中で教わった知恵を取り込みながら経験則を強化させていきます(図1-9のレベル1)。この経験則を経た知識の集合を『教育心理学概論(新訂版)』では、「素朴理論」と呼んでいます。

また、人は体験していないことでも、学校や書籍などで、自然現象や物理的な原理原則なども学んでいます(図1-9のレベル3)。

テストなどのために覚えたことや、経験の裏付けのない分野の知識は、説明を求められたときに窮するでしょう。しかし、これは学びのためには好機なんです。説明のために、調べ直したり、つくり直したりして、原理原則と自分の経験の間を、泡のようにアイデアが現れたり膨らんだりしながら、知識の質を強化させていきます(図1-9のレベル2)。認識していなかったことや、視点の異なる問いかけが、問いかけた側も含め、お互いに思考を成長させるのです。この相互に依存しながら一緒に考えることで理解が建設的に促進されることを同書では「建設的相互作用」と呼んでいます。

実践と理論を通じて、相手と一緒に智慧に昇華させる知的好奇心の旅を楽しみましょう。 (新井 剛)

図1-9｜素朴理論と建設的相互作用

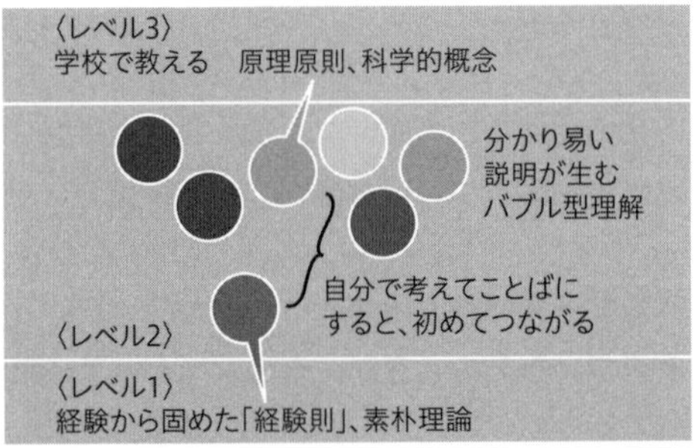

引用元：『教育心理学概論(新訂版)』(三宅芳雄、三宅なほみ著／放送大学教育振興会)P.15

ストーリー ■ 帰り道

イベントはやっぱり良かった。新しい発見がいくつもあった。試したいことがたくさん増えた。イベントの帰り道は、たまたま片瀬と一緒になった。偶然会場で出会い、帰り道が一緒になったのだ。僕が会社のSNSに、このイベントのことを紹介したのを見て、興味を持ったらしい。彼も、楽しめたようだ。いくつものセッションを聴いて疲れてしまったみたいだ。早々に、僕の隣で眠り始めた。

僕は電車に揺られながら、明日からのことを想像してみた。明日また、一人で朝会をやる。ボードを見て、動いていないタスクがないかチェックする。きっと藤谷はまたタスクをやっていないだろう。

明日は何時に帰れるだろうか。終電まではいかずに済むだろうか。こういう状態がもっとひどくなり、負荷が膨大になった過酷な状況のことをデスマーチというそうだ。今日のイベントで、熱心にデスマーチについて語っている人がいた。どこも大変だ。

だんだん、気が弱くなってきた。そう、どこも大変だ。わかっている。片瀬だって、うちへ来たのは新しい可能性を求めたからだ。みんな、隣の芝生は青く見えている。行ってみると、実は芝生は前にいた場所から続いていて、大して変わらないことに気づくんだ。

イベントや勉強会に行って、良い話を聴いて意識を高めて、そして現場に戻って、現実と向き合い、またモヤモヤし始める。これをある程度繰り返したら、いよいよ嫌になって、他の現場へ飛び込んでみる。その結果は、さっき言ったとおりだ。どこの現場だって、似たような問題を抱えている。

外に助けを求めているのかもしれない。だから、イベントや勉強会への需要が生まれる。でも、自分で何かをしない限り、自分の場所が変わることはない。

そう、だから、石神さんに問われて、僕は一人ででも始めるって決めたんだ。でも、ここから先はどうしたら良いかわからなくなっていた。

状況は変わっていない。このままデスマーチまっしぐらか？ 誰かが助けてくれる？ 今日デスマーチのことを話していた人が？ それとも、石神さんが？

そんなことはありえない。僕は絶対やってこない救世主を待ち続けている自分に気がついた。そんな都合の良いことは起きやしない。自分たちで変えるしかないんだ。

隣にたまたま座っている片瀬を見た。彼を肘でつついた。

「……何、着きました？」

片瀬は、状況をつかもうとあたりを見渡した。僕は意を決して、彼に語りかけた。
「片瀬、帰ったら、一緒に勉強会を始めないか」
「勉強会？」
何を言い出すんだと、僕の顔をのぞき込んできた。
「それって、あれですか、社外の人と交流するというか……」
「違う。社内に向けての勉強会だよ。今日学んだことや、これまでやってきたことを社内に向けて発表して、俺たちの現場を変えるきっかけにするんだ」
彼は、メガネを外して、目頭をつまんだ。
「まじっすか。それ、人来ますかね」
まったくイメージが沸いてこないようだ。そんなの僕だってそうだ。
「わからない。でも、やるしかない」
これで何も変えられないなら、そのときこそ僕はこの会社を去ろう。ずいぶんと決意に満ちた僕の言葉に、片瀬もただならぬ雰囲気を感じ取ったらしい。
「……いいすよ」
メガネをかけ直して、僕の申し出を受け止めた。たぶん、なるようになる、としか思っていないだろう。そこが彼の良いところだった。今、隣にいるのはたまたまかもしれないけど、彼に次の一歩を踏み出すことを持ちかけたのは、たまたまなんかじゃない。
帰り道というのは、どんなイベントでも勉強会でも、自分の現場へと帰るための道といえる。帰り道では、自分の現場に、自分の明日に向き合うしかない。自分の明日を、どうにかするのはやっぱり自分自身なんだ。
一人から、二人へ。チームは難しくても、二人なら、始められる。二人でも、きっと始められることがある。
二人なら、もっと変えることができる。

第08話 EPISODE 08

二人で越境する

ストーリー ■ 僕たちのたくらみ

さっそく片瀬と社内勉強会の企画、準備を始めた。僕たちの会社には大きめの会議室がいくつかある。日中はほぼ埋まって使えないが、業務時間後であれば使える日もある。事を始めるにあたって、まず大きめの会議室を確保した。

日程はちょうど1カ月先。内容は、二人が参加したイベントの報告と、僕がこの半年取り組んできたことの紹介とした。

なお、僕は大勢の人の前でプレゼンするなんて、やったことがない。イベントで話している人たちみたいに自分が人前で話すなんて、ぞっとする。

まずは、イベントの報告のほうを片瀬に押し付けて、僕は僕の話を組み立てることに集中した。話すのは下手くそでも、書いたものを読むことはできるだろう。プレゼンはもう何とかなると考えることにして、問題はそれよりも他にあった。参加者を集めることだ。

当然、会社のSNSで告知はするが、そんな集まりに業務を終えてからわざわざ来ようとする人なんているのか、不安を拭えなかった。しかも、僕の話をわざわざ？ 聞きに来るなんて？

僕の不安は、片瀬に大いに伝わっていたらしい。片瀬が作戦を考えてくれた。

「外の人を呼びましょうか」

なるほど。確かに、社内の名も知れない若造で人を集めるよりは効果がありそうだ。社外の著名な人を呼ぶ。そんな人来てくれるのか……？ 一体誰を？

「石神さんですよ」

片瀬は造作もなく言ってのけた。

「そ、そんなの。呼べるわけないだろう!?」

想像もしていなかったアイデアに、僕はうまく反応ができなかった。石神さんを、僕らのイベントに呼ぶ。一体どうやって！

「メール打ってみますよ。私も去年、名刺交換したんで」

片瀬、石神さんをなめるんじゃない。こんなことに乗ってくるほど、気の良い人なんかじゃないんだぞ。

石神さんの快諾を得たとき、僕は愕然としたし、胸の高まりを抑えられないくらい興奮した。

「言ってみるもんですね」

片瀬は恐れを知らない。彼を仲間に選んで本当に良かった。

しかし、それでも人が来るか心配だった。石神さんは有名な人になりつつあったけど、うちの会社の人たちがどこまで知っているか。外に目を向けない人には響かないのではないか、と。

「石神さんにどんな話をしてもらいましょうね。楽しみだわー」

無邪気な片瀬を見ていると、僕はだんだんと落ち着いてきた。誰一人来ないかもしれない。その日には、もう僕と片瀬の二人しかいないかもしれない。そこに石神さんをお招きして、石神さんの話を聴くのは僕たち二人きりかもしれない。

だけど、二人でやればいいやと思った。少なくとも一人ではない。もう一人いる。それで良いじゃないか。僕たちが次の一歩を踏めるのには違いない。何かを始めるのに、二人という人数は最小にして、最強かもしれない。二人いれば何でも始められる。そんな勇気が僕の中から湧いてきた。

初めての勉強会。来場者は、80名を超えた。場の仕切りが二人ではとても手に負えなくて、同僚や後輩に頼み込んだ。藤谷も来てくれて、快く引き受けてくれた。

会場は、勝手に盛り上がり始めた。集まった人数の多さが、日常とは違う空気感をつくってくれたからだろう。みんな、いつもよりテンションが自然と高くなっている。

片瀬と僕は石神さんを出迎えた。石神さんは、相変わらず不機嫌で、挨拶もそこそこに、どかっと真正面の席に座った。そして、黙々と手元でコードを書き始めた。片瀬は石神さんと会えて、無邪気に嬉しそうだった。僕はずっとヒヤヒヤしていたが、ここまできたらもうやるしかない。

最初に、片瀬のイベント報告。彼のプレゼンはひどいものだった。会場の温度は変に下がった気がしたが、これももはや気にしたところで仕方ない。

次に僕の話。みんなの前に出る。目の前に、石神さんがいた。コードから目を離さない。そうか、僕は、石神さんに今これから、あのときの問いに対する答えを伝えるんだ。

石神さんを真正面から見た。やおら、コードから目を離し、石神さんも僕を見た。答えを待っているようだった。

「僕からは、僕の話をしたいと思います。これまで半年、僕がやってきたことについて」

江島の解説● 一人で始めた見える化が周囲を巻き込む

江島です。この部のまとめとして僕が解説役を務めます。僕がまずやったことは、自分がいる現場から外に飛び出してみることでした。

外の世界は広くて、様々な現場があって、内にこもっているだけでは体験できないようなことも見聞きすることができたんです。

でもですね、どんなにキラキラしたお話でも、それをそのまま自分の現場に持ち込むことはやめましょう。それぞれの取り組みの背景には、それぞれの状況や制約があるからなんです。

いざ新しいことを始めるにあたっては、小さく試みることからスタートすることが大切です。大がかりに始めてしまうと、うまくいかなかったときに失敗の影響が大きくなってしまいます。

僕が最初に取り組んだのは、ふりかえり。問題を見える化して、解消していくサイクルを早くすることで、すぐに効果を感じることができました。一方で、自分一人でやるふりかえりの限界にも早く気づくことができたんです。自分には見えていなくて、他の人には見えている領域もある。だから、チームでふりかえりをすると様々な発見があるんですよね。

次は、タスクマネジメント。大きいサイズのタスクを、大きいままで倒そうとしても、把握できていない部分があってうまくいかない。小さく分割して、扱いやすいようにすることが大切なんです。

朝会の運用からは、今日やることを決めるということは、逆に今日やらないことを決めているんだ、という気づきもありました。

そして、タスクボード。自分のタスクの状態はもちろん、誰かに渡したタスクも自分のタスクとして管理することで、抜け漏れの心配を大きく減らすことができたんです。

これらの実践を通して生まれたのは、**リズム**でした。ひとり朝会を毎日行う。タスクボードを使った朝会が、日々の仕事の起点になる。この朝会を5日間繰り返すと、1週間が終わる。1週間の終わりには、ふりかえりを行う。このサイクルの繰り返しが僕のリズム。リズムが感じられると、これを維持したいという気持ちが高まります。「リズムを大きく崩さないように仕事を進めていこう」という指針が、よりカイゼンの後押しになっていたと思います。

こうして、見える化されるようになったのは、僕のタスクの状況だけではありません。僕がやっていること自体が、周囲への見える化となります。結果、一人から始めた活動は、二人目の目に触れて、僕は仲間を増やすことができたのです。

Column

学習する組織（氷山モデル）

当たり前のように習慣化されたタスクは、問題発見やカイゼンに手こずります。個人でも組織でも他文化からの客観的視点が存在しない「個」という単位で過ごしていると気づきにくいものです。

海に浮かぶ氷山は見えている部分のほうが少ないですね。世の中の事象も氷山と同じモデルを形成しています。表層の「出来事」という一部しか見ることができないのです。では海面下のかたまりは、出来事にどう影響を与えているのでしょうか？ピーター・M・センゲ氏の著書『学習する組織——システム思考で未来を創造する』の中ではこのように表現されています。

図1-10｜氷山モデル

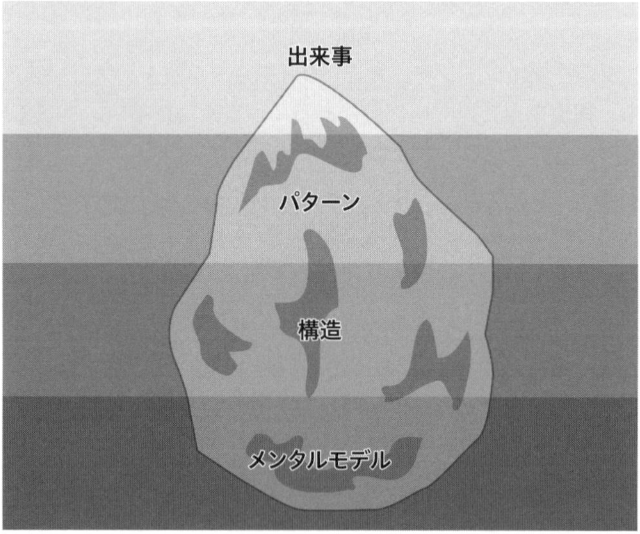

出来事は変化や行動の大局的な時系列のパターンから発生し、そしてそのパターンや大きな流れは、構造や仕組みが生み出しています。こうした構造を生み出す根底には、関係者のメンタルモデルが存在しています。メンタルモデルとは、心の奥底に根ざした信念や世界観のことです。人間は誰しもが経験によってメンタルモデルを形成していきます。

何か問題が発生したときに、氷山の一角の出来事である事象にとらわれて対症療法をしてはいけません。どんな時間の流れの中で起こったのか、また、それはどんな構造のもとに起こったのか、それはどんなメンタルモデルから発生したのかを考えます。メンタルモデルには認知バイアス(過去の経験や先入観による思い込みで、判断や評価を無意識のうちにしてしまうこと)が影響しているので、なかなか前提を壊せません。

一人では変えられなかったメンタルモデルも、対話することで、様々な気づきと学びを得てカイゼンが可能となるでしょう。さらには、二人から三人へとチームが形成されていくにつれ、組織で対話し、気づきから学ぶことの重要性を広めていきましょう。組織文化を学習する組織へとアップグレードさせるのです。

(新井 剛)

●〉■

ストーリー ■ それぞれの持ち場でがんばれ。

僕の話は、その後、たくさんの質問や感想を受け付け、そして、大きな拍手でもって終えることができた。みんな、自分たちの仕事をどうにかしたいと思っていたのだ。そこに、もうこんなことをやって、こうなったよと、言い放つ若造が現れた。ある意味もう実験が終わっているので、真似してやってみる価値がある。自分の現場ではどうやってやれば良いのか、やる場合の問題について、特に質問が寄せられた。

石神さんは、ずっと黙って聴いていた。そして、僕の後に話をしてくれたのだけど、やっぱり話が面白い。さっきまでぶすっと押し黙っていたのが嘘みたいに、楽しそうに話をする。1年前話してくれた、あのイベントの話がベースになった、彼の現場の話だった。

プレゼンの最後に、石神さんは僕と片瀬を立たせた。こんな場を、まるで空気を読むことなくつくった僕たちに、集まったみんなで拍手をしようと言ってくれた。それが本編の締めとなった。

一人きりで取り組み始めた頃は、自分の周りにいる人たちはもうやる気を失ってしまっていて、どうすることもできないと考えていた。だけど、それは僕のほうの思い込みだったんだ。みんなが集まったこの場を眺めていれば、はっきりとわかる。

「良い場だったね」
　相変わらず無精髭の藤谷が僕を見つけて話しかけてきた。イベントの後半は、会場でそのまま懇親会。活気があふれすぎて人の声が聞き取りにくい会議室の中で、藤谷がにんまりとした笑顔を僕に向けていることだけはわかった。髭の合間からわずかに、白い歯がこぼれている。
「こういうのも良いもんだな」
　後ろから、乱暴に声をかけてきたのは神戸橋さんだった。まさかと思ったが、リーダーも参加していたらしい。僕が絶句していると彼は言葉を続けた。
「……俺もなんかしたいと思ったよ」
　思わず彼の目を二度見した。勢いに任せて言っている感じではなかった。ビールを苦そうに喉に運んで、会場を眺めている。この場を、神戸橋さんがどう見たのかはわからないけども、僕はまた胸が高まるのを感じていた。
　神戸橋さんに言葉を返そうとしたそのとき、またすごみのある声が別のところから投げかけられた。
「よう」
　石神さんだった。

　懇親会でも石神さんは上機嫌だったので、周りをいろんな人に囲まれていた。だから、なかなか近づけないでいたのだけど、いつの間にか僕のそばにやってきていたらしい。まるで自宅の近所を歩いていてたまたま遭遇した、古い友人に言葉をかけるような雰囲気で呼びかけてきた。
「これが、アンサーなんだな」
　僕を品定めするように、鋭い目つきで絡んだ。初めて出会ったときのことがフラッシュバックした。僕は真正面から答えた。
「はい、これが僕のアンサーです」
　石神さんは、さらに目を細めた。笑っていた。
「良いんじゃないですか」
　そう言って、またビールを求めて石神さんはフラフラと、どこかへ歩き始めた。僕は慌てて、彼を呼び止めた。
「石神さん、僕らはこれから、どうしていったら良いんでしょう」
　瞬間的に怒られるかなと思った。まだそんなことを言っているのか？ とにらみ返されるかもしれない。でも、それでも良い。僕はもう先へ進められると、わかっている。どんな言葉でも良かった。石神さんは、振り向きもせず言った。それは、僕のことを一緒に前に進む仲間と認めてくれた一言だった。
「**それぞれの持ち場で。がんばれ、だよ**」

社内勉強会の片づけをしているときに、ふと僕は視界に入った人が気にかかり、そして、その人を見て釘付けになった。色黒の、小柄な人だった。年齢は僕より、3つ、4つ上くらい。よく知っている人だ。小さく片手を挙げて、僕に挨拶を送ってきた。
「江島」
それが、蔵屋敷さんとの再会だった。そして、二言目に、僕は冷水を頭からかけられたような気分になった。
「こんなんでは、ダメだぞ」

KAIZEN JOURNEY

第2部 チームで強くなる

第2部 | 登場人物紹介

江島：物語の中の主人公。第2部の開始時点で、20代後半。蔵屋敷の結成したプロダクト開発チームに異動。リーダー見習いとして、チームを引っ張る役割に就くことになる。周囲とのコミュニケーションの取り方もうまくなってきているが、カッとなるとそのまま自分の感情をぶつけてしまうところがある。AnP社プロダクト開発チーム所属。

蔵屋敷：江島が尊敬するAnP社の先輩。カイゼンを真摯に取り組む、テックリード。朴訥としていて冷たく感じるが彼を慕う人は多い。AnP社品質管理部を経て、テスト管理ツールを開発するプロダクト開発チームを結成する。

ウラット：新卒入社の女性プログラマー。タイ国籍だが日本語は流暢。大きなメガネが特徴的で、身体は細いが真面目ながんばり屋さん。AnP社プロダクト開発チーム所属。

七里：江島より社歴は2年若いが、年齢は年上のプログラマー。めんどくさがりで、生意気。ズケズケと何でも発言する物怖じしない性格。AnP社プロダクト開発チーム所属。

土橋：入社から品質管理一筋でチーム最年長のプロダクトオーナー。時にへそ曲がりな一面も見せるが我慢強く真面目。AnP社プロダクト開発チーム所属。

西方：スクラムマスターとして様々な現場を渡り歩いている。黒縁メガネをかけていて、くだらない冗談が好きな関西人。企業には所属していない個人事業主。江島たちのチームにもスクラムマスターとして加わる。

株式会社アチーブ・アンド・パートナーズ（AnP）：江島が所属する企業。メーカー向けのSI（システムインテグレーション）事業を中心としてきたが、ここ数年は、自社サービスの開発・提供に軸足を変えつつある。社員数は500名程度、通年採用者も多く、魅力ある企業文化として知れ渡っているが内状は残業の嵐。

第09話 EPISODE 09

一人からチームへ

ストーリー ■ 新たな出発

初めての社内勉強会から1年が過ぎた。濃い日々だった。

まず、社内勉強会に来てくれたリーダーの神戸橋さんと、さっそくチームのカイゼン活動を始めたのだけど、あまりにもメンバーそれぞれが抱えるプロジェクトがハードで、結局、カイゼンをうまく進めることはできなかった。チームの状況を立て直すには手遅れだった。というか、朝集まることさえできなくなっていたチームの状況は、僕の手には余りすぎていた。

さらに、変化が二つ。一つは、片瀬が転職したこと。社内勉強会を月2回のペースで軌道に乗せられたのは間違いなく、片瀬のおかげだった。運営のためのタスクを着実にこなす、彼の仕事ぶりによるところが大きかった。ただ、それ以上に、一人ではなく二人だったこと。彼に気持ちの上で支えられていたおかげだと思う。

片瀬の転職理由は「サービスをつくりたくなったから」だった。僕たちが所属するAnP社は最近こそ自社プロダクト開発に乗り出しているが、まだクライアントワーク中心の会社である。そのことは、片瀬も入社する前からわかっていたはずだろうに。社内の部署を越えた交流を生み出し、様々な社員やプロジェクトの様子を見聞きして、方向性が根本的に違うと気づいたような様子だった。

そこには悲壮感などまったくなく、「違っていたから辞めますわ、あははは」と、片瀬らしくあっけらかんとして、この会社を去っていったのだった。

一人残されたところで起きたのが、もう一つの変化。ちょうど、神戸橋さんとのカイゼン活動が暗礁に乗り上げたところで、思わぬところからスカウトをされたのだった。それは、品質管理部に所属している、蔵屋敷さんからだった。

蔵屋敷さんは、社内で使うツールをつくるためのチームを立ち上げようとしていた。品質管理部での活動を通じて、この会社にテスト管理とCI(Continuous Integration)が必要であると痛感したらしい。近年増えてきている炎上プロジェクトの対策として、蔵屋敷さんの「テスト管理を支援するツールの開発」の提案が見事に通り、予算が下りたのだ。会社としてはうまくいくならば、外販も考えているということだった。経営層からの期待も高いらしい。すべての部署を対象にメンバーを集めて、独立したプロダクト開発チームを組むということになった。

蔵屋敷さんには新人の頃から数年にわたって指導を受けてきた。朴訥としていて、それがときに冷たく感じるのだけど、とにかく開発の上での工夫や現場のカイゼンといった取り組みを真摯に行う人で、僕に限らず彼を慕う人は多い。

「ぜひ、一緒にやらせてください」

断る理由はなかった。僕は蔵屋敷さんの提案に飛びついた。すると、蔵屋敷さんは薄いリアクションを相づち程度に挟んで、1冊の本を差し出した。

「開発のやり方を変えたいと思っている」

本のタイトルに「スクラム」というワードが含まれていた。イベントで誰かが発表していて、耳にしたことがある。開発手法のことだが、詳しくは知らない。おそらくこの開発手法を参考に、チーム開発に取り組みたいということなのだろう。僕は蔵屋敷さんの目を見た。蔵屋敷さんは何の感情の変化も見せず、言い放った。

「江島、お前が進めてくれ」

こうして、唐突に新たな幕が上がったのだった。

■〉●

西方の解説● スクラムについて

はい、それでは第2部の解説も始めましょう。まだ「お話」に出てきていませんが、私は西方といいます。この先で、江島くんのチームにスクラムマスターとして関わります。第2部の解説は、スクラムマスターの経験が豊富な、この私が担当します。え、「スクラムマスターって何」だって？ ちょうど、その説明をこれからするから。

しかし、江島くんも大変やな。いきなり、スクラムの本を渡されて「お前やれ」と言われてできるほど、簡単ではないよ。というわけで、今回は、スクラムとは何かについて説明するで。

スクラムとはカイゼンが組み込まれたフレームワーク

スクラムの基本

スクラムとは、スプリントと呼ばれる固定された期間を何度も繰り返し、その中で設計・開発・テスト・デリバリーなどを実施し、価値あるプロダクトをムダなく構築していくフレームワークのこと。具体的には、以下の5つのイベントで構成される。

①**スプリント**：繰り返される開発期間のこと。通常は1カ月以下で設定する

②**スプリントプランニング**：そのスプリントで何を実施するかの計画ミーティング

③**デイリースクラム**：スプリントのゴールを達成すべく、日々の進捗や優先順位、障害などを確認する。毎日同じ時間・場所で実施する15分以内のミーティング。同じ目的のミーティングとして朝会があるが、デイリースクラムは朝の実施を必ずしも前提とはしない

④**スプリントレビュー**：スプリントの終わりに作成物をレビューしてフィードバックをもらうミーティング

⑤**スプリントレトロスペクティブ**：プロセスなどを検査し、カイゼンするためのミーティング

図2-1｜スクラムの役割とスクラムイベントと作成物

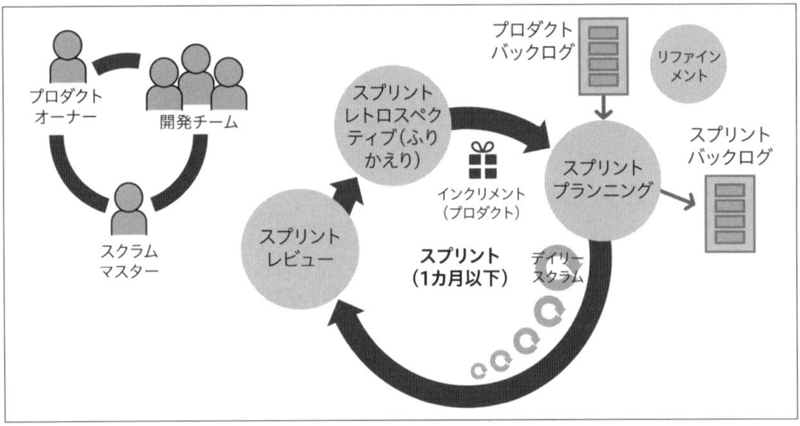

イベントの次はチーム構成だ。下記3つの役割で構成され、スクラムチームと呼ぶんだ。

①**プロダクトオーナー**：プロダクトの価値の最大化に責任を負う

②**開発チーム**：自己組織化された専門家集団

③**スクラムマスター**：チームが成果を上げるために支援・奉仕する

この3つの役割を持ったメンバーと、5つのイベントを通して下記3種類の作成物をつくっていく。

①**プロダクトバックログ**：実装するプロダクトの要求、要望、機能の一覧。一覧の一つひとつをプロダクトバックログアイテムと呼び、詳細や見積もりなどを記載

②**スプリントバックログ**：プロダクトバックログからスプリント期間内で作成すると決定したプロダクトバックログアイテムとその作業リストの一覧
③**インクリメント**：動作するプロダクト

スクラムの理論と精神

スクラムでは**透明性、検査、適応**が重要な理論として位置づけられている。透明性でスプリントの情報や状況を見える化し、共通認識を得ることを助ける。そして、チームやプロダクト、プロセスの状態を常に検査して、問題をいち早く検知する。問題が発生したらカイゼン案を検討し、問題解決に向けて適応していく。

つまり、スクラムには持続的にカイゼンしていけるような仕掛けが組み込まれているんだ。

スクラムでは、このようにふりかえりながらカイゼンしていく**経験主義**が根本思想に存在している。経験主義とは、経験したことからの学びを重要視し、不確実な状況においても漸進的に物事を進めていくという考え方だ。各工程の成果物ベースで、かつ後戻りが難しい計画主義のウォーターフォールとは、概念が大きく異なるんや。

図2-2｜スクラムとウォーターフォールの比較

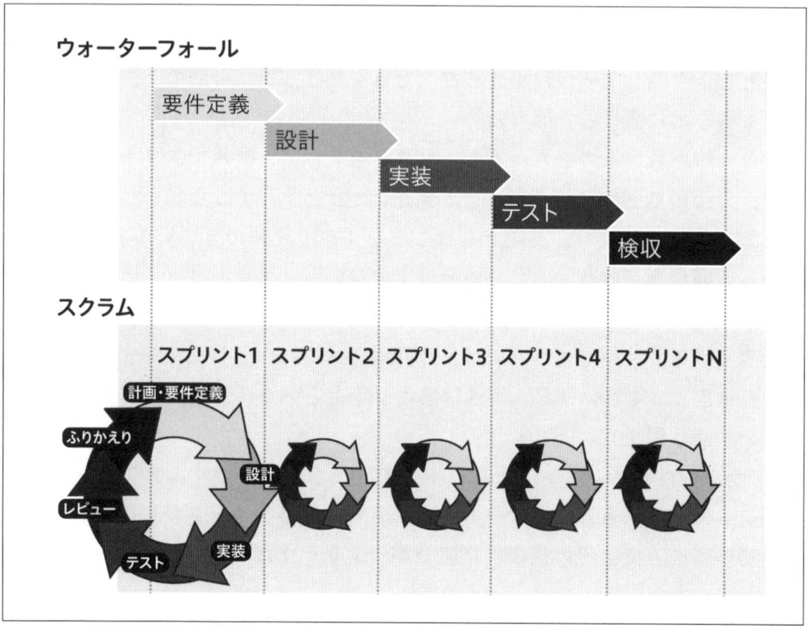

また、スクラムでは過去の失敗から学びを得ることも、大切にしている。困難で複雑なプロジェクトには人との信頼関係が必要であり、お互いを尊敬し合うということが、仕事を進める上で重要であるとスクラムはうたっている。

つまり、単に開発工程だけを管理するためのフレームワークではないということや。

私はスクラムマスターとして様々な現場を巡り巡ってきた。このソフトウェア開発という泥臭く感情で左右されやすい人間の営みに、きちんと焦点を当てているスクラムが疲弊しきっているプロジェクトを救うのを何度も目の当たりにしてきた。

頻繁に変わる時代のニーズや市場の変化など、不確定要素が多々ある今日のソフトウェア開発では、プロダクトやプロセスをチームでふりかえりながら継続的にカイゼンしていくことが、より良い選択といえる。その際、**Fail Fast**（早く失敗する）の精神が、漸進的に開発していくことの後押しになる。

失敗を恐れず、学びを得てカイゼンする。この積み重ねが世の中にとって必要なサービスを生み出す原動力になる。

●〉■

ストーリー ■ チームのキックオフ

「……という進め方を今回の開発ではとります」

ひとしきり話して、僕は集まった人たちを見渡した。今回のテスト管理ツールをつくるために集まった面々だ。

僕は、蔵屋敷さんのむちゃくちゃなフリを受けて、突貫でスクラムを書籍で勉強し、外部の勉強会にも参加し、2週間で内容を要約する資料をつくり、今、ここに臨んでいる。まだ、見聞きしたことをすべて理解できているわけではない。だから、僕自身が腹落ちしているわけではない。

「ウォーターフォールとの違いが、よくわからなかったのですけど」

面倒くさそうに声を上げたのは、今回開発メンバーとして参加する七里だった。僕より社歴は2年若いけど、年齢は僕より年上という、どういう言葉遣いをしたら良いか迷う相手だ。

「スクラムでは、スプリントという単位で開発を進めていく。スプリントの中で計画をして、設計もして、コードも書く。もちろんテストもだ」

最初の言い方で、その後の言葉遣いが決まりそうだったので、思い切って上から返してみた。

特に返事をしない。面倒くさそうに、手元の資料をペラペラとめくっている。

思わずいら立ちを感じた。

「あの、私も質問です」

今度は、別のメンバーが声を上げた。今年入社の新卒、ウラットさんだった。彼女も開発メンバーとして加わっている。国籍はタイだが、日本語は流暢。入社以来、真面目にコードを書き続けてきたらしく、新卒でありながらプログラミングの腕はついてきている。七里よりよほどできるかもしれない。何もしなくてもずれ落ちてくる大きなメガネを指で押し上げながら、ウラットさんは僕に質問をした。

「スプリントはどういう期間で回すのですか」

「このチームでは2週間でやるよ」

期間の選択肢としては、1週間、2週間、4週間とあった。4週間では長すぎて反復的に開発する感覚が弱くなってしまいそうなので、また1週間という短期間で回せるほどチームの練度は高くないので、2週間を選んだ。

「俺は何をしたら良いのかねえ」

そう声を荒げたのは、比較的若いメンバーが集まったこのチームの中では、最年長になってしまう土橋さんだった。品質管理部の部員で、入社以来ずっと品質管理だけをやってきているということだった。

品質管理の経験が長いので、蔵屋敷さんは彼をプロダクトオーナーに指名したのだった。

「土橋さんは、プロダクトオーナーです。プロダクトオーナーは、つくるべきもののリスト、つまりプロダクトバックログの順番づけやプロダクトとして何をつくるべきか、ということに特に責任を持つ役割ですね」

僕は資料にメモしておいた、プロダクトオーナーの役割を読み上げた。僕だって、まだ詳しいわけではない。土橋さんからは、薄い反応。彼もこの仕事には興味がない様子だった。もう少しやる気がある人を巻き込めなかったのだろうか。僕は恨めしく感じ、蔵屋敷さんのほうを見て顔色をうかがった。

それまで黙りこくっていた蔵屋敷さんがようやく口を開いた。

「このチームのリーダーは俺が務めますが、実質的には江島にリードしてもらおうと思っています」

そう、蔵屋敷さんは僕にこのチームの運営を任せたいらしいのだ。蔵屋敷さんはすでにスクラムの経験者なのだけど、自分自身はチーム開発として何やら試したいことがあるらしく、今回は実質的なリーダーを僕に押し付けるという。最初に声をかけてもらったときに宣言済みだ。

なお、スクラムにはいわゆる「リーダー」の定義はないが、プロジェクトに対する会社の規定に則る必要があり、チームを代表する立場としてリーダーを置いている。スクラムマスターと役割が被るところが出てきそうだが、僕はまだスクラムの経験がないので、スクラムマスター見習いといえる。ただ、その肝心のスクラムマスターがまだチームにはいない。

「スクラムマスターというのは誰がやるのでしょう？」

ウラットさんが、資料の中の体制を眺めながら疑問を口にした。さすが、もうスクラムを下調べしていたらしい。

「スクラムマスターは、社外の人を呼びます。次のスプリントくらいから参加する予定です」

僕の代わりに蔵屋敷さんが答えた。そうだったのか。蔵屋敷さんがスクラムマスターをやるのかと思っていた。

こうして、僕の初めてのスクラム、初めてのチームリーダー業がスタートを切った。出だしから、さっそく問題に直面することになるのだけど。

完成の基準をチームで合わせる

ストーリー ■ どうなったら完成といえるのか?

キックオフ後は、とりあえず走り出せと蔵屋敷さんが用意していたプロダクトバックログをチームメンバーで分け合った。本当はプロダクトオーナーがプロダクトバックログのネタ出しをするようなんだけど。いかんせん全員初めてのスクラムなので、蔵屋敷さんには立ち上げの壁にぶつかるのが目に見えていたらしい。蔵屋敷さんは企画段階から構想していた内容を少し整理して、最初のプロダクトバックログとした。

僕たちはさっそくスプリントを始めることになった。いざ開発を始めようとなると、意外とチームのテンションは高くなった。なんだかんだ言って新しいやり方、新しいプロダクト開発というのは、みんなの気持ちを上げる。

七里も、ウラットさんも、さっそくコードを書く環境を整えるべく、楽しそうに議論している。土橋さんも、蔵屋敷さんの構想に追いつくべく、彼と長時間のミーティングを繰り返して、ほとんど自席にいない。

僕も、チームをファシリテートすることが求められる時間以外はコードを書く。自分がサインアップした機能の開発を進める。

そして、最初のスプリントを瞬く間に終えて、次のスプリントに入るときに、さっそく問題が起きた。

「取りかかるべきプロダクトバックログをがらっと入れ替えないといけない」

土橋さんは、さすがに悪びれた感じで、チームにそう宣言した。蔵屋敷さんとのミーティングを繰り返した結果、僕たちの開発しているテスト管理ツールで「成果物が会社の品質管理基準を達成しているか」を管理する必要が出てきたらしい。全社に展開するツールだから、会社の基準に合っていないといけないというわけだ。

具体的には、設計やコードのレビュープロセスに対応し、その指標も管理できないといけないことがわかったのだという。具体的にどういう評価指標を取って、どう計算させるかを整理するために、時間が必要だという。その間、取りかかれるプロダクトバックログアイテムは限られるため、さっそく順番を入れ替えないといけない。そうなると直近開発すべきプロダクトバックログのために検討してきたことがすぐに役に立つものではなくなってしまう。それに、会社の品質管理基準をプロダクトのスコープ(対象とする範囲)に入れていなかったので、その考慮をしないといけない。

「じゃあ、この前のスプリントで考えたデータモデルはどうなるんすか」

七里の懸念はもっともだった。土橋さんの返事はだいたい予想したとおりのものだった。

「これからの検討の結果、変更が入る可能性が高いな」

前のスプリントでつくったプロダクトバックログはどれも完成したものとして終えられないんじゃないか。七里とウラットさんが顔を見合わせた。

やってきたことがムダではないにせよ、完成したことにできないのはやはり気持ちの良いものではない。そして、次のスプリントを始めるためには、検討を巻き戻してモデルや仕様を詰めていかないといけない。

案の定、次のスプリントを始めてみたものの、なかなか進捗しなかった。特にウラットさんは社歴が浅いので、品質管理という分野自体にまだ慣れていない。言葉の理解から始める必要があり、思うように仕事は進まなかった。

ウラットさんだけではない。七里も今回のスプリントは大苦戦している。つくるべきものの内容がまだあいまいなところがあり、何をつくれば良いのか、いまひとつわかっていないのだ。

(ウラットさんも、七里も、そして、僕も一つひとつのプロダクトバックログアイテムの完成のイメージがついていないんだ。)

この状況には、心当たりがある。思い出そうとしたが、蔵屋敷さんの声が飛んできて、思索を止めた。

「これは、ひどいベロシティになりそうだな」

蔵屋敷さんが、スプリントバックログの状況を眺めながら、冷静に予測した。蔵屋敷さんが言った「ベロシティ」とは、ある期間(スクラムならスプリント)の中でチームが開発できる量のことで、チームの速度にあたる。まだ、スプリントバックログは一つもスプリントレビューに持ち込めるような状態になっていない。僕は心配が高じて、蔵屋敷さんにささやくように言った。

「蔵屋敷さん、みんな、つくるモノのイメージがあいまいで苦戦しています」

蔵屋敷さんは、スプリントバックログの内容に目を通してから、再び口を開いた。

「みんなを、集めてくれ」

西方の解説● 何を届けるかの共通認識を持つ

スプリントプランニングとプロダクトバックログ

さて、さっそくスプリントが始まっているな。私が現場に来るまでは、みんな混乱しがちだろうけど、それも良い経験やね。この解説では、みんなが格闘し始めているプロダクトバックログについて見ていくことにするで。

形にするべき要求の完成イメージを各自が思い思いに判断していては、顧客に届ける際に認識の齟齬や期待のズレが生まれてしまう。それに、チーム内でのムダなやりとりや作り直しが発生することも、容易に想像できるな。

何をつくるのかをスクラムチーム全員で共同で思案し、計画策定していくのが**スプリントプランニング**だ。スプリントプランニングは、何をつくるべきか決める第1フェーズと、それをどうやって顧客に届けるのかを検討する第2フェーズの二つのフェーズで構成されている。

第1フェーズから見ていこう。第1フェーズでは、顧客要求を整理して優先順位を見直す。顧客要求の一つひとつをプロダクトバックログアイテムと呼び、これらを優先順位でリスト化したものをプロダクトバックログとして一元管理する。プロダクトバックログをつくるのは、プロダクトオーナーの重要な仕事で、スプリントが始まる前までに完了しておこう。準備完了(Ready)の状態にしておくわけだ。スプリントの途中でプロダクトバックログをメンテナンスする活動も用意されている。プロダクトバックログの**リファインメント**というんだ。詳しくは第15話で説明する。

スクラムチーム全員が、開発するものに対する共通理解を得る必要があるため、プロダクトバックログは誰か一人に閉じて管理するのではなく、チームで所有し、見えるようにしておかないといけない。このプロダクトバックログを見れば、プロダクトの要求の優先順位や規模感を誰でも把握できるようにする必要がある。

そのため、初めて導入する際には、模造紙やホワイトボードなどを用いて、アナログで管理することを勧める。要は、目につきやすいようにしておきたい。これは第1部でもタスクの説明で触れているよな。

この透明性により、つくるもののイメージが共有、強化され、ムダを減らす開発につながっていく。

次に、マーケットや顧客の要求を踏まえた優先度をもとにスプリントで達成すべきゴールを決める。「**スプリントゴール**」として簡潔な言葉で明文化するのだ。「課金・決済機能開発スプリント」とか「認証・認可バックエンド開発スプリント」のように。開発チームにとって、これから始めるスプリントの指針となる。

この指針のもと、スプリントで達成すべき目的につながるプロダクトバックログアイテムを選ぶ。スプリントゴールはプロダクトバックログの実装によって、形になるのだ。開発チームは、「顧客にどんな価値を提供するために、何を開発すべきなのか」を、プロダクトオーナーとの会話を通じて理解する。プロダクトバックログアイテムの実装のイメージが湧き、スプリントの成果であるインクリメント（プロダクト）がより明確になるだろう。

そして、第2フェーズだ。開発チームは、スプリントバックログを作成する必要がある。スプリントバックログとは、第1フェーズで選択したプロダクトバックログアイテムと、それを形にし顧客に届けるために必要な作業タスクの一覧だ。

開発チームで、選んだプロダクトバックログアイテムをもとに必要な作業を洗い出そう。分析や設計やテストなど、必要な作業はすべてだ。ドキュメントだって必要があればつくる。ただし、プロジェクトに価値をもたらさないもの、顧客に付加価値を生み出さない中間成果物はムダとなるのでタスク化しない。

さて、作業タスクの洗い出しができたら、メンバー全員で見積もりをしよう。単位は時間。作業中に割り込みが入らないと想定して、どのくらいの時間でできるかを見立てる。もし8時間を超えるようであれば、そのタスクの粒度は大きすぎるので、タスク分解できないか検討しよう。見積もるときは、できるかぎりメンバーの意見を集めるようにする。複数の目と耳で議論することで、懸念点や落とし穴などを事前に掘り起こし、共通の認識にすることができる。

このスプリントバックログは、スプリント期間中、日々の残作業や進捗を開発チーム自身で管理するために使おう。

図2-3｜プロダクトバックログ、スプリントバックログを管理するボード

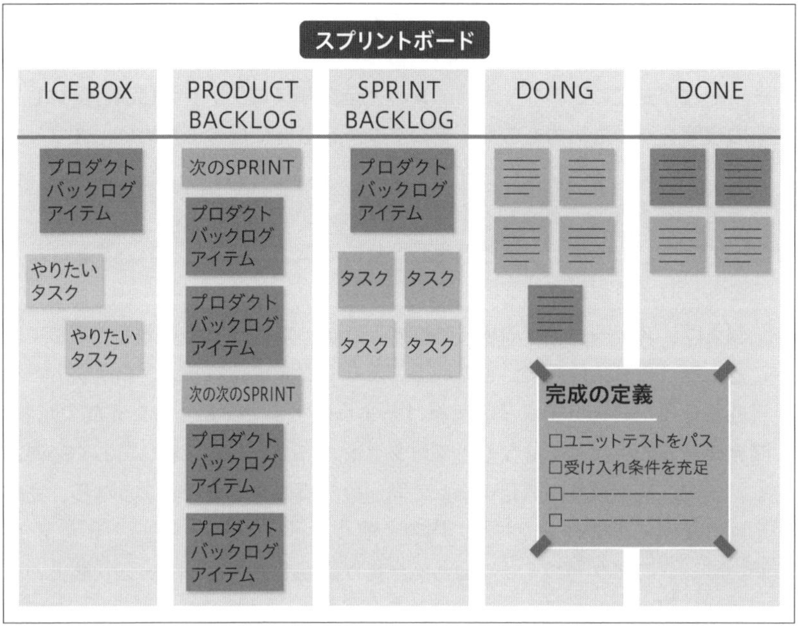

図2-4｜スプリントプランニングの手順

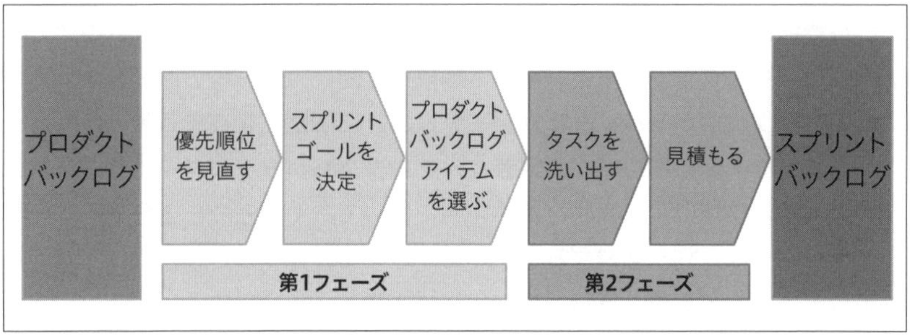

完成（Done）の定義と受け入れ条件

さて、江島くんは「プロダクトバックログアイテムの完成のイメージがついていないんだ」と言ってたな。これは、**「完成（Done）の定義」**や**「受け入れ条件」**があいまいか、存在していないかを表している。この二つを混同しないように、それぞれの内容について説明しておこう。

ソフトウェア開発に限らず、何かの作業を依頼して出てきた結果に対して、「こんなものは要求していなかった。しかもこんなにも時間がかかるとは……」

と思ったことは、誰しもが一度は経験しているんとちゃうかな？ もしくは、依頼された側の際、時間がかかりすぎて怒られた経験とかな。

そんなことを軽減させるための仕組みがスクラムにはきちんと用意されている。それが完成の定義なんだ。**メンバー全員がプロダクトの「完成」に対して共通の理解を持つためのもの**だ。プロダクトを顧客に届けるために、スプリントを通して一貫して確認すべきチェックリストのことだ。「完成」といえば、何を行っているべきで、どういう状態なのか？ その認識がメンバーそれぞれで異なっていると、手直しが多く発生したり、不具合が埋め込まれたままになってしまったりするだろう。

例えば、ステージング環境で動作すること、ユニットテストをパスしていること、受け入れ条件を満足していることなどが挙げられる。プロダクトが利用可能となるために必要な基準を挙げるようにしよう。こうした完成の定義は、開発チームの中だけではなく、プロダクトオーナーとも合意しておく必要がある。また、もし複数の開発チームで同一のプロダクトを扱うようなら、完成の定義はすべてのチームで共通の内容を使うようにしよう。完成といえば？ の問いに、プロダクトづくりに関わる全員が認識を共通としている状態でいよう。

また、プロダクトバックログアイテムごとに、プロダクトオーナーが規定した受け入れ条件が定義されているべきだ。**受け入れ条件とは、これらを満たしていれば、要求を確かに実現していると判断できるリストのこと**だ。想定していた機能仕様だけでなく、非機能要件も満たしているかも受け入れ条件には含まれる。プロダクトオーナーとして納得して受け入れられるかどうか、その満足条件はプロダクトバックログアイテムごとに個別に存在するわけだ。

プロダクトとしての完成の定義と、プロダクトバックログアイテムごとの受け入れ条件を使い、客観的な基準を明文化しておくことで、全員で同じ判断ができ、不毛な対立を回避することが可能となる。完成の定義と受け入れ条件の両方を達成して本当の意味での完了といえる。

●〉■

ストーリー ■ 進捗するチーム

プロダクトバックログのアイテムの受け入れ条件を一つひとつ定義しようとすると、自ずと疑問が湧いてくる。どういうことを目的として、この機能が必要になるのか。この機能はどのように使われるのか。

疑問を解消すべく、土橋さんと会話を重ねる。土橋さんも、時間の余裕はなかったが、チームとの会話を優先してくれた。蔵屋敷さんが彼の他のタスクを肩代わりして、会話する時間をつくってくれたらしい。

会話をすれば理解も深まりやすい。それはつくる側の七里とウラットさんにとってであり、理解してもらうために言語化をしないといけない土橋さんにとってでもあった。

土橋さん自身、どうあるべきかという明確な答えを持っているわけではない。そのままつくっても、きっとスプリントレビューで具体的な形になったときに、「これじゃない」ということに気づく、という状況を招いていただろう。

時間はかかったが、受け入れ条件をチームで理解し合ったことで、各自の仕事のスピードは明らかに上がった。

一方で、僕は危惧を覚えた。各自で開発を進められるようになったことで、逆に、ただタスクを消化しているだけの感覚が強まっている気がしたのだ。

一つひとつのプロダクトバックログアイテムをどう料理すれば良いかは明確になった一方で、プロダクトの全体像はなかなか腹に落ちてこない。自分たちがつくっているプロダクトがそもそも一体何なのか見えないまま、機能だけつくっていっている感覚。

僕は、快調に仕事を片づけている様子がわかるスプリントバックログを張り出しているホワイトボードを眺めながら、考え込んでしまった。その僕の様子を、さらに遠巻きにして眺めている蔵屋敷さんの表情に気がつけるはずもなかった。

第11話 EPISODE 11

チームの向かうべき先を見据える

ストーリー ■ スクラムマスターがやってきた。

チームが第2スプリントを終えたとき、つまりスタートから1カ月遅れで、スクラムマスターの西方さんがやってきた。個人事業主として、様々な現場を渡り歩いているらしい。今回、参加が遅れたのも、ここに来るまでに赴任していた現場との契約がまだ続いていたからだという。

「えらい遅くなってすんませんな」

西方さんは、チームとの初のミーティングに明るく入ってきた。語調から明らかに関西人らしい。蔵屋敷さんは、かつて一緒に仕事をしたことがあると聞いている。西方さんは相変わらずの雰囲気なのだろう、いつも朴訥としている蔵屋敷さんも、苦笑いしていた。

「もう2スプリントも終わりましたよ」

「そうなんや。ええこっちゃ」

なれなれしい西方さんの言葉遣いに、七里は少し呆気に取られていた。ウラットさんは、西方さんの楽しそうな雰囲気に好印象みたいだ。

「ところで……」

おもむろに、黒縁のメガネをかけ直しながら、西方さんは改まった。僕らは、さっそくスクラムマスターが何か厳しいことを言い始めるんじゃないかと、少し身を固くした。

「僕の歓迎会はいつしてくれんのかな」

呆気に取られていた七里が、この言葉を聴いていつもの調子を取り戻し始めた。2スプリントを必死にやりきったばかりだ。この先も余裕があるとはいえない。西方さんに、つまらないものでも見るような視線を送った。

「3スプリント中はまず無理でしょうね。そんな余裕ないです」

なあウラット、と声をかけられて、ウラットさんも大きく頷いた。確かにチームのベロシティが安定しているとはいえない。

「そうか、それは残念やなぁ」

西方さんは本当に残念そうな雰囲気で、あごのあたりをさすった。よく見ると、無精髭がうっすらと生えていた。これが僕たちとスクラムマスターの初めての出会いだった。

「スクラムマスターって何のためにいるんですか？」
　西方さんがチームに合流してから、七里の機嫌はすこぶる悪い。まだ1週間しか経っていないというのに、スクラムマスター不要論を心に決めてしまったらしい。正直、七里の相手をいちいち相手するのも面倒だが、この問題を放っておくわけにはいかなくなっていた。ウラットさんも、土橋さんも、珍しく七里に同調しているからだ。
「ミーティングには出られますが、何もしていません」
　ウラットさんは西方さんの楽しい雰囲気が好きみたいだけど、余裕のないスプリントの日々の中で、西方さんの存在がだんだんストレスになっているみたいだった。確かに、西方さんは何もしない。スプリントプランニングにも、デイリースクラムにも参加するけど、ほぼ何も言わない。くだらない冗談をときどき挟んでくるくらいだ。
「俺なんか、ほとんど会話すらしていないぜ」
　土橋さんも不満そうだった。
「確かにそうですね」
　僕も受け止めるしかなかった。なんで、蔵屋敷さんはあんな人をスクラムマスターとして招聘してしまったんだろう。

　僕たちはある日のデイリースクラムで、スクラムマスターに迫ることにした。まるで一斉に反旗を翻すような、物々しい雰囲気だった。当の西方さんは相変わらず好々爺然としている。七里が口火を切った。
「西方さん、今日もそうやって何も言いませんでしたね。何のためにこのチームにいるんですか？」
　みんな心していたことだけど、さすがに場が凍りついたように硬くなった。ちなみにデイリースクラム終わりなので、蔵屋敷さんもいる。
　七里に詰め寄られても、西方さんは特に驚いた雰囲気でもなかった。
「このスプリントも、僕たちはベロシティを上げるために必死になってやっているんだ」
「そうです。余裕なんてありません」
　ウラットさんも七里に続く。
「スクラムマスターって、チームのこういう状況を何とかする存在なんじゃないの」
　土橋さんは腕を組んだ姿勢で、七里とウラットさんを後方支援するような雰囲気だった。3人がかりで、糾弾するような雰囲気になってきた。さて、西方さんは何と言うだろうか。僕は、またくだらない冗談でかわすのだろうかと考えていた。

黒縁のメガネを片手でかけ直すと、西方さんは表情を変えずに言った。

「何のために、このチームは、こんな追い立てられるように仕事しているの」

はあ？ と七里が遠慮なく声を上げた。

「プロダクトバックログが積み上がる一方で、やることだらけだからに決まってるでしょ」

「プロダクトバックログが積み上がるのは良いんだけど、それ、全部やらんとあかんの？」

いつの間にか西方さんの目はいつものように笑ってはいなかった。

「いつまでに？」

何か言い返そうとしたところで、期限を問われて、七里は言葉を一瞬にして失った。確かに、このプロダクトバックログをいつまでに終わらせるべきなのか、すでにわからなくなっている。企画段階から構想が変わってきているからだ。

「どういう理由で？」

問いが止まらない。七里は、何も言えなくなっていた。彼も気づいたのだ。僕たちが今やっていることは、いつまでに、どこへたどり着かなくてはいけないのか、誰にもわからなくなっていることに。

「こういう余裕のない仕事っぷりで、最後までいくつもり？」

さらに、スクラムマスターは、ウラットさんのほうを見た。

「毎朝、みんなは困っていることを報告していないけど、『余裕がないこと』は誰が、どうやって、いつ正していくの？」

スクラムマスターは、土橋さんのほうにも歩み寄った。

「プロダクトオーナーは、外から眺めてプロダクトバックログをただ積んでいるだけ？」

思わず組んでいた腕をほどく土橋さん。いつの間にか西方さんに、みんなが気圧されている。

「ベロシティを“上げる”ことを目的とする限り、このチームは目先のタスクに圧倒され続けるやろうね。みんながそれを選択してしまっている」

そう言って、今度は、僕のほうに近づいてきた。黒縁メガネの向こう側の目はまったく笑っていなかった。お前はリーダーだったな、このチームが目先のタスクの消化にとらわれたこの状態を、お前はどう見ている。そう語りかけているようだった。

そして、僕からも視線を外して、みんなに向かって問いかけを続けた。

「最初の質問に戻ろうか。このチームは何のために仕事をしているの？」

誰も答えられなかった。西方さんは何もしていなかったんじゃない。このチームをずっと観察していたんだ。西方さんはひとしきりチームメンバーを眺めると、いつもの楽しそうな笑顔に戻った。

「今日はみんなと取り組みたいワークを紹介したいんや」

そう言って、自分のノートPCを開いて、中に映し出されているものを全員に見せた。

「インセプションデッキや」

■〉●

西方の解説● プロジェクトのWhyとHowを明らかにするインセプションデッキ

やっと本編でも登場、改めて西方です。今回は私が得意とする**インセプションデッキ**について説明していくで。江島くんたちは開発がすでに1カ月も経過してからのインセプションデッキづくりだけど、本来はもう少し早くやったほうが良いね。第1スプリント？ いやいや。スプリントを始める前だよ。その理由について、見ていこ。

開発が進み、徐々にプロダクトが動き始めるようになると、変更要求が頻繁に突きつけられるようになったり、完成させるには当初の見積もりをはるかに越えることが見えてきたりする。

だから、チームメンバーの間や、チームと外部のステークホルダーとの間で、なおさらコミュニケーションが必要になってくるんだけど、プロジェクトのゴールや判断の基準がずれていると、互いの意思疎通がまったくうまくいかない。こんな風に、プロジェクトが進めば実に様々な課題が生まれ、山積していくもんや。

でも、開発チームが対処できることには限界がある。だんだんメンバーは疲弊する。すると、物事は進まなくなり、作業時間の逼迫（ひっぱく）として跳ね返ってくる。それを何とかこなすために、残業を重ね……疲弊が続き……また遅れて……問題は悪循環し始める。ますます辛いプロジェクトになっていく。

一言でいうとね、目的や方向性が合っていないのよ。ステークホルダーも含めたプロジェクトメンバーの間で、プロジェクトの目的や目指す方向性だけでなく、期間、スコープ、費用や必要なチーム編成、優先順位、リスクなどなど。一緒に仕事するのに必要な考え方を合わせないまま進めようとしても、プロジェクトはうまくいかない。

プロジェクトの向かいたい先や制約を明らかにし、それを全員で合意し、透明性を持って運営していくことが、私たちには求められる。そのための道具が、インセプションデッキなんや。インセプションデッキづくりを通して、プロジェクトの様々な問いに答え、共通理解を深めていこう。

10の問い

インセプションデッキでは、10個の問いに答えることで、プロジェクトのWhyやHowを明確にしていく。いずれも、チームにとってタフな問いかけとなるだろう。答えづらい内容だからこそ、プロジェクトの初期から正直に、向き合っておくべきなんだ。

< Whyを明らかにする問い >

①**われわれはなぜここにいるのか**：プロジェクトのミッションは何か
②**エレベーターピッチ**：プロダクトのニーズ、顧客、差別化ポイントが何かそれぞれに答える
③**パッケージデザイン**：ユーザーから見たプロダクトの価値とは何か
④**やらないことリスト**：スコープ。特にスコープに入らないことは何か
⑤**「ご近所さん」を探せ**：チームを取り巻くステークホルダーは誰か

< Howを明らかにする問い >

⑥**技術的な解決策**：採用する技術やアーキテクチャは何が考えられるか
⑦**夜も眠れない問題**：不安やリスクには何があるか
⑧**期間を見極める**：必要な開発期間はどのくらいか
⑨**トレードオフスライダー**：ローンチ時期、スコープ、予算、品質はどのような優先順位になるか
⑩**何がどれだけ必要か**：期間、費用、チーム編成について答えよ

図2-5｜インセプションデッキの10の問い

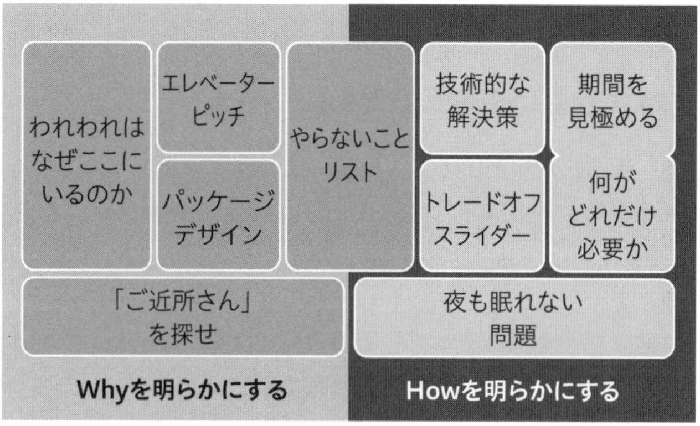

インセプションデッキを参考に市谷聡啓が作成

チームでつくることに意味がある

デッキは、リーダーが一人で作成しても意味がない。プロダクトオーナーが「つくっておいたから、見ておいて〜」と一方的に押し付けるものでもない。気持ちの良い言葉だけで仕上がった「憲章」をトップダウンで作成したとしても、額に飾られたスローガンと一緒。メンバーの視界には入ってこない。

チームに浸透する、活きたデッキをつくるためには、**チーム全員の頭で考えなければならない**。プロジェクトはたいてい忙しい。それでも、全員の時間を確保し、立ち止まって考えることが必要だ。たとえ最初に時間がかかるとしても、プロジェクトについての共通した理解はきっとプロジェクトが進行するにつれて活きてくる。

インセプションデッキづくりは、時間がかかるし、疲れる。チームや状況にもよるが、たった一つの問いに答えるのに1時間以上かかることもある。リーダーの思いや、プロダクトオーナーの情熱を言語化し、メンバー一人ひとりの、このプロジェクトに向き合うWhyをぶつけ合い、チームとしての共通認識を形作るからだ。一筋縄ではいかない。

でも、こうした、全員で目的の理解を深めていく場が、チームビルディングや自己組織化につながっていく。

目指す方向性を全員で合意することで、チームは迷いなく、プロジェクトを自分たちの手でドライブさせられるようになるのだ。上意下達でのコマンドコントロール型の指示待ちスタイルから、徐々に当事者意識が芽生えてくる。それぞれのメンバーの中に、コミットメントを守ろうという意識も育まれ、結果、個人とチームが強靭になっていく。

とはいえ時間がないチームのために

有意義な手法だからといって、実際には長時間全員を集めておくのは難しい場合があるだろう。10の問いに対するたたき台を用意し、たたき台をもとにチームで話し合う、というのは時間を短くする現実的な作戦だ。ただし、たたき台はあくまでたたき台だ。ちゃんとみんなで考えるように。

また、必ずしも全部のデッキを埋める必要はないからね。下記4つを考えるだけでも、プロジェクトの推進は、加速する。

①ミッションや目的の共有のために「**われわれはなぜここにいるのか**」
②リスクや不安のリストアップのために「**夜も眠れない問題**」
③スコープの内と外の境界を明らかにするために「**やらないことリスト**」
④判断基準を可視化し、その優先度の明確化のために「**トレードオフスライダー**」

「われわれはなぜここにいるのか」は、チーム活動の要だ。**Start with why(目的から始めよ)**という言葉があるように、すべての思考と行動の起点となるため、これは必ず見ておきたい。

チームの立ち上がりはとにかくいろんな不安があるものだ。その不安が表に出ず、埋もれているとリスクになる。「夜も眠れない問題」で一気に見えるようにしよう。

ざっくりとでも良いから、チームの「やらないこと、やること」を明らかにしておくと、方向性を整えやすくなる。プロジェクトの最初は、意外とわかっていないことや、決まっていないことがゴロゴロしているものだ。どんどん拾って、認識できるようにしよう。

そして、「トレードオフスライダー」で、プロジェクトの判断基準を決める。ここがずれていると、まずうまくいかない。たとえるなら狙っている的がバラバラなまま、それぞれが矢を放つようなものだ。うまくいっているのかどうか認識できないし、うまくいっていると判断できても、それはたまたまやな。

Column

ゴールデンサークル

Start with whyを表現した有名な図があります。中心にWhy、次にHow、一番外側にWhatの円を置いたこの図のことを**ゴールデンサークル**といいます。

図2-6｜ゴールデンサークル

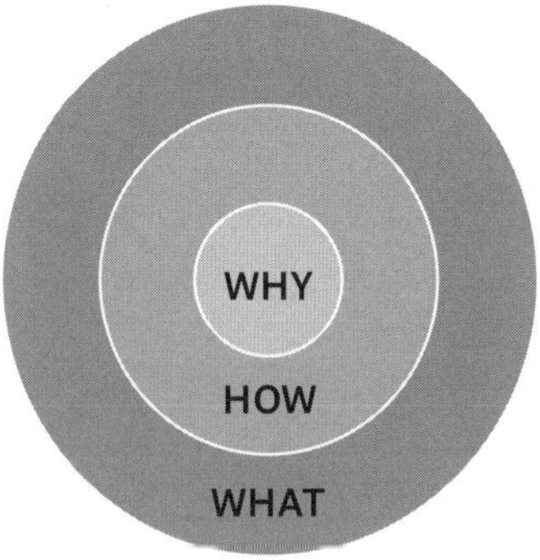

何から考え始めるか。たいていは「何を（What）」がわかりやすいので、Whatから始めてしまう。そして、それを「どうやって（How）」やるか、最後に「なぜ（Why）」そうなのかとまとめる。ゴールデンサークルはこの思考の流れを逆にするように言っています。すなわち、「なぜ（Why）」から始めて、それを「どうやって（How）」実現するのか。そのために「何を（What）」やるのか。WhatとWhy、どちらを起点として考え始めるかで、Howの選択肢が大きく異なります。

また、コミュニケーションにおいても、いきなりWhatを提示されるよりも、Whyから説明されたほうが、理解が得られやすいでしょう。なぜなら、Whyは目的にあたるからです。目的ではなく、具体的な手段の説明をどれだけされても、たいてい最後に聞き返したくなるでしょう。「それで、どうしてこれをやるんでしたっけ？」

プロジェクトやプロダクトづくりを始める場合も、Whyから問い直しましょう。なぜ、このプロジェクトを始めるのか。なぜ、このプロダクトづくりを行うのか。もし、この問いに答えられる人がいなかったら。まだ、始める準備が整っていないようです。（市谷 聡啓）

スクラムマスターの役割

どうだったかな、インセプションデッキについては。つくっていないチームはすぐに始めてみて欲しい。インセプションデッキづくりに今更はないよ。プロジェクトの終盤であっても、それまでの積み重ねが目的と合致しているのか、ふりかえっておこう。

さてさて、こうしたインセプションデッキづくりをファシリテートするのは、正直言って簡単ではない。もちろん、うまくいかないことも織り込んで、チームで見よう見まねで始めてみるのも良いんだけど、もし経験のあるスクラムマスターが巻き込めそうなら、ぜひそうして欲しい。

スクラムマスターは、スクラム導入の支援やスクラムイベントのファシリテーションを主に担う。そして、それだけでなく、スクラムチームがつくり出す価値を最大化させるための、また、チームの生産性を高めるための、前進を促す役割なんだ。

●〉■

ストーリー ■ われわれはなぜここにいるのか。

初めてのインセプションデッキは、実に2日がかりだった。インセプションデッキづくりを通じて、七里も、ウラットさんも、土橋さんも、そして僕も、みんな「われわれはなぜここにいるのか」について確かめることができた。

われわれはなぜここにいるのか。その問いは、まさにこのチームのミッションといえた。ミッションがあいまいなまま仕事を無理やり進めようとしても、結局僕たちは言われたことをやっているに過ぎないんだと思う。

プロダクトバックログを倒しているつもりだったけど、今までの僕はプロダクトバックログに踊らされているようなものだった。この先どれだけスプリントを重ねても、できあがっていくプロダクトの意味を、僕らは理解できないままだっただろう。

「もっとこの兄ちゃんを使わんとあかんで」

蔵屋敷さんは兄ちゃん呼ばわりだった。苦笑いでそれに答えている。インセプションデッキづくりでは蔵屋敷さんも巻き込んだ。というか、この企画を始めた蔵屋敷さんこそミッションを最も語れる存在なのだ。

ミッションとして蔵屋敷さんが掲げたのは「このプロダクトで、この会社の炎上プロジェクトを半分にすること」だった。それから「このチームで、プロダクト開発のやり方を体得し、他の現場に伝えられるようにすること」を挙げた。なるほど、なおさら、日々のタスクを倒すことで追い詰められている場合ではない。

インセプションデッキづくりを終えたとき、気持ちが落ち込んだ。今までこの会話が足りていなかったのは、リーダーとしてチームを預かる僕の責任だと感じたからだ。たぶん落ち込むだろうとわかっていたのだろう。蔵屋敷さんが短い言葉で僕を励ましてくれた。今は、スクラムマスターから学べるだけ学べ、と。

「これで、明日からの仕事もはかどりますね！」

すっかり西方さんを尊敬するようになった七里が調子の良い感じで言った。西方さんは苦笑いしながら、それに答えた。

「まだまだ。これからやで」

経験豊かなスクラムマスターの予言に、僕は少し緊張感を覚えた。

第12話 EPISODE 12
僕たちの仕事の流儀

ストーリー ■ それぞれのルール

第3スプリントのベロシティを僕たちは大きく落とすことになったが、そのことについて必要以上に悲観しているメンバーはいなかった。みんな、インセプションデッキで何を優先するべきなのかを理解できたからだ。

このプロダクト開発のトレードオフスライダーは、最優先が品質。次いで、コスト、ローンチ日、最後にスコープだった。そもそもテスト管理ツールなので、ツール自体の質が低いわけにはいかない。ローンチ日は企画段階で決まっていたものの、予算のほうが当初に立てた計画以上には出ないそうで、3番目の順位だった。ただし、ローンチ日を予定どおりのラインに近づけるためなら、機能の範囲を調整する、というのが蔵屋敷さんの考えだった。

インセプションデッキづくりの前に比べると、みんなの会話がまた増えた気がする。プロダクトバックログに一人で向き合うのではなくて、どうすればもっと機能として目的を果たせるのか、メンバー同士で会話する機会が増えた。チームは明らかに活発な方向に向かっていた。

そんな中、第3スプリントのふりかえりで、事件が起きた。ふりかえりなので、会議室にチーム全員が集まっている。Problemを一つも出さなかった七里に対して、ウラットさんが我慢しきれなかったように、声を上げた。

「七里さんはダメです」

ウラットさんの宣告にも、七里は何も悪びれた様子はなかった。少し興奮した様子で、彼女はふりかえりに臨んでいた。気持ちが高ぶると日本語がうまく出てこなくなるらしい。ずいぶん端的な会話になる。僕は彼女をまずは落ち着かせようとした。

「ウラットさん、七里の何がダメなの」

「ミーティングの準備をしてません」

確かに、スクラムイベントで彼が事前準備をしてきた試しがない。スプリントレビューでも、シナリオを用意しないから、その場で動かそうとしても本人がどうデモすれば良いのかわかっておらず、まともにレビューにならない。

「それから、プロダクトバックログアイテムについて会話して決めたことを、どこにも書き残さない」

会話が増えた分、何かに記述するという行為が相対的に減っていた。互いの暗黙知が増えて、形式知化する機会が減っている。暗黙知が悪いことでは決してないけども、決めたことを何も残さないようだと、後で困ることは明白だった。

実際、すでに七里はなぜこういう機能にしたのかという説明ができなくなっていた。

七里がこたえている感じはない。むしろ、少しずついら立ちを隠さなくなっている。年下のくせに何を言い出すんだ、とウラットさんに言いたげだった。

「まだあります。七里さん、テストコード書かない」

「……俺は、テストコード書かない派なんだよ。テストコードを書くくらいなら、プロダクトのコードを1行でも増やしたほうが良い」

テストコードを書くべきなのはチームで確認し合っている。でもどのくらい書くべきなのか、このチームにはまだ明確な基準がなかった。ああ、これも僕の仕事だよな……。責められてもびくともしない七里に代わって、僕のほうがこたえてきた。

「七里さん、朝、来ない」

そう、彼の出勤時間は遅れ始めていて、だんだんデイリースクラムに間に合わなくなってきていた。

「この会社は、フレックス制なんだ！ コアタイムは守れている。問題ないだろう！」

「ダメです！ デイリースクラムは、みんな参加する。そう決めましたよね！」

言い合いが、だんだんエスカレートしてきた。ちょっと温度感が冗談では済まなくなってきている。間に入ろう。

「待って、待って。ちょっと落ち着こう」

僕の発言に、土橋さんも合わせてきた。

「そうだぞ。チームのふりかえりなのに、まるで個人の喧嘩だ」

ふと西方さんの姿を探したが、西方さんはわれ関せずという感じで、会議室の端っこに座っているだけだった。

「だいたいな！ 江島さんだって、日報書いてないじゃないか！」

あれ？ 矛先がこちらに向けられた。

「そう、江島さんも江島さんです！ ドキュメントが全部マークダウンなので、私のエディタでは読みにくいんです！」

いやいや、待て待て。このチームの日報はリーダーがみんなの状況をより理解するために始めたものだし、マークダウンかどうかなんて……好きにして良いだろう。

カチンときた僕も、七里とウラットさんの言い合いに加わろうとしたとき、黙っていた蔵屋敷さんがプロジェクタを使って、何かを映し始めた。静かに口を開く。

「……結果を出すためには何が必要だと思う？」

蔵屋敷さんは、みんなのほうを見ずに、自分で投影したものを眺めながら言い放った。七里が答える。

「もちろん、コードを速く書くことですね」

張り合うようにウラットさんが続く。

「違うわ、テストをきちんとやることよ」

蔵屋敷さんは二人の言葉を冷静に受け止める。

「どれも結果につながることだね。結果は、行動の質で決まる」

そう言って蔵屋敷さんが僕たちに見せた図には「結果の質」←「行動の質」←「思考の質」←「関係の質」というループ図が描かれていた。

図2-7｜組織の成功循環モデル

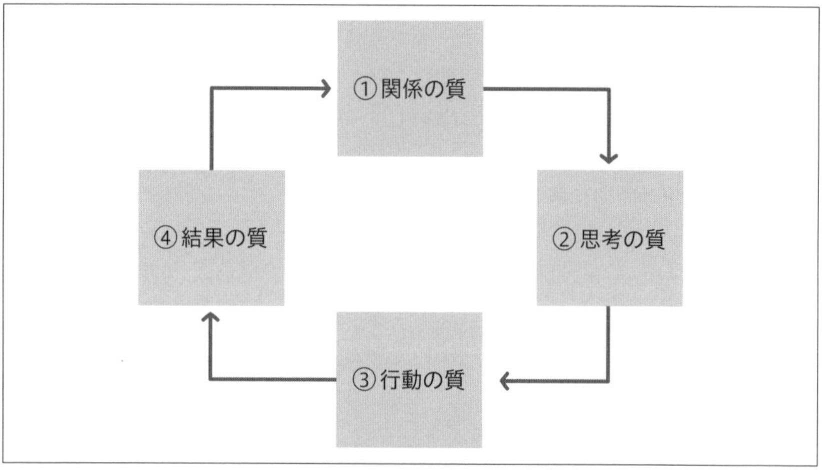

「これは**成功の循環モデル**といって、ダニエル・キムという人が考えたループ図だ。行動の質は、思考の質によって決まる。行動することは大事だが、考えがなければただやみくもに動いているに過ぎない」

僕は、インセプションデッキをつくる前のことを思い出した。あのときも、ただやみくもにプロダクトバックログを倒そうとしていた。

「そして、思考の質に影響を及ぼすのが、関係の質だ。つまり、みんなのチームワークの質ってことだな。チームワークを高めるためには、チームの振る舞いについての共通認識が必要だ」

そう言って、蔵屋敷さんは西方さんに視線を送った。西方さんはすでにこの展開がわかっていたらしい。おもむろに、**Working Agreement**の話を始めた。

■〉●

西方の解説● 自分たちの働き方や開発ルールを自分たちで決める

Working Agreementとは

プロジェクトの方向性をデッキで整えられたら、今度はチームの番。価値観や行動規範がバラバラでは、チームとして機能しづらい。特に、チーム全体が忙しくなって、個人個人にゆとりがなくなっていくと、雰囲気がギスギスしてくる。今回のお話でウラットさんが七里の振る舞いに腹を立てていたように、動き方へのお互いの期待のズレが見えてくるんだよね。

チームが落ち着いている状況だったら、期待のズレも受け止められるんだけど。余裕がないと、ささいなことが口論や誹謗中傷につながったりする。そうなると、モチベーションがどんどん下がっていって、チームの生産性は落ちていく。そして、みんなのやる気は風前の灯火になってしまう。

あかんよね。こんな負の連鎖が起きないように、チームで自分たちの振る舞いや、約束事を決めておくんだ。そうしたら、期待のズレが減らせるようになる。

この、チームで決めたチームのルールのことをWorking Agreementというんや。

すでに問題になっていることやトラブルになりそうなことを中心に決めていく。チームで仕事をする上で合わせておきたいことを盛り込むんだ。

すべてを事細かく決める必要はないよ。あれもこれもとルールに入れると、かえって動きにくくなっちゃうからね。Working Agreementは、メンバーの動き方を縛るためのものではなくて、チームの生産性をより高めるための取り決めなんや。

このルールは、チームが自分たちで決めることが大事。なぜって、リーダーやマネージャーのためのものではないからね。他人が他人事で決めたルールは、すぐに形骸化してしまう。時が経てば、何のために決めたのかさえ、わからなくなってしまう。

あ、それからよくあるんだけど、スローガンのようなものは避けるようにしような。「みんなで良いコードを書くことにコミットしよう！」とかね。スローガンだと受け取り方が人によって変わってしまって、あいまいになる恐れがあるからな。

だから、ルールは具体的で、誰でもが同じ見解で判断できるようなもの、もしくは、状態や数値が記載されている内容が望ましいといえる。

例えば、次のように具体的なものにしよう。

□欠席のときはデイリースクラムが始まる10時までに、Slackのチームchannelで全員に連絡する
□デイリースクラムは10時から15分以内でタスクボードの前で立って行う
□ミーティングの際は議論を活発化させるために腕を組まない
□ユニットテストのないコードはコミットできない
□疑問に思うことをすぐに聞くことは価値あることで、メンバーは賞賛Reactionを送る

ルールづくりのためのファシリテーションと運用

ルールをつくる際には、チームメンバー全員が参加するので、個人の立場や役割を超えてまとめていかないといけない。このファシリテーションがスクラムマスターの腕の見せ所なんだな。

互いの価値観がぶつかり合うかもしれないからね。だけど、コンフリクト(衝突)を恐れたらあかんよ。きれいな文章にただまとめただけでは、行間の受け取り方に大きな溝を残したままになるからね。

内容が個別具体すぎて、全体を俯瞰したものになっていないなーと感じたら、議論の抽象度を少し上げたほうが良いかもしれない。インセプションデッキで決めた「われわれはなぜここにいるのか」を引っ張り出してきて、目的に立ち返るようにしたりね。

逆に、さっき言ったスローガンぽいものになっちゃったら、具体的にはどういうことなのかと、地に足がついた表現に落とし込むよう、スクラムマスターが働きかけてあげないといけない。

それから、Working Agreementはデッキ同様、1回つくって終わりにしてはいけない。ルールなんて、すぐに形骸化しちゃうからね。定期的にふりかえって、アップデートしていくことを忘れてはならない。ルールを変更するためのルールなども決めておくと、さらに良いね。

Working Agreementが活きたルールとなるように、ふりかえりの中で良い習慣として認められたKeepは、Working Agreementに追加するようにしよう。

こうしてチームの実際と合ったWorking Agreementは、新しいメンバーが参加する際にも、大いに役に立つ。チームが大事にしている価値観や行動規範を伝えやすくなるから、チームに溶け込む際の敷居を一気に下げられる。もっというと、中途採用面接などで、チームと価値観が合うかどうかの判断にも使える。

Working Agreementも、インセプションデッキのようにいつでも思い出せ

るよう、チームの視界に入るような場所に張り出しておこう。

西方の解説● 成功循環モデル

今回はおまけとして、蔵屋敷が紹介していた成功循環モデルについても見とくで。成功循環モデルは、組織として成果を上げていくためにどのような観点でカイゼンに取り組むべきか、指針を得るためのフレームなんや。

まだ熟れていないチームや成果が上がらない組織が一皮むけるための、気づきを与えてくれる。

みんながいる現場は、こんなバッドサイクルに陥っていたりしないよね……？

＜バッドサイクル＞

結果の質：成果が上がらない
↓
関係の質：対立が生じ、押し付けや命令が増える
↓
思考の質：面白くなく受け身になる
↓
行動の質：自発的・積極的な行動が起きない
↓
結果の質：さらに成果が上がらない

結果を追求する重力が強いと、「結果の質」を向上させることから始めてしまう。とにかく結果を出せと、精神論か、恐怖政治かによって短期的に効果が出るかもしれない。でも、持続可能なペースにはならないだろうね。長期で結果を出すことは難しい。

「結果の質」からスタートするのではなく、「関係の質」から問題がないか、点検していこう。結果や行動の質というのは、ビジネスを推進する上で業務目標や指標にされやすい。一方、思考や関係の質というのは言動として見えづらい。丁寧に、メンバーの関係性や、考え方に意識を向ける必要があるんだ。

関係性からって……気の長い話だなぁって感じる？ 短期的な結果を求められるプレッシャーに負けたらあかんよ。

結果は行動から、その行動は思考から、その思考はメンバーの関係性に大きく依存している。関係の質から始めることが、持続的に成果を出し成長し続け

ていくための近道になる。

<グッドサイクル>

関係の質：お互いに尊重し一緒に考える
↓
思考の質：気づきがあり面白い
↓
行動の質：自分で考え、自発的に行動する
↓
結果の質：成果が得られる
↓
関係の質：信頼関係が高まる

●〉■

ストーリー ■ 僕たちのWorking Agreement

ふりかえりの後、僕たちはさっそく自分たちのWorking Agreementを整えることに時間を使った。このチームとして持ちたい価値観、行動規範は何か。あらゆるケースを想定してくまなく洗い出す、ということはおそらくやるべきではないのだろう。まずは、これまでのふりかえりで出てきた問題を中心に、何が望ましい行動なのか、まとめることにした。

先ほどのように、メンバー同士で平行線をたどり始めると、今度は西方さんが間に入るようになった。何が望ましいのか、同じ目線の高さで話していても決着しないので、インセプションデッキで確認した「われわれはなぜここにいるのか」というミッションを持ち出したり、トレードオフスライダーを持ち出したり。自分が決めてしまわないよう、問いかけだけして、みんなが考えるように持っていく。

最初は衝突が多かった議論も少しずつ落ち着いてきた。みんな、勝手なオレオレルールを持っているけど、このプロダクト開発をうまくやっていきたいという思いは共通している。建設的な会話になり、Working Agreementをまとめることができた。

「Working Agreementも、一度決めて終わりではないで。インセプションデッキ同様、ふりかえりなんかのときに眺めて、更新していくんやで」

「そっか。じゃあ、インセプションデッキと同じように壁に張っておきましょうよ」

すっかり毒気が抜けた七里が提案して、模造紙を壁に張り始めた。ウラットさ

んがそれを慌てて支えて、二人で作業を始めた。

まだ、チームワークという言葉はしっくりとこないけども、インセプションデッキと、今回のWorking Agreementの確認で、チームで考えるということが深まったように感じた。

「やれやれ、今日も、こんな時間か。良い議論なんだけど、ミーティングが長すぎる」

土橋さんは、そう言うと、Working Agreementが張り出されるのを見届けず、自席へと戻っていった。開発メンバーはこれで終わりかもしれないけど、自分はまだこれから次スプリントの準備がある。土橋さんは言外でそう言いたかったらしい。仏頂面で、プロダクトバックログとにらめっこを始めた。

プロダクトオーナーのその感じに、開発チームとの間に隔たりがあることを僕は感じた。この隔たりが次の事件を招くような気がしてならなかった。

第13話 EPISODE 13

お互いの期待を明らかにする

ストーリー ■ 怒れるプロダクトオーナー

第3スプリントで完成したプロダクトバックログがかなり少なかったこともあり、開発チームは第4スプリントでいかに挽回するか、躍起になっていた。ウラットさん、七里の提案で、第4スプリントのプランニングに入る前に作戦会議を開いた。プロダクトオーナーの土橋さんにも入ってもらう。

今回のスプリントでは、プロダクトバックログアイテムにサインアップする際、自分が慣れている領域のものにフォーカスすることで、オーバーヘッドを極力下げることにする。

また、これまでのスプリントは、僕が二人の開発をサポートするべく、ペアになってコードを書くペアプログラミングをしていることが多かったのだけど、今回は僕もプロダクトバックログアイテムを取ることにする。

コードのレビューは蔵屋敷さんに一手に引き受けてもらって、ウラットさん、七里、僕の3人はコードを書くことに専念する。お互いに共有すべきことは、短い夕会の時間を毎日設けることで、フォローし合えるようにする。

……といった感じで、みんなで作戦を挙げていく。共通するのはプログラマーがコードを書いている時間を多くするという方針だった。それを阻害する要因を挙げて、一つひとつ片づけていく。ウラットさんも七里も問題を探すのが楽しくなってきているようだった。

「そういえばプロダクトバックログアイテムの受け入れ条件。今回は土橋さんにお任せして良いですか」

何気ない感じで七里が土橋さんに話を振った。それまで黙っていた土橋さんは、それを聴いて目を大きく開いた。

「受け入れ条件を、俺が一人でまとめるのか？」

何を言っているんだ、この野郎とでも言い出しそうなくらい、土橋さんの温度感は急激に上がったように見えた。七里は、気づかないふりをして、さらに押し込もうとする。

「ええ。もう3スプリントもやってきましたし。チーム全員で受け入れ条件を考えなくても、土橋さんがやれますよね」

確かに受け入れ条件をチーム全員で考えるというやり方をこれまではとってきた。そのおかげで、プログラマーは何をつくるべきなのか受け止めて、じっくりと考えることができた。確認したいことがあればその場でできる。認識の違いを少なくするのに、一役買っていた。

一方で、時間がかかっているのも事実だった。全員で確認するのは良いが、土橋さんはほぼゼロベースで会議に臨んでくるため、余計に時間がかかっている感じがする。

「俺はプロダクトバックログを考えるのに必死なんだ。毎回毎回、要件定義しているようなもんなんだぞ」

毎回要件定義をする、それ自体はまさに反復的に開発を行う今のスタイルの狙いの一つだから、合っている。そのことを指摘してもまず受け止められないくらい、土橋さんの温度感は高まっていた。

これ以上、感情の高まりで言い合いに発展すると、この作戦会議も収まらなくなってしまう。僕がまとめに入った。

「確かに、受け入れ条件を開発ができるくらいに十分に整った内容に仕立てるのを、プロダクトオーナーが全部担うのは荷が重い。土橋さんのほうでは、どうなれば完成といえるか、ざっとたたき台を考えてくるのはどうですかね。それを、スプリントプランニングで、開発チームが受け止め、深掘りをする」

七里とウラットさんは、素直にこちらを見ている。さらに僕は続けた。

「受け入れ条件を一緒に考えることで得られる利点も大きいからね。ドキュメントのように詳細化された記述を黙って受け取ったところで、はいそのままコードを書いていけます、とはならないよね」

二人は僕に同意した。一方、土橋さんは不服そうだった。今の彼にとっては、少しでもやることが増えるのがどうしてもいら立たしいらしい。その様子を見ていた蔵屋敷さんも助け舟を出してきた。

「土橋さんのたたき台づくりは俺も手伝おう」

ここまで話が整ったら、土橋さんも受け入れざるを得ない。

「……わかったよ」

ぶっきらぼうに、話を終えたのだった。

僕たちのチームは第4スプリントへ突入した。事前に考えていた作戦を次々と進めていく。どれもこれも効果的かというと、実際にやってみるとそうでもなさそうなものもあったが、開発チームはかつてないほど勢いづいていた。

デイリースクラムでも、引き続きアレコレと工夫が挙げられる。そんな中で、今度はウラットさんの問題提起でまた引っかかりが生まれてしまった。デイリースクラムどころか、この日の午前中はこの問題を話し合うので終わってしまうくらいだった。

「受け入れテスト、今回のスプリントではどうしますか」

受け入れテストとは、受け入れ条件を満たしているかどうかを確認するためのテストのことだ。ウラットさんの疑問に、今更どうした、と七里が答える。

「どうって、どういうこと。また、デモの前に書いておくで良いんじゃない」

僕らは、スプリントレビューでデモを終えて、必要な仕様を満たしていると判断したプロダクトバックログアイテムについては、受け入れテストを行うようにしている。テストシナリオは開発チームが書いておき、土橋さんがテストをする。

「でも、テストシナリオを書く時間がまた取られてしまいます」

ウラットさんの回答に、七里はなるほどねと受け止めた。この二人はもうすっかり、コードを書く時間をどうやって増やすか考えるのに、楽しくなってしまっていた。

「土橋さん、出番ですね」

七里が、土橋さんにまた振る。テストシナリオを、土橋さんに委ねるつもりらしい。……こういう振り方をしても土橋さんがすんなり受け止めるはずがない。わかっていて、この男はなぜ、繰り返すのだろう。話をまとめる僕の身なんて気にしたこともないのだろう。

僕がイライラし始めている間に、土橋さんが反応した。

「ふざけるなよ。俺を何だと思っているんだ」

「別に、何もかも土橋さんに押し付けようと思っているわけではないですよ。でも土橋さんコード書かないじゃないですか。だったら、コードを書ける人にコードを書く時間を取らせて、それ以外のことはそれ以外の人がやったほうが効率的ですよね」

七里にウラットさんも同意して、大きく頷いている。土橋さんは一気に温度感を高めたようだった。

「お前らプロダクトオーナーが遊んでいるとでも思っているのか？」

「でも、コード書いてませんよね」

七里も引かない。

「……やってられないな。もう知らん。お前らで好きにやれよ」

土橋さんは、手に持っていた紙の束を机に叩きつけた。それは印刷したプロダクトバックログだった。書き込みがそこかしこにされてある。たまたま目に入った言葉は「IEで動く？」だった。

土橋さんはもうその場から離れようとすらしていた。さすがに土橋さんの様子に七里とウラットさんが身を固くした。二人はとっさに動くことができない。

僕はチームがばらばらになるのを止めるべく、土橋さんに声をかけようとした。

それよりも速く、土橋さんの行く手に回り込んでいた人がいた。西方さんだ。
「まあまあ、そう言わんと」
　土橋さんを押しとどめる。土橋さんだって、振り上げた拳をどうにかしないとカッコがつかない。西方さんの言葉を待っていた。
「こうも、なし崩し的に役割の境目を変えようとすると、そりゃ受け止められないですよね」
　たぶん、こんな感じのテンポでやり方を変えていくのが理想なんだけど、僕らのチームはまだそこに達していないのだ。西方さんはそのことをよくわかっているようだった。
「ここで、それぞれが果たすべき役割は何か。そして、お互いにどんな振る舞いを期待するのか、はっきりさせてみよう」
　ウラットさんが、この場の雰囲気を何とかしたかったのだろう、わらにもすがるようにそれに反応する。
「西方さん、どうやってはっきりさせるのですか」
　「まあ任せてな」と、場違いなほど明るい関西弁がこのときばかりは、ありがたかった。

■>●

西方の解説● 期待のギャップを埋めていくドラッカー風エクササイズ

互いの期待が合っているのがチーム

　チームには、様々な経緯で人が集まってくる。たいていの場合、みんなお互いのことをよく知らなかったりするところから始まる。どんな経験を積んできているのか、どんなことが得意なのか。逆に、得意としないことは何だろうか。それにどんな価値観を持っているかも、仕事をする上では互いに把握しておきたいところや。
　そうじゃないと、相手にどんなことを依頼すれば良いのか、一緒に仕事をする場合にはどういう間合いでやっていけば良いのか、わからないからね。
　そんな状態で無理に進めようとしても、お互いの期待が合っていなくて、仕事上の事故が起きかねない。パフォーマンスはまず出ないだろうし、仕事のやり直しは減らないだろうし、コミュニケーションが取りづらくて、いちいちストレスがたまってしまう。
　だから、「チームにおける期待」を合わせる必要があるんや。パフォーマンスが高いチームの特徴の一つに、それぞれの得意なことや価値観、またお互いに期待していることが理解し合えているというのがある。
個人個人が完結して仕事をこなし、その総量がチームのアウトプットになっているようではまだチームとは呼べへんな。
期待が合ったチームは、お互いに動きやすくて、背中を預けられる感覚が持てる。お互いの得意技を活かし合えるようになっているはずだ。個々のメンバーの力を単に足し合わせた以上の、パフォーマンスを発揮できるチームになっていることだろう。

二つの期待マネジメント

ところで、みんなは「マネジメント」という言葉を聞いたらどんな印象を持つかな？ 管理、計画、経営、マネージャー、そんな感じかな。マネジメントという言葉には、「目的や目標を達成するために必要なことは何かを捉え、的を射た手を、良いタイミングで打っていく」という意味が込められているんや。
さっき説明した「期待」も実はマネジメント対象の一つなのだ。プロジェクトの目的や目標を達成するために必要な「期待」がどうなっているかを捉え、期待をすり合わせるような手を、機を逃さず打っていく。つまり、チームにおける期待も放ったらかしにするもんじゃない、ということ。
不確定要素が多くて、難易度が高いプロジェクトであればあるほど、「期待マネジメント」に取り組む必要がある。具体的には、「二つの期待」をマネジメントする。

①**内側の期待**：チームにおける期待
②**外側の期待**：プロジェクト関係者における期待

内側の期待と、外側の期待は両輪と考えて欲しい。どちらも無視はできない。先に説明したインセプションデッキは、内側と外側、両方の期待合わせに効果がある。特に、プロジェクト関係者（チームの外側）との間の期待マネジメントのために、インセプションデッキづくりは必ずやるべきだ。
デッキについては第11話で紹介したな。ここでは、内側の期待マネジメントのための工夫「**ドラッカー風エクササイズ**」を紹介しよう。

ドラッカー風エクササイズ

ドラッカー風エクササイズは、書籍『アジャイルサムライ』で紹介されているチームビルディングの手法、かつ、期待をすり合わせるためのメソッドなんだ。4つの質問を通じて、期待をすり合わせていくよ。

なぜ「ドラッカー風」なのかって？ ドラッカーを知っている？ 彼の本を少し読んで見ると良いかもね。これから挙げる質問が、いかにもドラッカーが使いそうな言い回しなんだ。おそらくそれで、ドラッカー風エクササイズと呼ばれているんじゃないかな。

さて、質問とは、以下の4つだ。

①自分は何が得意なのか？
②自分はどうやって貢献するつもりか？
③自分が大切に思う価値は何か？
④チームメンバーは自分にどんな成果を期待していると思うか？

※上記4つの質問は、『アジャイルサムライ―達人開発者への道―』(Jonathan Rasmusson 著／西村直人、角谷信太郎 監訳／近藤修平、角掛拓未 訳／オーム社)より引用

図2-8｜ドラッカー風エクササイズ

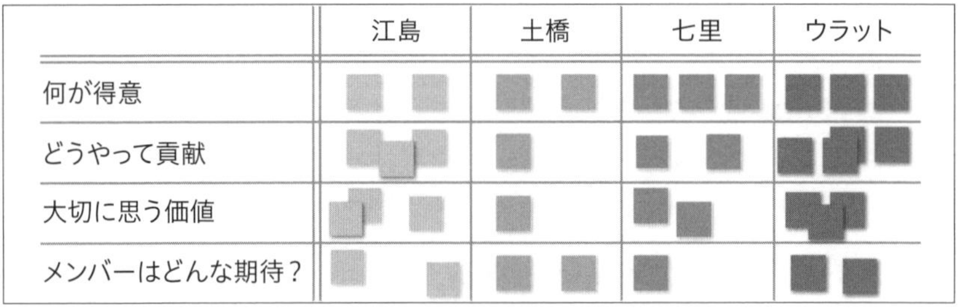

参加者がそれぞれで、付箋紙などに自分の表明を書き出し、他のメンバーと共有する。話し合いながら、お互いの相互理解を深めていく。

このときに重要なのは、話し合いが心理的に安全な場になっているかどうかだ。自分の大切にしている価値観や得意だと思っていることをさらけ出して、頭ごなしに否定されたりしたら、腹を割って話を続けることなんてできるはずがないからな。

腹の探り合いをしていては良いチームになるには程遠いし、期待をすり合わせることなんていつまで経ってもできないだろう。

だから、自由に話してもらうためには、エクササイズをやる場が安全であることをまずみんなで認識し合えないとあかんのや。そのために、ファシリテーターやリーダーが率先して、その場が安全な場であることを公言するようにし

よう。他人を批判しない、否定しない、といった話し合いの前提を確認し合うと良いだろうな。

5番目の質問:その期待は合っているか?

ここで4つの質問に一つ質問を追加しよう。上記のとおり、ドラッカー風エクササイズで表明する4つの質問は、すべて自分に視点が向いている。つまり本人の主観で答える問いなんやな。5番目の質問に答えるのは自分ではなく、他のチームメンバーだ。

自分で回答した上で、「自分の認識で本当に、期待が合っているか」を他のメンバーに確認することが、より良いフィードバックにつながる。周囲からの「自分への期待」について、自分の認識を調整することができるからな。

「④チームメンバーは自分にどんな成果を期待していると思うか？」で表明したことに対して、5段階の投票でフィードバックしてもらおう。

①完全に合っていない
②あまり合っていない
③ふつう
④だいたい合っている
⑤完全に合っている

一方的な押し付けから、共通理解へ

最後に、一つ注意を。人は得てして、勝手な自分の期待を押し付けがちだ。逆に、必要以上に自分を責めて勝手な期待を背負いすぎたりしてしまう。そして期待がミスマッチであるために、過度なストレスや不満が、お互いによって引き起こされてしまう。

ただプロジェクトのタスクを切って、こなしていくだけでは、個人の考えや価値観は見えてこない。意図的に仕組まないとダメだ。例えば、ドラッカー風エクササイズのようにね。

期待マネジメントを通して、お互いの期待を可視化し、考え方や存在を認め合い、共通理解を育んでいこう。お互いの期待が合っているチームがパフォーマンスを引き出し合える。最高の成果を、チームでつくり出そう。

ストーリー ■ 期待のズレを正す。

土橋さんは、なんとWebアプリケーションの開発がほぼ初めてだったことがドラッカー風エクササイズを通してわかった。品質管理部が長かったせいで、テストについては精通しているものの、開発はほとんど経験していなかったのだ。

だから、今回の開発も、新しいプロセスへの取り組みについていくのも必死だったし、もっというとWebアプリケーションの開発のイロハみたいなところからキャッチアップしなければならなかったのだ。

開発チームが考えていたよりもはるかに、土橋さん個人の負担は大きかった。その上で、受け入れテストをまるっと引き受けるのは、もはや誰の目で見ても現実的ではなかった。

このことがわかったのは、ドラッカー風エクササイズでのお互いの期待の可視化と、その期待が実は違っていたという会話からだった。土橋さんは、みんなからの期待にようやく、ノーと言えたんだ。

「どや、やってみるもんやろ」

西方さんは得意げにチームを見渡した。確かに、期待の根本的なズレを矯正しないと、この後も今回のようなやりとりがまた起きてしまっていただろう。こうしたワークを意図的にやらないと、期待の相違なんて普段の開発ではなかなか表にはなりにくい。

プロダクトオーナーと、開発チームの間の期待のすり合わせだけではない。僕とチーム、蔵屋敷さんとチームの間でも、いくつかの発見があった。

僕と蔵屋敷さんのどっちが本当のところリーダーなのか、メンバーにとってあいまいになっていたらしい。社内の公的な体制上のリーダーは蔵屋敷さんだけど、キックオフのときに蔵屋敷さんが僕をリーダーに仕立ててしまった。混乱するのも無理はない。

蔵屋敷さんは、即座に改めて「江島がリーダーだ」と宣言し、みんなの疑問を押し切ってしまった。このあたりの強引さは、相変わらずだった。

土橋さんはどこかホッとした感じだった。七里とウラットさんは、言いすぎになりがちだったことを謝った。

3人は、対立をうまく乗り越えられたようだ。エクササイズのワークを終えたのを見届けて、僕は発端の話に戻した。

「では、受け入れテストは、スプリントレビューのときのデモシナリオを流用して、開発チームが整える。それをプロダクトオーナーが確認して、適宜修整を入れて、実施してもらう。ということで良いかな」

異議を唱えるメンバーはいなかった。

第14話 EPISODE 14
問題はありませんという問題

ストーリー ■ 問題はありません……本当に?

怒涛のように第4スプリントを終えて、第5スプリントに入っても勢いは止まらなかった。第4スプリントで叩き出したベロシティのペースを凌駕しそうだった。このチームを結成するまで、お互いのことをまるで知らなかったメンバーだったけど、2カ月が経過し、Working Agreement、インセプションデッキ、ドラッカー風エクササイズを通じて、少しずつチームといえるようになってきた。

一方で、と思う。第5スプリントも中盤に差しかかったときのデイリースクラムを終えて、僕は違和感を受けた。何となく、デイリースクラムで発言する内容が同じになってきている。デイリースクラムでは昨日やったこと、今日やったこと、困っていることを各自が挙げるようにしている。

もちろん手がけているプロダクトバックログアイテムは毎日のように変わるのだけど、発言内容にメリハリがないというか。淡々と昨日と今日の話があり、たいてい困っていることはない、で終わる。

みんなも、少しこのリズムに飽きているようだった。たぶん1回や2回、デイリースクラムをやらなかったところで問題はないかもしれない。

第4スプリントの頃の鬼気迫る感じが薄れている。仕事ははかどっているけど、何となくまたこなしている感じが強まっている気がする。

チームで仕事するというのはなんて、大変なんだろう。手を打ったと思ったらまた新たな現象が起きる。しかも、現象は同じだけど、原因が違うということが起きるから厄介だ。今回の「こなしている感じ」は、以前インセプションデッキをやる前にも起きていた。でも、今回はあのときとは違うはずだ。

まずは、蔵屋敷さんに相談してみた。蔵屋敷さんもデイリースクラムには参加している。

「事実として、こなしている感じ、というか、こなせているというのはあるだろうな。でも、それで、何か問題があるのか」

確かに、仕事としては進んでいる。むしろ、進捗の調子は良い。こなし仕事になっていること自体を、僕はまず問題として考えていたけど、まだ深掘りが足りていないようだ。僕は思い出すように答える。
「……気になっているのは、蔵屋敷さんの指摘の量ですね」
「というと？」
「第4スプリントに続いて、コードレビューを蔵屋敷さんに担っていただいていますけど、考慮漏れの指摘が多くなっていませんか。七里のコードで指摘したことと同じ話を、ウラットさんにもしないといけない。その逆もあると思います」
　そう聴くと、蔵屋敷さんは頭の後ろに手をやった。思い出そうとしているようだった。やがて、確かにと頷いた。
「そうだな。第5スプリントで、さらに増えている」
　ウラットさん、七里、僕がコードを書き、コードレビューを蔵屋敷さんが一手に担うというフォーメーションに変えたおかげで、プログラマーの間ではお互いがやっていることへの見通しが悪くなっていた。蔵屋敷さんが問題を拾えなかったら、ちぐはぐなコードが量産されてしまいかねない。
　こうした属人的な問題は蔵屋敷さんが最も嫌うものだった。
「俺が、トラックナンバー1になっているのだな」
　トラックナンバーとは、プロジェクトやチームにおいて「トラックにひかれるとプロジェクトが立ち行かなくなったり、チームの活動が困難になる人数」のことだ。当然、この数が少ないほどリスクが高い。本人の代わりを務める人が少ないからだ。今は、コードの質の番人という観点で、蔵屋敷さんがトラックナンバー1といえる。
「コードレビューは、チームで回すようにすれば良い」
　コードレビューを担う人数はいつでも増やせると、蔵屋敷さんは言った。違う、本当の問題はそこじゃない。蔵屋敷さんも考え直した様子で、チームの状況をまとめ始めた。
「様々なチーム開発のアクティビティを進めて、それぞれが自律的に動けるようになってきた。なおかつ、受け入れ条件の整理を始め、プロダクトバックログアイテムの独立性を高められるようになってきた。つまり、チームとしての練度が上がったおかげで、メンバー間のコミュニケーションが少なくても進められるようになった」
　そう分析した蔵屋敷さんは、まるで後を続けろとばかりにこちらを見てきた。
「プロダクトバックログアイテム単位で、縦割りが起きているんですね」
　お互いの状況に目をやらなくても、自分の手元の仕事を進めることができてしまう、ように思えてしまう。縦割り化が、僕の感じたこなし仕事になっていることへの嫌な予感の正体だった。以前、神戸橋さんのチームにいた頃のような、チームではなくただ個人が寄せ集まっただけの感じでは仕事をしたくない。

「チームでやっていることの同期が取れず、整合性が維持できなくなってしまう以外にも、別の問題を引き起こしてしまうだろう」

蔵屋敷さんはまるで予言するかのようだった。チラチラと僕を見てくるのは、僕に自力で答えにたどり着かせようとしているからなんだろう。面倒くさい問答になるけども、考える機会がもらえるのは僕にとってはありがたい。

「そうか、みんなに起きている問題が個々人に埋もれてしまって、他からは見えなくなってしまうんだ」

その結果、みんなの目に触れるようになるのは、十分に問題が大きくなってからなのだ。そうなっては、取り返しのつかない問題だって出てくるだろう。

僕は、デイリースクラムでの「問題はありません」というみんなの発言を思い出していた。本当に彼らは問題を抱えていないのか？ 日常の会話が足りていないせいで、想像がつかなかった。

そんなときだった。二人の会話に七里が押し入ってきたのは。

「ウラットさん、今日来てませんね」

時計を見てみる。もうデイリースクラムの時間を5分オーバーしている。時間に厳格なウラットさんが何の連絡もせずに遅れてくるなんてありえなかった。

蔵屋敷さんは、僕の目をまっすぐに見た。

「問題は想像していない形で現れる。その兆候を逃してはならない」

僕は、気圧されながら、ウラットさんのケータイの番号を探した。

■〉●

西方の解説● ファイブフィンガーで危険な兆候を察知

危険なシグナルをキャッチせよ

メンバーが急に来なくなる、というのは何か問題が起きている兆候（シグナル）だ。実際にメンバーが来なくなってしまう、というのは問題がかなり進行してしまっている可能性が高いから、もっと手前で検知するのが理想やね。

ウラットさんへの電話が終わったら、江島くんには私から問題の検知の仕方について話をしておこう。

第5話の朝会で触れられているように、スクラムのデイリースクラムでは3つの表明をするんやったね。

□開発チームがスプリントゴールを達成するために、私が昨日やったことは何か？

□開発チームがスプリントゴールを達成するために、私が今日やることは何か？
□私や開発チームがスプリントゴールを達成するときの障害物を目撃したか？

3つ目の問いで、直接的に問題を検知しようとするわけだけど、実は「障害物」や「問題」の定義が人によって違う場合があって、問題が表立ってこないことがある。もう少しがんばれば乗り越えられるから「障害物」とまではいわなくて良いかな、と思ってしまったら、それまでだ。
だから、チームの一人ひとりが「問題は必ず何かある」という前提に立ってデイリースクラムに臨んで欲しいんだな。**「問題がない」が問題といっても良いくらい**。だって、みんなが問題に気づけていない、捉えられていない可能性があるってことやからね。

デイリースクラムで問いかけだけしていれば良いわけではないよ。チームで発生している問題やシグナルは至るところに出現するからな。それらを放置しておくと、メンバーの健康面にも影響が出てくる。
精神的に健康であることが身体的な健康に結びつく。逆もまた然りなんや。だから、表情や言動、遅刻や欠席などのシグナルは見過ごしてはいけない。
受容力が高く、がんばりすぎてしまう行動特性を持っているメンバーほど、耐えてしまう傾向にある。そんなメンバーだからこそ、思っていることを直接的に伝えられなかったりする。
また、場にマイナスのムードが発生している場合もある。何も言えない雰囲気。評価が下がるんじゃないか、レッテルを貼られてしまうんじゃないかという心理的不安などもそうだ。
マイナスの雰囲気だけではなくて、良かれと思って誰かが必死にがんばっているような場合にも、「何も言えない問題」は起きてしまうことがある。「あの人があんなにもがんばっているのに……自分もがんばらないと！」と、問題を自分で抑え込んでしまう。
どや！ なかなか厄介な問題やろ。だから、「チーム全員で問題を見つけようとして欲しい」と言ったんだ。リーダー一人が気にするくらいでは、手に負えない可能性があるからね。

そこで5本の指を使おう

みんなで問題を見つける工夫。今回は、**ファイブフィンガー**を説明しよう。

ファイブフィンガーとは、個人個人が「本当はどう思っているか」を5本の指で表明するプラクティスのことだ。スプリントや仕事の今の状態を、自分の考えで表明する。

5本:とってもうまくやれている
4本:うまくやれている感触あり
3本:可もなく不可もなく
2本:不安は少しある
1本:全然ダメで絶望的

まず、みんなに表明する前に自分自身への問いかけを心の中でする。周りのメンバーの考えに左右されないよう、自分と向き合う。瞬間的に脊髄反射のごとく回答が出せるメンバーと、じっくり考えてから答えを出すメンバーがいるだろう。その場合には、じっくり考えるメンバーが答えを出せるまで待ってあげよう。プレッシャーをかけないように。

みんなの意見がそれぞれの中で整ったら、全員で一斉に指を使って表明する。誰が何本挙げているか眺めてみる。ばらつきがあるか、だいたい揃っているか。

その後は、一番少ない本数を出したメンバーから意見を聞いていこう。本数の多いメンバーから聞いてしまっては、ネガティブなことを言いづらい雰囲気ができてしまうからな。

全員が耳を傾ける時間だ。ここで意見の否定なんかしたら、この先誰も本音を言わなくなるぞ。ファイブフィンガーでは問題の検知をしたいのであって、人の意見を吊るし上げるようなことをしてはいけない。

少ない本数のメンバーは、全員が気がついていない懸念点を先んじて把握しているのかもしれない。チームやプロジェクトを良くしていくヒントが、そこにはある。

5本の人の意見も1本の人と同じくらい重要だ。誰かの不安を払拭するアイデアを持っているのかもしれない。

全員のファイブフィンガーの表明によって、「問題を抱えている人をチームでサポートする」という状況をつくり出すことができる。ファイブフィンガーには、こうしたコミュニケーションを促進させる作用がある。発信する機会、傾聴する機会、情報を集める機会を増加させることになるからだ。

デイリースクラムの中で、自然に困りごとが表明できるように、毎日、続けてみよう。問いかけるテーマは様々で良い。
「今のチームの状態は、ファイブフィンガーだとどう？」
「このプロジェクトはこの先うまくいくだろうか？」
「僕たちがつくっているプロダクト、ユーザーに受け入れられるかな？」
とかね。
　また、テーマが大きくて、意見が出づらい場合には、もっとテーマを絞り込むことも一手だ。例えば、
「このスプリントから始めたペアプログラミングはどうかな？ 効果あるかな？」
「ファイブフィンガーで」
「どん！」
とかね。
　ちなみに、マネージャーやリードエンジニアが堅いことや真面目なことを言えば言うほど、他のメンバーは発言がしづらくなる。だから、もし、あなたが高い役職者だったり、メンバーから一目置かれている存在なら、あえてお馬鹿なことを言って発言のハードルを一気に下げるのもありや。

●〉■

ストーリー ■ ファイブフィンガーで認識の差分を取る。

　ウラットさんが追い込まれていることに僕は気づけなかった。僕だけではない、みんな気づいていなかった。ウラットさんが日々のタスクを倒すことにすっかり追われてしまい、追い詰められてしまっていたことに。
　プロダクトバックログを倒すために縦割りになって、互いの状態を伝え合うことが少なくなり、結果どういう状況になっているかわからなくなってしまっていた。
　互いにわからないし、実は、自分のこともわからなくなるのだろうと思う。ウラットさんは自分で自分のことを追い詰めてしまっていた。もっとやれる、もっとやらないといけない、と。他人とのやりとりがもう少しあれば、自分ががんばりすぎてしまっていることに気づけたかもしれない。他人からのフィードバックが、本人にとっての気づきになる。
　僕たちは、西方さんの勧めで、デイリースクラムのときにファイブフィンガーをやることにした。毎日、スプリントへの自分の認識を表明してみる。とってもうまくやれているなら5本。全然ダメで絶望的なら1本、という基準を置いたと

きに、何本の指を挙げるか。

2日休んで復帰してきたウラットさんを迎え、さっそくチームでファイブフィンガーをやってみる。七里は4本。僕は3本。土橋さんは2本。蔵屋敷さんは3本。ウラットさんは1本だった。

「ウラットさん、1本なのに、なんでデイリースクラムで困ってないとか言うんだよ！」

七里が、即座にツッコんだ。ウラットさんは、落ち着かない様子で、言葉をうまく吐き出せなかった。

「がんばれば、やれるから、困っていない、でしょ」

僕が彼女の代弁をした。そう、がんばればやりきれる。だから困ってはいない。でも、いつまでもがんばれるわけではない。ウラットさんは、小さな声で「はい」と返事をした。

ファイブフィンガーは手軽に表明ができて、なおかつチームで状況の異変や認識の違いを把握することができる。

「これからは、俺がフォローするから、抱え込まなくて良いよ！」

4本立てた指を見せながら、七里が明るくウラットさんに声をかける。ウラットさんは少し嬉しそうに笑って、元気を取り戻せたようだった。

チームがオーバーワークになっても、問題が起きてしまう。ベロシティが高まれば高まるほど良いってわけじゃない。人の体と同じように、走りすぎるとその反動がやってくる。今回は、早く気づけて良かった。放っておいたら、次は七里が倒れていたかもしれない。

土橋さんが2本の指を挙げたままで声を上げた。

「おい、俺の2本は放っておくのかよ」

珍しく、蔵屋敷さんが土橋さんをからかった。

「土橋さんの場合は2本が、他の人の3本と同じ意味でしょ」

チームに笑い声が戻ってきたのが、久しぶりに感じられた。

第15話 チームとプロダクトオーナーの境界

ストーリー ■ 混迷するプロダクトオーナー

第6スプリントのスプリントレビューを控えて、また土橋さんが落ち着かなくなった。ファイブフィンガーは2本が続く。スプリントレビューが近くなるということは、次のスプリントが見えてくるということ。つまり、次のプロダクトバックログがそろそろ整ってこないといけないということだ。第7スプリントの準備ははかどっていないようだった。

「プロダクトオーナーとして、スプリントレビューの準備をしなければいけない。その上、次のスプリントのプロダクトバックログを整えないといけない」

ファイブフィンガー2本の理由を聴くたびに、土橋さんはぶつぶつと同じ内容を繰り返した。七里がまたかという表情で、仕方なく会話を掘り下げる。

「次のスプリントの準備に時間をあててくださいよ。デモも受け入れテストのシナリオもこっちで考えるんだから、デモに向けてやることはそんなにないでしょ」

たちまち、土橋さんが大きく目を見開いて、七里を一喝した。

「完成の判断をするのは俺の役割だぞ！ 本当に完成していると判断してしまって良いのか、そのためにどこを見るべきか……」

俺のプレッシャーがわかってたまるかといわんばかりだ。

大きな認識違いがあれば問題だけど、調整レベルだったら完成としてしまって、別のプロダクトバックログアイテムとして調整作業やフィードバックの対応をすれば良いんだけど。土橋さんはまだ、繰り返しながら進めていく開発に慣れていないようだった。

「わかりましたよ！ じゃあ、僕らに何かできることはありますかね！」

七里も負けじと声を上げた。そう言われると、土橋さんも打つ手がないものだから、黙ってしまう。プロダクトオーナーと開発チームのこうしたやりとりは、チームを結成して3カ月も経つというのに相変わらずだ。もう後1カ月、2スプリント分しかないんだけどな……

次のスプリントから、プロジェクトとして終盤を迎えるにあたり、見えているプロダクトバックログのすべてが残りのスプリントに入らないことは明白だった。そのことについては、誰も必要以上には気を留めていない。インセプションデッキのトレードオフスライダーで、スコープは第4位だったのだ。
終盤だからこそ、残りの時間が限られるからこそ、何をやるべきか、そしてやめるべきか。その取捨選択は難しくなる一方といえた。
これには、蔵屋敷さんも頭を痛めているようだった。完成度をもう少し高めないと、この企画を通した上席者たちへの報告が苦しくなるようだった。そういう難しい局面だから、土橋さんの混迷が増すのは無理もなかった。
土橋さんは、助けを求めるように西方さんを見た。西方さんは、求められるのがわかっていたようだった。
「まずは、スプリントレビューの準備がどうなっているか、点検しようや」

■〉●

西方の解説● スプリントレビュー

価値あるものか全員で向き合うレビュー

スプリントレビューとは、スプリントの終わりに開発しているプロダクトの確認を行い、スプリントの成果をレビューするミーティングのことだ。価値あるものを届けられているか、プロダクトオーナーと開発チーム全員でプロダクトに向き合う。そして、価値を最大化するために次に何をすれば良いかを話し合う。
具体的に見ていこか。まず、スプリントプランニングで計画したスプリントバックログが完成しているか、また完成していないものはどれかを確認するんや。
デモのためのシナリオを開発チームのほうで事前に組んでおく。受け入れ条件を満たしているかを確認する受け入れテストをデモシナリオの代わりにしても良い。そして、完成の定義どおりか、抜け漏れがないかも怠らないできちんと確認しよう。
デモ自体は、開発チームが行い、そのデモ結果をプロダクトオーナーが受け入れるかどうか判断する。アイテムごとの受け入れ条件を満たしていて、プロダクトに一貫した完成の定義の両方が達成できて、完了のステータスとなる。「80パーセント完成しています」「後ちょっとで完成します」は完成したとはいえない。受け入れ条件を満たしていなければ、それはできあがっていないと判断する。これを**「0-100ルール」**と呼ぶんだ。
作成物に対する判断は0か100のどちらかしかない。どうや、厳しいやろ。でも、状況を判断するときにわかりやすくなると思わへんか。それに、ユーザーが手にして使えない限り、価値は生まれないからな。その場合は、やっぱりゼロなんや。ゼロになってしまったら、次のスプリントで継続して開発するかどうかは、プロダクトオーナーが決定するんだ。

それから、プロダクトオーナーは、スプリントの途中でスプリントを中止する権限も持っていることを覚えておこう。これはスプリントを続けてもゼロの評価ばっかりやなということがわかってきたらその時点で、止めたほうが良いかもしれない。

全員の頭をフル回転させる

みんな、いいかい。シナリオどおりに事が進んで終わりではないんやぞ。私たちの目的は、ユーザーに価値を届けること。もし届かないなら、いくらつくってもそれはムダや。

だからスプリントレビューは、今私たちのプロダクトが十分に価値をもたらすものになっているのか、そして、これからより価値を届けるためには何をするべきか、全員で立ち止まって考える機会でもあるんだ。

開発を進めている間も、世の中は動いている。市場や顧客の状況も変わる。そうした変化を捉え、顧客にとっての価値を最大化できるようにプロダクトバックログを組み直す。プロダクトオーナーと開発チームの全員でな。

いまや、私たちが取り組むプロダクトは、ますます複雑なものになっているように思う。あるいは、何をつくるべきか、なかなかはっきりしなかったりな。今日のプロジェクトは、**クネビンフレームワーク**で表現されるように、カオスで複雑性の高いものばかりだ。

図2-9 | クネビンフレームワーク

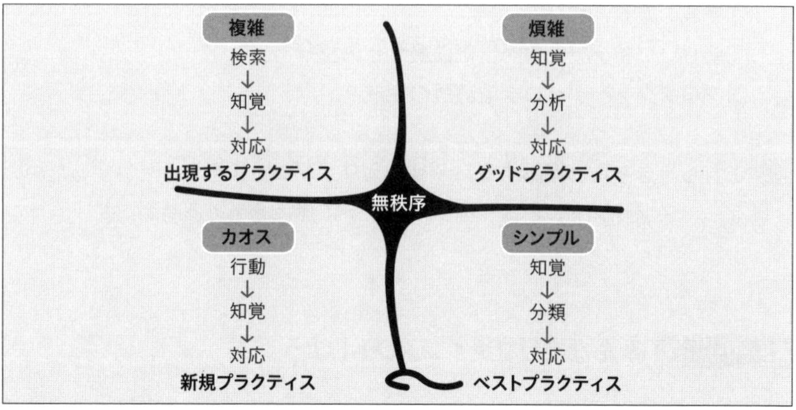

引用元：Wikipedia「Cynefin Framework」https://en.wikipedia.org/wiki/Cynefin_framework（日本語訳は筆者）

□**シンプル(Simple)**：問題は誰が見ても理解できるので、既存のベストプラクティスを適用すれば良い
□**煩雑(Complicated)**：専門知識が必要で、問題の分析によって計画的なプロジェクト化が可能。専門家によるグッドプラクティスが適用可能
□**複雑(Complex)**：問題分析だけでは理解は無理。反復活動を繰り返し、得られるフィードバックをもとに技法や手法が出現する
□**カオス(Chaotic)**：対象を理解することすら難しい。常に確認しながら進めなくてはいけない。計画を立てることが難しくプロジェクト化は困難で、新しいプラクティスをつくっていく

カオスで複雑な世界では、こうすれば成功するなんて誰にも言えない。取れるアプローチは、フィードバックループを構築し、その状況ごとに考え抜き、価値を高めていくことだ。その一つのフレームワークがスクラムで、スプリントレビューはプロダクトの方向性を左右する重要な機会なわけ。

最終的にはプロダクトオーナーが責任を持って意思決定するわけだけど、そこに至るまでは、みんなで考え抜く。スプリントレビューの時間を最大限、有意義なものにしよう。

スプリントレビューのゴールは、次のスプリントでつくっていくプロダクトバックログの改訂版ができあがっているかどうかだ。

最後に、手順をおさらいしておこう。

①シナリオにもとづいたデモ
②受け入れ条件を満たしているか
③完成の定義どおりか
④新しいアイデアを検討、価値最大化の議論
⑤プロダクトバックログ改訂版の完成

これらをきちんと実施する。ふりかえりがプロセスをカイゼンするための時間なら、スプリントレビューはプロダクトに焦点を当てる時間だ。

●〉■

ストーリー ■ みんなでリファインメントしよう。

「さすがに6回目となると、スプリントレビューの準備はまあ問題なさそうやな」

西方さんはそういって、チームの面々を眺めた。そりゃそうだとばかりに、ウ

ラットさんと七里が大きく頷く。
「次のリファインメントのやり方を、変えてみよか」
　その言葉に七里が食い下がった。
「リファインメントって、プロダクトオーナーがプロダクトバックログアイテムの中身を詳細化したり、順位づけを検討することでしょ。僕ら関係あります？」
　そう、リファインメントの活動は今まで、土橋さんを中心に、蔵屋敷さんがサポートする形で行われてきた。開発チームからはほぼブラックボックスになっていた。まあ、初期の頃は時間的に絡みようもなかったのも確かだ。
「順序付けについては、蔵屋敷の兄ちゃんに悩んでもらうとしてや」
　もう一つの問題は、プロダクトバックログアイテムの詳細化だ。土橋さんが一番時間を割いている活動だ。あるべき姿を構想し、開発可能な状態に落とし込んでいかないといけない。
　プロダクトバックログアイテムの目的を踏まえて、受け入れ条件も決定する。実現可能性の観点や、Webアプリケーションの振る舞いとして根本的に問題がないか、などいくつかの観点で受け入れ条件を練らないといけない。
「受け入れ条件なら、開発チームも手伝っていますよ」
　ウラットさんは、開発チームだってもうすでに動いているんだ、忘れないでと言いたげだった。西方さんは、甘い甘いとばかりに、指を振ってみせた。
「プロダクトバックログをつくるところから、開発チームも関わろう」
　これには、ウラットさんも七里も、僕も「え！」と声を上げた。
「それって、プロダクトオーナーの仕事ですよね」
「まだ、そんなこと言うてんのかいな。もう6スプリントもやってきたんやろ。君らだって、このプロダクトがどうあるべきか、そろそろ語れるんと違うか」
　なるほど、いや、確かに、そう言われると。
「プロダクトオーナーは孤独になりがちや。まるで答えを出すような役割を求められる。でも、このおっさんみたいに、プロダクトオーナーだからといって正解を持っているわけではないんや。当たり前やけどな」
　誰がおっさんやと、土橋さんが声を上げようとしたが、その前に西方さんが制した。
「さあ、みんなで考えようやないか。その前にリファインメントってどうやるのか、開発チームには言うとかんとな」

■〉●

西方の解説● リファインメント

プロダクトバックログをメンテナンス、変更するタイミングは、スプリントレビューだけではない。いつやっても良い。見積もりし直したり、優先順位を変更したり、新たな要求やアイデアを詳細化させ、プロダクトバックログに積んでいく。

プロダクトバックログアイテムは、並び順が上のほうにあるものほど内容が詳細化されているべきだ。直近のスプリントで取り組まれる可能性が高いのだから、上のほうほど、開発を始められる準備が整っているのが望ましい。リファインメントで並び順が上のほうにあるアイテムから準備完了の状態にしていこう。

言ってみれば、プロダクトバックログとは生きた作成物なんや。ビジネス、マーケット、テクノロジーの変化とともに、プロダクトバックログも変化していかないといけない。

それに個人の趣味や関心事によって、世の中の情報やニュースなど、様々なインプットが日々あるはずや。仕事にかかわらず。君が母親であれば、子供のことに関連した巷のサービスや不満などを日々目にするはずだし、長時間通勤をしているのであれば、時間管理に関して日々モヤモヤを抱いているはずだ。それぞれのメンバーが、今つくっているサービスのユーザーになる状況を最大限に活用しよう。

だから、プロダクトオーナーが一人でリファインメントをやる必要はないんだ。チーム全員で考えて良い。いや、むしろ考えるべきなんや。

いつどのようにリファインメントをするかは、チームで決定すれば良い。開発チームのスプリント作業量の約10パーセントくらいの時間をかけるのが適しているといわれている。

リファインメントによってプロダクトバックログは更新されるわけだけど、今走っているスプリントゴールには悪影響が出ないようにする。

開発チームがスプリントゴールを目指して全力ダッシュしている最中は、すでに合意しているコミットメントが最優先されるというわけや。

●〉■

ストーリー ■

ひとしきり、リファインメントの説明をして、さらに西方さんは言葉を続けた。
「それから、そもそものプロダクトバックログの分類についても話しとこか」

そう言うと、西方さんはホワイトボードにグラフを描き始めた。
「昔、蔵屋敷の兄ちゃんに説明したことあるけど。**狩野モデル**な。このチームでは初めてやな」
今日の西方さんは絶好調で語り続けた。

■〉●

西方の解説● 狩野モデル

狩野モデルでは、あらゆる品質が同程度に重要なのではなく、また、それらを一様に高めることも重要ではないといっているんや。下の図を見ると3本の線があるよな。これが狩野モデルで定義している3つの品質だ。

□**魅力的品質**：充足されれば満足を与えるが、不充足であっても仕方がない
□**一元的品質**：充足されれば満足、不充足であれば不満を引き起こす
□**当たり前品質**：充足されて当たり前、不充足であれば不満を引き起こす

図2-10｜狩野モデル

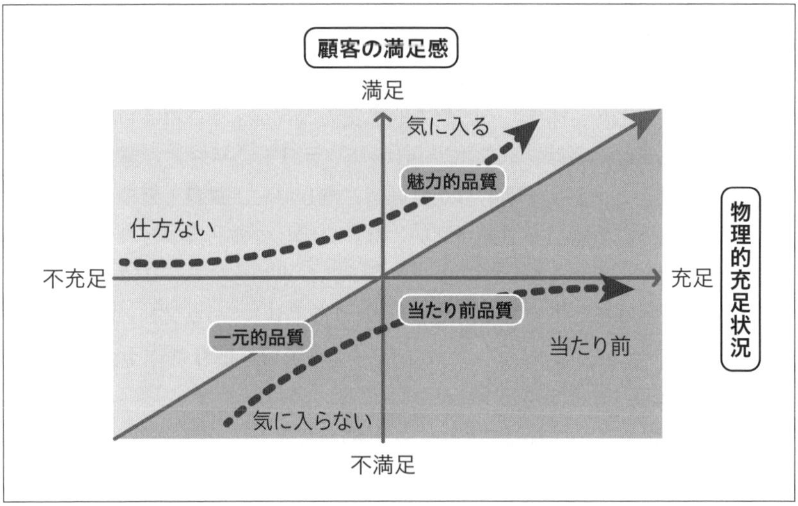

「魅力的品質と当り前品質（Attractive Quality and Must-Be Quality）」（狩野紀昭、瀬楽信彦、高橋文夫、辻新一 著／品質 Vol.14、No.2、1984）を参考に作成

この定義をプロダクトバックログにあてはめて考えてみよう。これから取り組むことがどの品質にあてはまるのか。やみくもに、やるべきことだからとプロダクトバックログを積み上げていくのは得策じゃない。

プロダクトの状態を踏まえて、今は「魅力的品質」を高めてユーザーのアテン

ションを集めるべきとか、「当たり前品質」を確保して基本的なところでユーザーの不満を減らそうとか、プロダクトの戦略をプロダクトバックログに反映しよう。

3つの品質について詳しく見ておこう。

「当たり前品質」はいくら高めても、顧客の満足が一定以上上がることはない。顧客はまさに当たり前だと思っている機能だったりするので、あって当然というわけや。だから、この品質が低いと、このサービスアカンわ！ と負のレッテルが簡単に貼られて、サービスのイメージをダウンさせてしまう。

一方、「魅力的品質」はどうかというと、なくても「まあしょうがないかな」と思う機能。ないこと自体に顧客が不満を感じることはない。いったん、機能の有効性や必要性が認知されると、顧客満足度もどんどん上がっていく。他の競合プロダクトにはない、差別化要素になるんだ。

ただし、何が魅力かは人や状況によって異なるから難しい。価値の仮説を立てて、検証し、結果からプロダクトバックログを定義するアプローチが必要になってくる。この部分を説明し出すと、それだけで何話分もかかっちゃうから、ここまでにしておくで。

最後に、ちょうど中間の「一元的品質」。この品質は、満たされなければがっかりするし、満たされれば満たされるほど、満足感が高まっていく。これがあることで極端に受け入れられたり、ないことで酷評されたりすることはない。ただし、差別化が発揮されると魅力的品質にコンバートされる可能性はある。

一元的品質は例えば、スマホやPCのバッテリーの持ちとか重量があてはまるだろうな。バッテリーは持ちが良いほど嬉しいし、重量も軽いほど助かる。

顧客にとっての魅力って奥が深いよな。この3つの品質のどれかに偏っても、プロダクトとしてうまくいかない。バランスが求められる。スマホだからやっぱり音声通話はあって当たり前だし（当たり前品質）、バッテリーは持てば持つほど良いし（一元的品質）、コンシュルジュ的なAIに語りかけることで操作ができると魅力的だ（魅力的品質）。

当たり前品質から充足させていくか、魅力的品質から取りかかるか、これはプロダクトの戦略によるだろう。

「自分たちが考えた差別化要素がユーザーに刺さらないとその後何をつくってもムダになる」みたいなユーザーに新しい体験を提供するようなプロダクトだったら、魅力的品質にあたるプロダクトバックログから試すべきだ。

逆に、まず初期開発では、当たり前品質を満たすようにプロダクトバックログを積んでいき、その実装を通じてチームのビルドも兼ね、基本機能を備えた上で差別化要素を作り込んでいく作戦もある。

みんなのプロダクトは、どちらの作戦を今とっているかな？

●〉■

ストーリー ■ 越境する開発チーム

ひとしきり、西方さんのレクチャーが終わる頃には、みんな疲れ切ってしまっていた。

「まあ、この辺にしといたろか。今日はこれで終わりにして、明日からスプリントレビューに向けた準備をしていこう」

七里が西方さんに賛成した。

「そうですね。もうお腹いっぱいっすよ」

やおら、土橋さんのほうを見て、続けた。

「土橋さん、プロダクトオーナーがどういうことをしていたか、どんな観点で考えなくっちゃいけないのか、よくわかりましたよ」

「そうやろ。大変なんやで」

いつの間にか土橋さんにも西方さんの関西弁が移っていた。思わず言葉が移ってしまうくらい、西方さんのレクチャーは長かった。

開発チームがプロダクトオーナーとの役割の境目を越えようとしたことで、プロダクトオーナーの活動について学ぶことがいくつもあった。開発チームとプロダクトオーナーで担っている役割は異なる。その上で、一つのチームとして成果を挙げていくためにはお互いの協力が必要だ。そのためには相手の仕事を理解する必要がある。西方さんが、プロダクトオーナーのことを理解してもらうために、開発チームに越境を促したのは明白だった。

プロダクトオーナーの仕事を理解できた開発チームは、よりいっそう協力的に絡んでいけるようになるだろう。プロダクトオーナーも、一人で背負ってきたプレッシャーが少しは軽くなるはずだ。

後1カ月というところで、僕はこのチームの面々が頼もしく思えてきた。最初は、何かにつけて面倒くさがる態度にいら立ちを覚えることが多かった七里。ついがんばりすぎて自分のペースを崩してしまうウラットさん。へそ曲がりな土橋さん。丸投げで放置しがちな蔵屋敷さん。謎の関西人、西方さん。すんなりといくとは最初から思っていなかったけど。実際に、いろんなことがあったけども。後1カ月。僕らは、最後まで走りきることがきっとできると思う。

第16話 EPISODE 16

チームとリーダーの境界

ストーリー ■ これじゃない。

「これではプロジェクトを終えられない」

蔵屋敷さんが苦々しそうにチームに宣言したのは、第6スプリントのデモを終えて、ふりかえりを始めたときだった。突然の展開に、みんな一様に身を固くした。スクラムマスターの西方さんからさえ、いつもの飄々とした感じが消えていた。

僕は蔵屋敷さんが何を言っているのか一瞬わからなくなって、彼の次の言葉を待ったが、なかなか出てこない。七里が静寂を切った。

「蔵屋敷さん、それはプロダクトの出来がダメだってことですか」

まるで待っていたかのように、蔵屋敷さんは即座に反応した。

「ああ、そのとおりだ」

僕は不安で、自分の胸の高鳴りが抑えられなくなった。早く蔵屋敷さんに説明をして欲しい。

「蔵屋敷さん、どこがダメなんですか」

蔵屋敷さんは、僕の促しをまた待っていたかのようだった。何がダメなのかをとうとうと語り始めた。その内容は、要は機能が不足している、ということに尽きた。当初の企画の目的を果たすには、機能が足りていない。頭がくらくらした。

「それはないでしょう。今まで、デモでさんざん見てきて、スコープの判断もスプリントプランニングで蔵屋敷さんがいる場で行ってきました。合意の下、進めてきたはずです。それが今になって、機能が足りていない？」

僕は感情の高まりを抑えられそうにないなと思った。心配そうに、七里とウラットさんが僕と蔵屋敷さんを交互に見ている。土橋さんは、プロダクトオーナーである自分を置いて話が進んでいることに少ししょんぼりとしていた。蔵屋敷さんは強引すぎる。

蔵屋敷さんも、僕の言い分に同意したが、形になったプロダクトを見た上での、客観的な評価だと冷たく言い放った。蔵屋敷さんは必要なプロダクトバックログを挙げ始めた。とてもではないが、スプリントでこなすフィードバックのレベルを超えている。ごろっとした重いプロダクトバックログアイテムをいくつもスコープインするような話だ。とても残りの1カ月ではできそうもない。
「……トレードオフスライダーは、何だったのです？」
　どうしても僕は納得ができなかった。
「そういう観点でいうと、基準を変更しないといけない」
「そんな簡単に、大事なことを変えてもらったら困りますよ！」
　僕の勢いにまったく動じることなく蔵屋敷さんは切り返した。
「あの基準はプロジェクトを始めたときに決めたものだ。今とは状況が違う。君らは、インセプションデッキを今までふりかえろうとしたことがあるか？」
　なかった。1回つくってそれっきりで、お蔵入りしている。デッキが現実から離れてしまっていないか、ときにふりかえるべきだと言ったのは、デッキの説明をしてくれた西方さんだった。西方さんは、そうやなぁと蔵屋敷さんに同調した。腹をくくるしかなさそうだった。
「……蔵屋敷さん、今から残りのスプリントでどこまでやるか、作戦を練っていくことに合意します」
　ウラットさんも、七里も、僕の言葉に不安がMAXになったんだろう。僕の名前を小さく呼んだ。それは不安だろう、これから夜を徹して、開発し続けないといけない展開にもなりかねない。二人を振り切るように僕は続けた。
「だけど。蔵屋敷さんが形になりつつある今のプロダクトを見て、どんな方向性に持っていくべきだと考えたのか、きちんと教えて欲しいです。その結果としてどんなプロダクトバックログが必要なのかからチームで話し合いたいです」
　変わってしまったというゴールを可視化し、チーム全員で共通認識するところから始めないと、また進んでいる方向性が違う、ということになってしまいかねない。勢い込んでプロダクトバックログの開発を進めたところで、ムダだったということになれば、もうチームは立ち直れないだろう。
　僕の意図を汲んだのは、西方さんだった。いつもの明るさを少し取り戻して切り出してきた。
「江島くんの言うとおりやな。お互いに違うもん見たまま進めたって、またこれじゃないって話になりかねんわなぁ」
　西方さんの言葉を受けて、七里がおそるおそるといった雰囲気で、状況を確認する。
「もう1回、インセプションデッキをつくります？」
　西方さんは、どんどん調子を取り戻しているようだった。七里のほうを見て、にんまりとした。
「こういうときに、やると良いことがあるんだよ。むきなおりや」
「むきなおり？」

「しかも、合宿で」

合宿!? 明らかに時間が逼迫しそうな予感の中で、これから合宿を企画するなんて、本気か。僕の浮かない表情から言いたいことを察したのだろう、西方さんは心配するなとばかりに言い放った。

「なあに、今更1日くらい合宿に時間を使ったところで、大した差にならへんよ。ここで、しっかり方向性を合わせておくことのほうが効き目があるよ」

百戦錬磨のスクラムマスターを、みんなで信じるしかなかった。

■〉●

西方の解説● むきなおり合宿

未来に向けたアップデート

さて、いよいよプロジェクトも終盤戦。ここにきて、ステークホルダー（蔵屋敷）から、ちゃぶ台返し。言いたいことはわかるけど、すんなりとは受け止められない。仕事として合意はするけど、納得ができない、そんな感じになるわな。

江島くんからのオーダーは、状況の理解をもっと深めるために、プロジェクトのこれからの方向性を明らかにして欲しいということだった。

みんなの共通理解を深め、方向性を整えるやり方にインセプションデッキづくりがあったけども、デッキはある時点でのスナップショットでしかないともいえる。長期化したプロジェクトや、置かれている環境の変化が速いプロダクトは、ユーザーや顧客、プロダクトオーナーやステークホルダーからの期待が変わっていくことがある。

その結果、プロジェクトやプロダクトの目的を調整する必要が出てきたりする。このことに気がつかず、これまでどおり進めていると、やがて周囲との期待が大きくずれて、深刻な衝突や大幅なやり直しになってしまうことも珍しくない。

実は、この方向性の変化というのは、やってきたことを見直す「ふりかえり」では、なかなか検知しづらい。チームだけでは外部環境の変化に気づきにくいというのもあるし、プロダクトオーナーやステークホルダーだって「方向性を変えるべきだ」という確信をいつもいつも持っているわけではないからな。

ということは、誰もがはっきりとはわからない中で、それでも現状から方向性を定め直し、認識を共通にする機会をつくる必要があるわけだ。これを**「むきなおり」**と呼んでいる。

例えば、みんなが電波の届かない山の中にいるとする。たぶん自分たちの位置を理解するためには、コンパスを使って方角を確認するんじゃないかな。しかも、頻繁に。同じように、プロジェクトでも定期的に「むきなおり」を行う必要があるんだ。

ふりかえり、そして、むきなおる

ふりかえりは、第3話でも出てきたから、もう説明はいらんよな。ふりかえりとむきなおりの違いは、こんな感じ。

□ふりかえりは、過去を顧みて現在を正す
□むきなおりは、進むべき先を捉えて現在を正す

つまり、現在地点の状態を異常にする問題を解決して、正常に戻すというふりかえりの発想ではなく、将来を見据えて逆算的にそこに至る道を探り、今は何をしておくべきかと思考するわけ。アプローチ方法が逆。そう、過去にのみ焦点を当てるのではなく、未来にも焦点を当てるということやな。

図2-11｜ふりかえりとむきなおりの違い

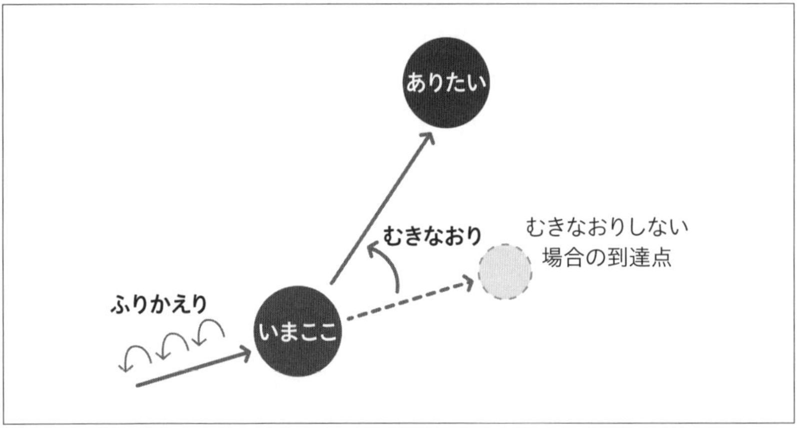

むきなおりの手順

むきなおりの手順として、下記のステップを押さえておこう。

①ミッション、ビジョンを点検する
②評価軸を洗い出し、現状を客観的に見定める

③評価軸ベースで「あるべき姿」と「現状の課題」を洗い出す
④「課題解決」のために必要なステップを「バックログ」にする
⑤「バックログ」の重要度と、一番効果の高いものを決める
⑥時間軸を明らかにし、期限も明確に決める

以下でそれぞれを説明していこう。

①ミッション、ビジョンを点検する

まずはミッションとビジョンの点検だ。われわれがそのプロジェクトを担っている目的や、顧客を含め将来どのようになっていたいか、という点を改めてチェックする。そもそもこれらがなかったら、むきなおる先がわからない。第11話で出てきたインセプションデッキの「われわれはなぜここにいるのか」で確認しているはずだよな。ミッション、ビジョンレベルで方向性が変わっている、あるいは変えたい場合がある。じっくり向き合おう。

②評価軸を洗い出し、現状を客観的に見定める

2番目に、状況を評価する観点を洗い出してから、現状を客観的に見定める。評価する観点は、やっていることに応じて様々だ。進行中のプロジェクトでインセプションデッキがあるなら、トレードオフスライダーで確認したQCDS(Quality：品質、Cost：予算・コスト、Delivery：ローンチ時期・納期、Scope：スコープ)とかね。もし、何かサービスを運営しているチームなら、評価軸はアクティブなユーザー数の増減やリテンション率といった、そのチームで追っているKPIでも良い。軸が決まったら、現状がどの位置にいるのか評価しよう。

③評価軸ベースで「あるべき姿」と「現状の課題」を洗い出す

3番目は、評価軸ベースで「あるべき姿」と「現状の課題」を洗い出す。まずは、あるべき状態は何かを定める。①のミッション、ビジョンから描けるはずだ。「あるべき姿」と「現状」との差が捉えるべきギャップになる。このギャップが取り組むべき課題になるというわけ。

④「課題解決」のために必要なステップを「バックログ」にする

4番目に、「課題解決」のために必要なステップを「バックログ」にする。課題は複数で、種類も様々だろう。もし、課題が多すぎるようなら、課題間の因果関係を整理すると良いだろう。どの課題が原因となって、どの課題が起きてい

るのか。

課題の深掘りができたら解決策も見えてくるはずだ。一つの課題を倒すのに、解決策もまた複数必要となり、順番に実施することが求められるかもしれない。これらの解決策をバックログとして管理するようにしよう。

⑤「バックログ」の重要度と、一番効果の高いものを決める

5番目は、「バックログ」の相対的な重要度と、一番効果の高いものを決める。もし、翌朝に出社したとき、神さまが解決してくれていたら、最も嬉しいのはどのバックログ？ そう、それが一番効果の高いもので、最重要なものだ。

じゃあ、次に解決できると嬉しいものはどれ？ 一つ基準を決めると、それとの比較で、容易に順序付けできるようになる。

⑥時間軸を明らかにし、期限も明確に決める

最後に、どういう時間軸で解決するべきなのかを明らかにし、期限まで明確に決める。バックログの重要度が洗い出せているので、次は優先順位だ。明日にでも解決すべきことなのか、1年後でも良いのか。短期、中期、長期など、時間軸を明らかにしよう。この緊急度合いを考慮して、バックログを並べ直そう。

そして、最終的にはバックログ一つひとつについて、執行する期日も決めておこう。少なくとも、短期でやるべきことには日付を入れるべきだ。予定は変わるかもしれないが、いったん決めておくことで目標ができる。目標があることで人は邁進できる。

合宿という解決策

ネガティブな状況にプロジェクトチームが陥っている場合、また、方向性を見失っている場合、会社や事務所にこもって仕事をしていても生産性は上がらない。重く、暗く、堅苦しい雰囲気の中にいては、プロダクトの明るい未来なんてあるはずがない。

空気を変え、雰囲気を変え、集中した時空をつくり上げる必要がある！ そう合宿だ。

合宿のメリット

合宿の良さとは何だろうか？ 大きく分けて3つある。

①集中(時間・場所・目的)
②リードタイム短縮(調整とアクションプラン)
③高揚感

一つずつ見ていこう。まず、「集中」に関して。隔離された場所で、濃密な時間を共にするため、集中して議論ができる。予定の谷間で空いた1時間にねじ込まれたオフィスでの会議よりも、ずっと効果的だ。

しかも、宿のチェックインとチェックアウトという、絶対的なタイムボックス(固定された期間や時間枠のこと)がある。オフィスではないので、エンドレスに残業とかはできないぞ。定められた時間枠があるから、集中できるんや。

また、日常から隔離された空間のため、同僚や上司、外部からの割り込みももちろん発生しない。後ろからいきなり声をかけられて、仕事がストップすることもない。

なお、普段の仕事のミーティングに比べるとはるかに長い時間をかけられるので、合宿の狙いやタイムテーブル、アジェンダを事前にしっかり用意しておこう。

次に「リードタイム短縮」だ。会社ではそれぞれのメンバーの予定が様々あって、全員でまとまった時間を確保するのが難しい。複数日かけての細切れのミーティングになってしまうこともある。これでは、ミーティングの日程調整や、議論の準備などのオーバーヘッドコストがかかってしまう。合宿ではこれらが一切必要なくなる。集中が効率性を上げ、意思決定までの時間を激減できる。

また、合宿中にアクションプランを決めるので、合宿後も何をやるべきかが明確だし、合宿で高まったモチベーションそのままで仕事に取りかかれるため、高い推進力を維持できる。結果的に、顧客への価値提供までのリードタイムも短くなるだろう。

最後に「高揚感」についても押さえておこう。オフィスとはまったく異なる場所で仲間と長い時間を共にするという非日常な状況は、気持ちの面でもポジティブに作用する。みんなで何か取り組むという楽しさが湧いてくる。

オフィスの中だけでは知ることのできない、お互いの深い価値観を知る機会を楽しもう。何でもないような時間が、お互いの関係性を強くし、これまで言語化できていなかった行間を埋めることができる。その結果、チーム力が醸成されて、チームをひと回りもふた回りも成長させることができる。全員で次のステップに上がり、これからの仕事に弾みをつけてくれるのだ。

合宿のアンチパターン

合宿のアンチパターンも見ておこう。

①いつもと同じ場所
②目的・ゴールがあいまい
③詰め込みアジェンダ
④アクションプランを設定しない
⑤必要な人がいない
⑥まずい食事

まず最初の項目だ。いつものオフィスの会議室で、合宿と同じ時間だけミーティングしようとしても合宿ほどの効果は出にくい。休日で他部門の社員が出社していなかったり、電話の割り込みがなかったとしても、やはり非日常感は演出できない。

次に、目的とゴールを不明瞭にしたたままで合宿をスタートさせてはいけない。何か課題があるから合宿するはずなのだが、きちんと言語化しておこう。達成基準なども決めておくとさらに良い。

3番目の詰め込みアジェンダについてだ。時間配分だが、1泊2日の場合、全体で8時間くらいにして、余裕がある時間配分にしておこう。あれこれとアジェンダを詰め込みたくなるが、少し休憩が多いくらいに設定したほうが良い。テンションが上がっていると、つい根を詰めてしまうことがある。ゆとりは大事だ。ゆとりにより、気持ちにも思考にも余裕が生まれ、結果的に充実した議論となるのだ。

4番目のアクションプランの設定だ。これは議論の最後のほうに話されることが多いだろう。詰め込みアジェンダと関連するが、時間的なゆとりがあることで、このアジェンダまで到達でき、それぞれのメンバーのコミットメントや期日などの計画まで落とし込めるのだ。

5番目の、必要な人がいないのは大きな問題だ。しかるべき人がいないと情報は不足する。推測で議論を進めていても、時間のムダで、議論は空転してしまうだろう。後ほど共有すれば良いと気軽に考えてはいけないぞ。プロジェクト関係者が全員揃って乗り込むのが重要なのだ。後から共有されても、言語化できない行間は必ず出てきてしまう。濃密な雰囲気や空気は絶対に伝えられないんだからな。

最後は、食事に関してだ。合宿の一つの楽しみといっても良いだろう。いまひとつな料理のオンパレードでは、テンションも上がらない。

より合宿で高い成果を求めるため、これらの落とし穴は避けて通るのだ。

ストーリー ■ むきなおり、僕らは突き進む。

僕たちはこれからプロダクトをどうしていきたいのか、むきなおりでその認識を共通とした後、すぐにリファインメントとスプリントプランニングに入った。

新たなゴール設定に向けて、どうしても必要なプロダクトバックログアイテムは何か。そしてその受け入れ条件は何かまで決めてしまう。今まで、繰り返し繰り返しやってきたプランニングタスクだから、僕たちチームにとってはもう手慣れたものだ。

西方さんの言うとおりだと思った。方向性さえ決まればその実現に向かってどう動けば良いか、僕たちはもうわかっている。でも、あのまま腹落ちしないまま、無理にプロダクトバックログアイテムを出そうとしても、こうはいかなかっただろう。きっとやらされ感が生まれたはずだ。

遠回りに思えたけども、むきなおることで、蔵屋敷さんにしか見えていなかったゴールをチーム全員のゴールとして捉え直せた。

1泊2日の合宿は1日目を終えたところで、残りの2スプリントで倒すべきすべてのプロダクトバックログアイテムを積み直すことができた。あきあきしているいつもの会社の会議室ではない、外部の宿泊施設で日常から切り離されたおかげで、集中力も増したようだった。

不思議な感覚だった。いつも見慣れたみんなであることに変わりはないのに、場所と時間が変わるだけで妙な新鮮さを覚える。ウラットさんと七里はお互いのオフの私服が変だ変だと言い合っている。土橋さんも、いつもは真面目で硬さがあるのに、今日は休日のお父さんという感じでまるで気が抜けている。ウラットさんと七里が調子に乗って「お父さんお父さん」と呼んでいるが、「なんだ、子供たちよ」と返すくらい、土橋さんもこの状況を楽しんでいた。

1日の集中の労をねぎらうように、蔵屋敷さんが宴会を手配してくれていた。豪勢な食事に、ウラットさんも七里もテンションが上がってしまって、この合宿に来るまでの紆余曲折をすっかりどこかへやってしまったようだ。

お酒が入ると、西方さんの関西弁はいよいよ際立ってきて、早口で何を言っているのかわからなくなっていた。ウラットさんに「なんでやねん」のイントネーションを一生懸命になって教え込んでいた。「この合宿で、蔵屋敷とコンビを組ませるんだ」と妙に真剣だ。ウラットさんと西方さんのやりとりに巻き添えになっている蔵屋敷さんも、まんざらでもない様子で屈託のない笑顔を見せている。

こうした様子を見ていると、蔵屋敷さんはあえて波風を立たせたんじゃないかと、勘ぐってしまう。結果的に、プロダクトバックログの整理が一気に進み、かつ残りのスプリントで収まるであろう現実的なプランが立てられた。少しマンネリ感もあったチームは、アクシデントを通じた刺激によって、また、共通のゴールがはっきりとしたことによって、士気を取り戻したように見える。

今回だけではなく、実はいつも蔵屋敷さんとスクラムマスターが示し合わせていて、僕らはそれに乗せられてきているような気がしてきた。そのことを蔵屋敷さんに問いただそうかとも考えたが、やめておくことした。後2スプリントだ。今はとにかく走りきって、その後に、チームのみんなで蔵屋敷さんを問い詰めてみよう。変な楽しみができて、僕は自分のテンションも高まってくるのを感じた。

第17話 EPISODE 17

チームと新しいメンバーの境界

ストーリー ■ 招かざる来訪者

プロダクトリリースに向けて、さあラストワンマイルだと、第7スプリントを始めたところで、思わぬことが起きた。

「え!? 新しいメンバーが増える？」

僕の驚きを隠さない声に、蔵屋敷さんはバツが悪そうに、反応できずにいた。このチームの取り組みとここまでの成果がそれなりに、社内で評判になっていたらしい。それを聞きつけた他部署の上席者が、若手を送り込むので、ぜひスクラムを学ばせてくれと言ってきたというのだ。これは、蔵屋敷さんも予想外だったに違いない。

言わずもがな、今更、残り2スプリントのところで、新しいメンバーを増やしても、プロダクトバックログがより倒せるようになるわけではない。むしろ、新メンバーを放置しておくわけにもいかず、その人との絡みに手を取られることは明白。結果的にベロシティを落とす要因になるだろう。

「断ってきてください」

僕は、先日のゴール再設定の件もあったので、ここぞとばかりに蔵屋敷さんに強く出ることにした。

「すまん、江島。どうしようもない」

当然、蔵屋敷さんも、すでに断っていたのだろう。手を尽くした結果、それでもねじ込まれたわけだ。一方、七里やウラットさんは、まんざらでもない感じだった。

「いいじゃないですか、手はいくらあっても足りないんだし」

「そうですよ。七里さんのフォローにぴったりですね」

二人はプロジェクトの途中で人が増えることをまだ経験したことがないのだ。仲間が増えて良かったと喜んですらいる。

新しいメンバーは浜須賀くんといって、ウラットさんの一つ上の2年目だった。経験はまだ浅い。明らかにまだ育成対象だ。これまで3カ月かけてチームが学んできたことを、この切羽詰まった状況で手取り足取りレクチャーすることは到底できない。

僕は、西方さんに助けを求めた。西方さんも、予想外の展開を厄介だと感じたらしい。少し悩んだ末に、作戦を口にした。
「今更やけど、星取表を書いてみるかぁ」
星取表とは、また新しい言葉だった。僕は期待を高めて西方さんの続きを待った。
「その新しいメンバーはどんなことができるのかを可視化するのが目的なんだけど。残りのスプリントを乗り切るにあたって、誰がどんなことをできるのか。また誰がどんな観点で誰をサポートするのかの作戦にもなる」
さっそく僕はみんなを集めて、星取表のやり方を教えてもらうことにした。

■〉●

西方の解説● 教育コストは高くつく?

プロジェクトの終盤にきての、メンバーの増員。プロジェクトの状況によっては猫の手も借りたくて助かることもあるのだけど、正直に言うと、今の江島くんのチームにとってはお荷物が増えるだけ。

そもそも、プロジェクトの目的を果たすためのプランの中に、経験の浅いメンバーを育成する時間がどれほど含まれているだろう。例えば、本人の力量にもとづき「半人前程度の戦力として見込む」というプランニングはされているかもしれないが、そのメンバーを育成する周囲の工数はあまり見込まれていないのではないだろうか。いわんや、途中から急きょ参加するメンバーに費やす時間なんて用意されていないから、チームから時間をつくり出すしかない。

つくり出すのは時間だけではない。後から参加するメンバー向けにどんなことを伝えたら良いか、当然プロジェクトの文脈や背景で異なるため、各現場で情報を整えておく必要がある。「これ読んでおいて〜」で済ませられるほど、準備周到なチームは少ないほうだろう。

つまり、育成に要する時間は何かとオーバーヘッドとして感じられるものなのだ。教えるために、メンバーが開発の時間を奪われるわけだから、プロジェクトへの時間的な影響は免れない。

そこで！ 新メンバーを迎えるときの作戦を二つ紹介していくぞ。星取表とモブプログラミングだ。星取表でプロジェクトのサポート作戦とメンバーの個性に適した学習の方針を立てる。モブプログラミングで学習と開発を一緒になって進める。どちらもパワフルな取り組みになるぞ。

星取表(スキルマップ)

プロジェクトでチームが形成されたとき、メンバーが新たに配属されたとき、以下のような軸で、気になることだらけだろう。

(誰)：誰がどんなスキルを持っているのか？
(何)：何を誰にどれくらい任せることができるのか？
(支援)：どの作業に誰の支援が必要なのか？
(リスク)：チームとして足りない要素は何か？
(成長)：チームとして手薄で強化したいスキルは何か？
(育成)：個人として長期的に成長したいスキルは何か？

そんなときに活用したいのが星取表だ。

図2-12｜星取表

	スクラム	設計	Git	AWS	RSpec	Ruby	Rails	Node.js	HTML5
江島	△	↑	○	△	↑	○	○		
ウラット			○	↑	○	☆	△	○	○
土橋		○	△		○				↑
七里		↑	○	△	○	○	☆	↑	○
蔵屋敷	☆	☆	☆	○	○	☆	☆		○
浜須賀			△	↑	○	○	△	↑	△

星取表(スキルマップ)とは？

星取表(スキルマップ)とは、チームのメンバーがどのようなスキルを持っているかを見える化して、俯瞰するための道具だ。

横軸にはプロジェクトで必要なスキルを並べ、縦軸はメンバーの名前で構成される。その中にメンバーのスキルの習熟度合いを5段階で書き込んでいく。

例えば、こんな感じだ。

☆：エース級
○：一人前
△：ヘルプが必要
↑：習得希望
空白：できない

作成する際は、プロジェクトで必要なエンジニアリングスキルと業務知識で項目を構成しよう。インセプションデッキでAチーム(「何がどれだけ必要か」のデッキで作成するベストなチーム編成のこと：1980年代の米NBCのTVドラマ「特攻野郎Aチーム」が由来)はつくったかな？ 役割に対する期待を挙げていたはずだ。項目づくりの参考にすると良いだろう。

項目選びや習熟度はチームメンバー自身で議論しながら作成しなければならない。他のプロジェクトの標準などをそのままコピペなんかしたらあかん。それぞれのプロジェクトによって必要なスキルと業務知識は異なるからな。

項目出しをする過程で、自分たちが挑んでいるプロジェクトへの理解が深まることにもつながる。これらの項目にメンバーのスキルや習熟度を埋めていくと、人員過多の領域や人手の足りない空白地帯が見えてくる。チームの強みや弱みがより浮き彫りになるんや。プロジェクトの成功のために、誰がどのスキルをレベルアップさせるのか、誰がサポート役に就くのか、俯瞰できると意思決定がしやすい。

また、プロジェクトを実践しながら、同時にスキル上達のために教育・育成もしなければならないだろう。チームの空白地帯の弱みに対する育成方針を立てるとき、スキルアップの意図が明確になる。星取表があることで全員の納得感が出てくるだろう。

プロジェクトで実施することとメンバーのスキルアップのベクトルが合うことで、学習意欲や責任感にも好影響を与えるんや。

会社標準でプロジェクトに直結しないスキルマップでは、プロジェクトの成果にも直結しないやろ。星取表の項目がプロジェクトに必要な項目となっていることが、やはり重要なんだな。

また、スキルや習熟度がわかることで「誰に聞けば良いのか？」もわかるようになる。困ったときに気軽に質問ができるようになるし、モノに応じて誰にレビューを依頼すれば良いかもわかるようになる。今まで一人で解決できず、悶々としていた時間や、たらい回しでムダにかかっていた時間が一気に減らせる。

それから、リスクも表出できる。重要な業務知識が、ある個人にしか存在していなければ、その人の異動や退職はチームにとって、大きなリスクといえる。プロジェクト進行の根幹に関わるような重要な項目については、複数のメンバーで担うようにして、リスクを分散しておく。

具体的には、トレーニングの時間を確保したり、採用したりして、不足を補う。短期的なプロジェクトの成果の視点ばかりではなく、長期的な成長、チーム力アップの計画を立てるようにしよう。

ただし、注意が必要だ。人事評価には使ってはいけない。心理的安全性がなくなり、正直なことを言いにくくなってしまう。本来の意味である「チームのスキルの見える化」から別の目的が露出した瞬間に、ミッション駆動で責任を持って自分たちで最善策を考え実施していく自己組織化チームへの道は途絶えてしまうだろう。

星取表をつくるタイミング

チームやプロジェクトが立ち上がるチームビルディングの初期段階で、星取表を作成するのが良いだろう。これまで紹介した3つの取り組みをセットにすることでプロジェクトとチームメンバーとスキルが一気に共有できる。チームビルディング三種の神器だ！

＜チームビルディング三種の神器＞
□**インセプションデッキ**：プロジェクトやプロダクトの目的や方法論
□**ドラッカー風エクササイズ**：チームメンバーの価値観
□**星取表**：目的を達成するために必要なスキル

星取表は、定期的にチームで確認するようにしよう。その変化を捉えることで、チームの成長度合いを測ることができる。成長が思わしくない項目については、何が必要なのか、新たに作戦を立てる良い機会となる。

まだ星取表がないけど、今更つくったほうが良いかだって？ 必要だと気づいたときが、君やそのチームにとっての最速なんや。遅い速いなんて気にしていないで、さっそく取り組むべきだ。

チーム全員分を表にして、全員が俯瞰して見られる状況は圧巻だぞ。チームメンバー全員が、なぜ今までなかったのだ、とすら思うだろうな。

●〉■

ストーリー ■ 全員でコードを書く。

星取表を作成したことで、浜須賀くんがどんなことを得意としていて、逆に何に自信がないかを明らかにすることができた。できるだけ得意としていることが活きるよう、彼にアサインするプロダクトバックログアイテムを調整した。

浜須賀くんを迎えて3日が経過し、僕は七里を連れ出して、様子を聴いてみることにした。開口一番、七里は不満げに言い放った。

「うーん、どうも作業レベルで、行ったり来たりが増えてますね」

あんなに、新しいメンバーの参加を楽しみにしていたのに……

「教えることが多すぎて。ほとんどコードを差し戻してます。ウラットさんなんか、ほとんどコードレビューしかしてないんじゃないかな。一向に進まないっす」
　まあ、そうなるよな。わかっていたことだけど、この遅れは痛い。
「とはいえ、浜須賀くんに雑用ばかり振るわけにもいかないっすよね……。本人は超一生懸命で、超真面目なだけに、うまく巻き込んであげたいんですけど」
　七里もお手上げという雰囲気だった。
「ペアプロするのはどう？」
「いやー、それは……僕らがやると、やっぱりかなり手が取られますよ」
　確かに、ウラットさんや七里、そして僕が浜須賀くんとのペアプロに時間を割いている場合ではない。
「ここは、蔵屋敷さんに務めてもらおう」
　手が足りなくなったときに持っていく先は、蔵屋敷さん一択だった。
「それは良いですね！ でも、コードレビューはどうしましょう。まだ蔵屋敷さんが結構やってくれていますけど……」
　僕は少しだけ考え込んだ。いっそコードレビュー自体をなくせないものか。しかし、新しい機能のところでは相変わらずコードレビューの指摘が多い。蔵屋敷さんのコードレビュー自体をなくすことはできなかった。
「Pull Requestベースでコードレビューの指摘のやりとりをしているのが、ときどきもったいないと感じるんだよな」
「まあ、話せば早いなとは思うときがありますね」
「いっそ、コードを書くところから蔵屋敷さんに入ってもらおうか」
「ん、ペアプロするってことですか。それだと、指摘の内容を他のメンバーに伝えづらいですよね」
　七里の言うことはもっともだ。僕には試したいことがあった。
「だから、全員でコードを書く」
「全員!?」
「そう。新しい機能の開発については、七里、ウラットさん、俺、蔵屋敷さん全員集まってコードを書く。ああ、それから、浜須賀くんも含めてね」
　後から、西方さんに聞いたら、こういうやり方を海外ではモブプログラミングというらしかった。
「そんなことしたら、開発のスピードは確実に落ちますよ！」
「そうかな？ すべてのプロダクトバックログが対象ではない。みんなが慣れているところはもうさくっと進められるからね。新しい機能のところは、他の機能の動きを前提としてつくっていかないといけないから、そもそもみんなの知見を集める必要がある。全員で集まってコードを書くか、誰かが書いたものをみんなでレビューしたほうが案外速いんじゃないか」

　七里は、僕の言葉をのみ込んで、その妥当性を自分なりに考え始めた。うまくいくようなら、浜須賀くんのコミュニケーションコストの問題とともに、非効率なコードレビューの問題も、解消できる。試す価値はあると考えていたが、七里の評価も聞きたかった。この3カ月、短い期間ではあったけども、一緒に良いときも悪いときも乗り切ってきた仲間だ。自分が見落としていることにもきっと気づいてくれる。僕は七里の回答を待った。

「行けるかもしれません」

　僕は七里に頷き返し、さっそくアイデアを試すべく二人で自席へと戻った。

西方の解説● モブプログラミング

　さて、チームが何を学ぶべきか方針を立てられたら、次は学習を始める番だ。ここではモブプログラミングを紹介する。プロダクトの成功とチームと個人の成長が一気に実現してしまう、強力なプラクティスだ。モブプログラミングは、みんなで一つの画面を見ながらワイガヤでプログラミングするんや。モブとは群衆や群れという意味であることを理解するとイメージがしやすいかな。

図2-13｜モブプログラミング

<方法>

□チーム全員が1カ所に集まって、全員で同じ画面、一つのPCで作業する
□PCを操作できるドライバーは一人、他はナビゲーターとして頭脳になる
□ナビゲーターはドライバーに指示する
□全員が交代でドライバーをする
□ドライバー役は10分くらい(時間で交代せず流れに任せても構わない)
□一つのテーブルに5人前後が望ましい

モブプログラミングのメリット

メリットは大きく分けると4つある。

①プロセスフロー効率性
②コミュニケーションカイゼン
③学習効果
④達成感

一つずつ見ていこう。プロセスフロー効率性からだ。

まず、全員で一つの作業をするので、作業分担が発生しない。分担がないので同期、承認、手戻り、レビューが一切いらなくなる。事前・事後の情報共有の時間が一切なくなることで、流れ(フロー)がスムーズになり効率性は一気に上がる。Pull Requestを出す必要も、ひたすらMergeする必要もないのだ。出す側と受け入れる側がそこにいるのだから。

また、トラブル解決や、技術的にハマる時間を最小限にできる。緊急トラブル対応を精神的に責められる中で、一人で対応するのは誰でも心細い。仲間のメンバーと一緒に対処できると、無形の勇気と複眼チェックで安心感も生まれる。ブレインが複数あることでダブルチェック・トリプルチェックが瞬時に行える。みんなで見るんだから品質は高まるし、効率も良い。今まであった承認の待ち時間がほぼゼロに近くなるわけだから。

第15話に出てきたクネビンフレームワークのシンプル(Simple)な問題のように、人数が増加すれば増加した分だけ問題の量を解決できる文脈では、人の稼働時間をいかに100%にするかということに焦点を置いていたはずだ。

しかし、複雑(Complex)な問題を解決するには、作業を分割し、計画すること自体が難しい。であれば、人の稼働率に焦点を当てるのではなく、問題に焦点を当て、いかに早く片づけられるかに注力することを考えよう。

つまり、価値が顧客に届くまでのリードタイムを短くすることに集中する。たとえ複数人で同時に一つのことをやってでも、たとえ得られる成果が1個ずつになったとしてもだ。結果的に、調整や計画などのマネジメントのオーバーヘッドが激減し、流れ(フロー)をスムーズにすることで、顧客に価値を高速に届けられる。

そして、責任も全員で取ることになる。もしバグを埋め込んでしまったら、それは全員の責任なのだ。全員の目で見ていたのにもかかわらず発見できなかったのだ。諦めるしかない。誰かのせいにはできないのだ。悪者や犯人探しの意味がない。全員が犯人であり、全員がヒーローなのだから。

次にコミュニケーション。

常に対話がないと、モブプログラミングは成立しないし仕事が進まない。誰かが常に話していないとドライバーは何もできないからだ。ミスコミュニケーションが発生したとしても、瞬時に解決していく。全員が脳内を露出するかのごとくワイワイガヤガヤとしゃべり、傾聴し、ツッコミを入れ、怒涛のスピードで作業していく。

そして、中心にあるのはボスの命令でもリーダーでもない。ドライバーですらないのだ。みんなの目線の先の中心にあるのは常に画面。つまりわれわれが構築するプロダクトなのだ。「あなた vs わたし」ではなく、「問題 vs 私たち」の構図ができあがり、チーム感が醸成されるのも大きなコンセプトだと気づいて欲しい。

また、都度、方向性の見直しが発生し、方針変更の背景もその場で理解できるので、ムダな争いがなくなる。過程や結果の共有が「常に」行われていることによる効果だ。

3番目は学習効果だ。

お互いの背景が異なれば、持っている経験や情報は異なっていて当然だ。得意分野をチームで補完し合い、プロダクトを構築していく。チームでの活動とは、自分の知らないことを学べる機会の連続なんだ。

個人で問題や解決策を考えているだけでは、己の知識を総動員して自問自答しているだけなので、バイアスが働きやすく、検討の妥当性のチェックが弱くなる。そこに対話する相手がいるだけで、より深く考え直すチャンスが生まれる。

その相手から異なる考え方や問いが発せられると、話し手自身の再考が促されるのだ。こうした相互作用を通して新しい考えが生まれ続ける。これを建設的相互作用というんや。第7話のコラムで出てきた概念やな。

それから、他の人の振る舞いや行動を目の当たりにすることになるので、ライフハック的な学びも日々出てくるだろう。キーバインドや、エディタの使い方、コードを書く順番、問題解決のための考え方など。個人にクローズしていた技の数々がチーム全員の前にさらされることになる。先輩方が圧倒的なスピードで問題解決するのを目の当たりにすることは、経験の浅いメンバーにはまたとない成長の機会となるのだ。逆に、最新のクラウドサービスのトレンドやツール類の新サービスなどは、若手のほうが詳しかったりする。お互いに学ぶことが多いのだ。

最後に挙げるのは、達成感だ。

これがモブプログラミング、最大の効果といえる。一人で仕事をすることに比べて、生まれる達成感が桁違いなのだ。全員で協力し、対話し、問題をどんどん片づけていく。

一方、常に誰かの話を聞いていなくてはいけないため、高い集中力の維持が必要となる。これは一人でプログラミングしているよりもはるかに疲れる。この疲労感がますます達成感を高めるのだと思う。俺たちはやりきったぞってな。

達成感と成果を全員で瞬時に分かち合えるので、これまたプログラミングが楽しくなっていく。残業？ そんな体力なんて残らないよ。というよりも、もうそんなものは必要ないんや。きっと十分な成果が上げられているだろうからね。

モブプログラミングを実践する上での運営ポイントも見ておこう。

＜運営ポイント＞

□最低限のグランドルールをつくる
□否定ではなく提案をする
□その日の最初に、作業の流れを書き出すこともモブでやる
□止まって考える時間を一定間隔で設ける
□毎日ふりかえる

モブプログラミングは、問題やトラブルが表出するスピードも速い。早めに問題がわかるので手も打ちやすい。だから解決も早い。その結果を受け、チームで認識しておくルールも、どんどん書き換えていこう。

モブワーク:モブプログラミングの秘訣の応用

もう薄々気づいているかもしれないけど、モブプログラミングのコンセプトは他の仕事にも応用できる。プログラミングではないので「モブワーク」と呼ん

でしまおう。

新しいメンバーに仕事のやり方やハマリポイントを伝授するとき、インフラの緊急トラブルで1秒でも早く復旧が必要なとき、時間的に逼迫していて一人で作業することにまだ慣れていない状況のとき、中途採用のスカウティングメールを人事部門とエンジニアが一緒に作成していくシーンなど、ありとあらゆるケースで、ほとんどどんな場面にも使えるはずだ。

そう考えると、モブプログラミングやモブワークはもはや働き方の一つともいえる。みんなも、現場から、新たな働き方改革を始めてみないか。

Column

TWI

モブプログラミングをする際、自分しか知らない知識やスキルを参加しているメンバーに説明する機会が何度もあるでしょう。画面を見ながらの操作とともに、言語化する必要性が出てきます。「あれが」「これが」と指示代名詞では伝わらないこともあるでしょう。オペレーション手順や操作方法の共有、コーディングの方法論だけでは、コンテキストまでは伝えられないですね。目的やなぜの部分が欠落してしまうからです。過去の失敗や背景なども同時に説明し、教え方が丁寧であれば、より深い理解と学びにつながります。

しかし、育成の時間は現場ではなかなか取れないのが現実で「仕事の教え方」を系統立てて学んだことがある人は、あまりいないのではないでしょうか？

TWIを用いることで教え方を学ぶことができます。TWIとは、Training Within Industryの頭文字を取った職場教育の手法です。この中にJI(Job Instruction)という「仕事の教え方」が紹介されています。

＜JIの手順＞

①習う準備をさせる

1. 気楽にさせる
2. 何の作業をやるかを話す
3. その作業について何を知っているかを確かめる
4. 作業を覚えたい気持ちにさせる
5. 正しい位置につかせる

②作業を説明する

1. 主なステップを一つずつ言って聞かせ、やって見せ、書いて見せる
2. もう一度やりながら、急所を強調する

③やらせてみる

1. やらせてみて間違いを直す
2. もう一度やらせながら、一つずつ主なステップを言わせる
3. もう一度やらせながら、一つずつ急所を言わせる

④教えた後を見る

1. 仕事につかせる
2. わからぬときに聞く人を決めておく
3. たびたび調べる
4. 質問するように仕向ける
5. だんだん指導を減らしていく

やって見せるだけ、言って聞かせるだけでは、仕事はなかなか覚えられ

ないのが現実です。本質的な理解が欠落してしまい、ただマネているだけになってしまいます。仕事や作業手順を教える機会は常にあるでしょう。その業務の背景や間違いやすいポイントを説明しながら、みなさん自身も育成力を向上させましょう。（新井 剛）

「JIの手順」は、『改善が生きる、明るく楽しい職場を築く TWI実践ワークブック』（パトリック・グラウプ、ロバート・ロナ著／成沢俊子訳／日刊工業新聞社）より引用

●〉■

ストーリー ■ モブプログラミングで変わるチーム

僕たちは、初めてのモブプログラミングに取り組んでいた。さすが、七里やウラットさんは飲み込みが早く、ドライバーもナビゲーターもソツなくこなせていた。土橋さんも参加してくれたので、仕様上の疑問が湧いても、1分とかからずその場で解消していった。プロダクトオーナーがコードを書くプログラマーのそばにいてくれたら、こんなにも気持ちの良い進み方をするんだ。僕もウラットさんも、七里もみんな、ちょっとした感動を覚えた。

普段だったら、仕様についての疑問はチャットでやりとりすることが多いのだけど、土橋さんはチャットを落としているときが結構あって、たいてい反応が遅い。それがモブプロだったら、身柄を目の前で確保しているので、即時のやりとりで疑問を解消しながらコードを書くということが実に小気味よく進んでいく。

ただし、肝心の浜須賀くんは、なかなか溶け込めないでいた。七里が言ったとおりかなり几帳面で、しっかりとメモを取ることにばかり集中していて、発言が少ない。僕は、彼を巻き込もうと声をかけた。

「じゃあ、次は浜須賀くんにドライバーをやってもらおうか」

浜須賀くんは「え！ 僕にはちょっと……」とドライバーになるより周りから眺めていたいですと完全に及び腰だった。しかし、ウラットさんと七里が許すわけがない。

「浜須賀くん、ドライバーは交代しながら全員でやるんだぞ」

「そうです。まったくコードかけないお父さんにもやってもらいます」

誰がお父さんやねんと、土橋さんが即座に言い返したが誰も拾うことはなかった。浜須賀くんは、観念したように、ウラットさんと交代して、ドライバーとしてPCがある場所に着席した。緊張感がこちらにも伝わってくる。

浜須賀くんが、PCのキーボードに両手を置いた瞬間、まったく予想外のことが起きた。

「じゃあ、ナビゲーターの方は、とっとと何をすべきか言ってください」
「……あ、ああ。えーと次は、何だっけかな」
　七里がちょっともたつくと、浜須賀くんが鋭く言い放った。
「僕のドライバーの時間がどんどん減っていく！ 早く！」
　さっきまでの、どちらかというとおとなしい雰囲気が一変。まるで人が変わったように、テキパキと動き始めた。
「ウラットさん！ 何ですか、このコードは。もっとインデントに気を払ってください！」
　僕と、七里は思わず顔を見合わせた。そして、笑いがこらえきれなくなった。どうやら、浜須賀くんはコードを書くときに人が変わってしまうようだ。
「江島さん、僕のドライバー時間を少し延ばしてください。これじゃああんまりだ」
　僕にまで絡んできた。この様子に、僕はひと安心した。これなら、彼もこのチームでやっていけるに違いない。さあ、いよいよ残り2スプリントだ。このチームで最後まで楽しもう。

チームのやり方を変える

ストーリー ■ スクラムを、やめるってよ。

「第8スプリントは、スプリントプランニングもスプリントレビューもやめたい」

第7スプリントのふりかえりで、蔵屋敷さんはまるで有無を言わさぬ雰囲気で言い放った。また、唐突な話に、チーム一同、戸惑いを隠すことができなかった。僕も聞こえてきた言葉をうまくのみ込めないでいた。

例によって、七里が切り込む。物おじしない彼の姿勢に、僕は感心した。

「どういうことですか、蔵屋敷さん。ここにきて、スクラムをやめるってことですか？」

「そうだ」

あっさりと答えた。僕は、またわけがわからなくなって、プロジェクトを放り出したくなった。当然、七里もウラットさんも、土橋さんも呆気に取られている。浜須賀くんは何を言ったら良いのかわからず、身動きを取れずにいた。西方さんも、さすがにあきれた様子で、蔵屋敷さんに絡む。

「ここまできて、何を言うてるんや」

「遅いんだよ」

またしても即座に切り返す。残りのスプリントでやるべきことは、まだまだある。ただし、一つひとつのプロダクトバックログアイテムの粒が小さくなっていた。これからリリースに向けて、おそらくプランニング仕切れないタスクもまだまだ出てくるはずだ。小さなタスクを、次々とこなしていかないといけない、そんな状況が想像できた。

確かに、こういう状況では1回のスプリントプランニング、1回のデモでは、やりきれない可能性がある。デモをやって「まだやるべきことが残っていました」では、リリースには手遅れだ。蔵屋敷さんの「遅い」とはおそらくそれを指して言っているのだろう。

「デイリースクラムで拾えば良いやん」

珍しく、西方さんと蔵屋敷さんが対決していた。

「細かいタスクを追うのには、1日1回のデイリースクラムでもまだ遅い」

蔵屋敷さんは強硬に、西方さんのあの手この手の申し出を突っぱねていった。

ついに、西方さんのほうがしびれを切らした。
「なんや！ ほなどういう風にしたいんや！」
「だから、スクラムをやめたいと言っている」
西方さんは、とうとう、席を立ってしまった。何も言わず部屋を出ていこうとする。
「ほな、スクラムマスターはもういらんわな」
まさに、捨て台詞だった。蔵屋敷さんは西方さんのほうを一度も振り返らなかった。実に、これが僕たちとスクラムマスターとの別れとなった。僕が、西方さんと再会するのは、だいぶ先のことになる。それは別の話だし、このときは、まさか本当に西方さんが姿を見せなくなるとは、思ってもいなかった。
ものすごく気まずい雰囲気がチームを支配した。誰も言葉を発することができない。静寂は蔵屋敷さんが破るしかなかった。
「江島、これからのやり方を考えてくれ」
有無も言わさなかった。

細やかに個々のタスクを管理するやり方。最初に思いついたのは、以前、一人でやっていたタスクボードだった。あのときは、自分のタスクの状態や、自分の手元を離れたタスクをトレースするために導入したんだった。スクラムから単純にタスクボードの運用に変えて、本当にやりきれるだろうか？
やるべきこと(TODO)、着手中(DOING)、完了(DONE)で、今までプロダクトバックログとして管理してきたものを捉えることはできそうになかった。一つのプロダクトバックログアイテムがデプロイされるまでの間、いくつものステップを通過しないといけない。
終盤とはいえ、一つひとつの受け入れ条件を考えることには変わりない。そこでは、プロダクトオーナーとチームでの会話が必要だ。それから、順序付けを行った上で、プロダクトバックログアイテムの実現方法を検討する。いわゆる設計だ。その間に、チームメンバーやリーダーと実装方法についての議論も必要に応じて行う。それからもちろん、コードを書く。
コードを書いたら、Pull Requestベースでコードレビュー。レビューが終わればプログラマーのテスト。テストが終われば、まとめてスプリントレビューでデモをする。ああ、もうスプリントレビューは行わないのか。頭がこんがらがった。何がなくなり、何をやるべきなのか。
僕は落ち着いて、まず、自分たちがどういうステップを踏んで仕事をしているのか、まとめ直すことにした。流れを描いてみて、何を残すべきか、どう仕事を進めるべきか考えてみることにした。

■>●

西方の解説● スクラムマスターの撤収と、バリューストリームマッピング

というわけで、私の伴走はここまでや。江島くんのチームは、新たな一歩を踏み出すことになった。私からは最後に、スクラムマスターとは何なのかということと、バリューストリームマッピングについて解説しておこう。きっと江島くんたちも、自分たちの仕事のやり方を見直すための手段としてバリューストリームマッピングのやり方が必要になるやろう。これは私からの置き土産や。

スクラムマスターは役割

スクラムマスターは、役職でも専任でもなく、単なる役割ということを忘れてはならない。ここで改めて、スクラムマスターの役割を確認しておこう。

- □チームにスクラムの理論、プラクティス、ルールを守ってもらうようにする
- □スクラムチームの外部の人たちに、プロダクトやチームについて理解してもらう
- □プロダクトオーナーや開発チームの活動を支援、コーチングする
- □プロダクトバックログの価値を最大化させるためのコミュニケーションの方法や、効果的なプロダクトバックログ管理法を伝える
- □スクラムイベントをファシリテートする
- □チームを観察し、チームの自己組織化を後押しする
- □進捗を妨げるものを排除しながら、スクラムチームがつくり出す価値を最大化する
- □チームを元気づける
- □奉仕や支援を通じて、メンバーが主体的に行動するよう促すサーバントリーダーシップを発揮する

これを見て、どう思うだろうか。チームとして「まったくできそうにない」ことはあるだろうか？ 確かに、チームが立ち上がった当初はスクラムマスターが担う部分が大きいだろう。しかし、チームとして成長してきたら、やがてスクラムマスターはいらなくなるときが来るはずだ。いや、いらなくなるように仕向けなくてはいけないのだ。それがどのくらいの期間必要なのかは、チーム

や開発しているプロダクトによるのだけど、チームの成長とともに、スクラムマスターの役割は他のメンバーでもできるようになるのが望ましい。

江島くんのチームも、これまでのスプリントの中でスクラムマスターの振る舞いを学んできているはずだ。いつまでもスクラムマスターのサーバントリーダーシップに頼っていてはいけない。スクラムには一人のヒーローはいらない。ヒーローは、チームなんだ。

バリューストリームマッピング

最後にバリューストリームマッピングとは何かを伝えておこう。バリューストリームマッピングは、プロダクトの価値がお客様の手に渡るまでの仕事の流れを見える化するためのプラクティスだ。流れの中で、付加価値が生まれ、プロダクトが滞りなく実現に向けて動いていけるのかを確認する。滞っている箇所が確認されたら、流れをよくするためにカイゼンに取りかかる。

バリューストリームマッピングは、プロセスをカイゼンするためのツールとしてだけではなく、実はコミュニケーションツールでもある。マッピングを通じて、モノと情報の流れを理解し、自分たちの仕事の現状をプロダクトのプロセスに関わる全員で共有し、問題解決のための議論を行う。プロダクトが完成するまでフローの中から、ムダや手戻り作業を発見し、カイゼン案を導き出し、待ち時間を削減させ、より効率よく、かつ効果的な仕事にすることを目指す。

リードタイムとプロセスタイムの違い

バリューストリームマッピングで注意すべき点は、局所最適化になってしまわないようにすることだ。**「プロセスタイム」**を短くすることにのみ集中しても、価値を生み出す流れ全体の**「リードタイム」**の削減には効果が薄い場合がある。

- □**プロセスタイム**：事実上そのプロセスを実行している作業時間
- □**リードタイム**：プロセスが次のプロセスに移行するまでの所要時間

個々人の立場での、ある特定のプロセスカイゼンだけでなく、チーム活動全体を俯瞰しての、立場を横断したワークフローのカイゼンに手をつけられるのが、バリューストリームマッピングの強みである。

もう少し、リードタイムとプロセスタイムの違いについて理解を深めておこう。病院の例をイメージすると理解しやすい。

例えば、朝一番の8:30に診察券を受付に出すとしよう。すでに他の患者さんも待っているので、自分の診察の順番が来たのは1時間半後の10:00。受診して診察室を出てきたのが10:05で、診察を受けたのはほんの5分。診療費を払い、処方箋を受け取って病院を出たのが10:32。この病院内のフローである病院プロセスにおいて、リードタイムとプロセスタイムを整理すると、以下のとおりだ。

①**病院内LT**：2時間2分(診察券を出してから、診療費精算と処方箋受け取りまで)
②**病院内PT**：8分(受付で診察券投入時間＋診察時間＋診療費の精算と処方箋受け取り時間)
③**病院内待ち時間**：1時間54分(病院内LT－病院内PT)
④**実際の診療時間**：5分
※LTはリードタイム、PTはプロセスタイム

図2-14｜通院時のプロセスタイムとリードタイムの例

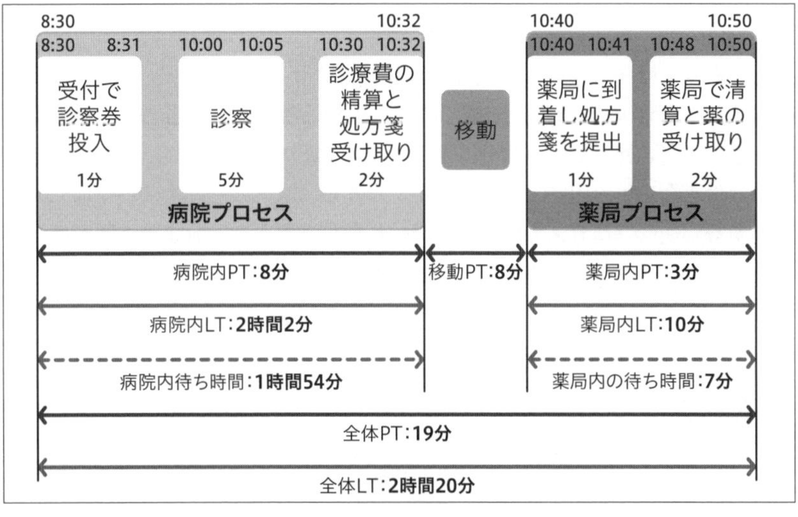

このような場合、診察時間だけに焦点を絞って時間短縮しようとしても限界がある。うまくいったとして5分が4分に削減される程度だからだ。それよりも、待ち時間を削減したほうが顧客満足度は向上する。つまり、病院内全体のリードタイム2時間2分に手をつけて削減するほうが効果は大きい。

診察を担う医師一人の力では、ワークフロー全体のリードタイムを削減する「全体最適化」を実現するのは難しい。病院全体でのワークフローを見直す必要があるからだ。受付、診察室の数、予約システムなど、全体を俯瞰した上で解

決策を実施していかないと、顧客が体感する病院内の待ち時間は削減されない。

バリューストリームマップの表記法

バリューストリームマップの表記法は、下記のとおりだ。

□**プロセス名**：プロセスの名称
□**アーキテクチャ**：そのプロセスの技術的アーキテクチャ
□**担当や役割と人数**：複数人の場合はその人数、明確な担当がいるのであれば担当者名
□**リードタイム**：プロセスが次のプロセスに移行するまでの所要時間
□**プロセスタイム**：事実上そのプロセスを実行している作業時間
□**待ち時間**：リードタイム－プロセスタイム＝待ち時間(算出可能なので書かなくても可)
□**ハンズオフ**：次工程が同じ担当か別の担当者かで、線を実線か点線で描き分ける

記載する順序は、顧客を起点に現状のプロセスをバックワード(後ろから前方へ)で行う。なぜ後ろから書くのだろうか。私たちの仕事とは、顧客に価値を届けることだ。顧客が価値を感じられる最終成果物を届けることであって、中間生成物を生み出すことではない。だから、顧客から始めて、プロセスを整理する。逆にプロセスの開始から記載してしまうと、これまでの固定観念に影響されて、ムダなものまで包含された流れになってしまいかねない。

図2-15｜バリューストリームマップの表記法

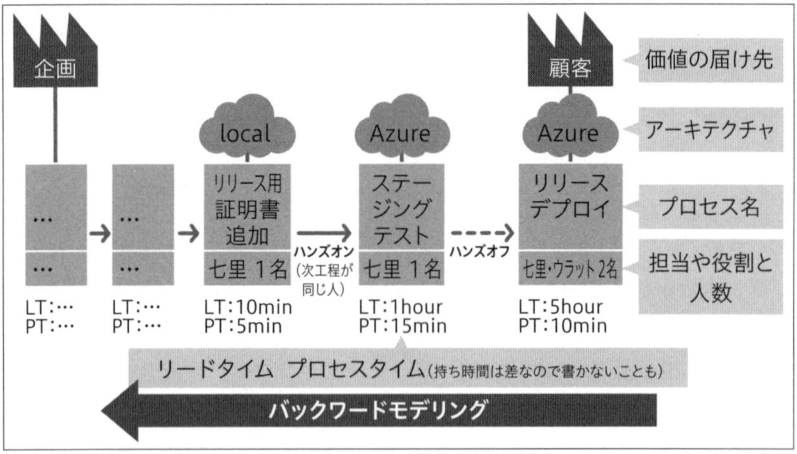

バリューストリームマッピングの作成手順

次は、バリューストリームマッピングをつくる手順だ。

①プロセスのラフ図作成、ディスカッション
②アーキテクチャのラフ図作成、ディスカッション
③バリューストリームマップを記述（バックワードで）
④手戻りプロセスと手戻り割合の記載
⑤全体リードタイムとプロセスタイムの計算
⑥抜け漏れプロセスの確認
⑦ムダやボトルネックに印をつける
⑧実施するカイゼン案の検討
⑨カイゼン案の優先順位づけ
⑩カイゼン案のアクションプランの策定
⑪カイゼン案の実施
⑫カイゼン案の検証、削減リードタイムの計測

いきなりバリューストリームマップを書こうとしても、結構難しい。脳内整理のため、プロダクトオーナーや開発している現場のメンバーと共に、①プロセスや②アーキテクチャのラフ図を作成しながらディスカッションして、フローを洗い出そう。

図2-16｜①プロセスのラフ図、②アーキテクチャのラフ図の実物例

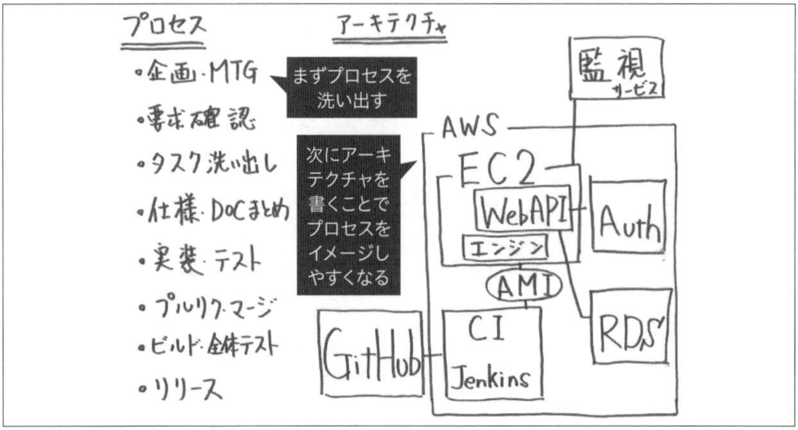

①と②で洗い出したものは単なるメモだ。メモを活用しながら、③バリューストリームマップをバックワードに記載していく。④手戻りが発生している箇

所にその手戻り率を記載する。例えば、あるプロセス間で平均して10回中3回は手戻りが発生しているのであれば30パーセントの手戻り率となる。次は、⑤大まかな工程に分けて、プロセスタイムとリードタイムの合計をそれぞれ計算する。その結果から全体のプロセスタイムとリードタイムを出そう。

図2-17｜バリューストリームマップの全体像の実物例

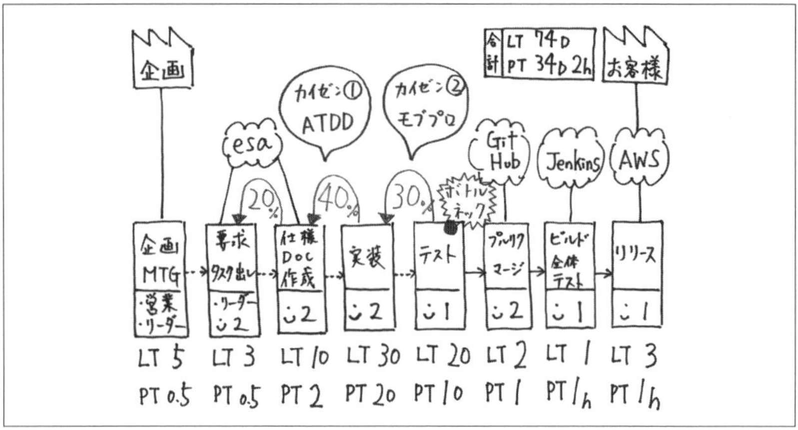

そして、⑥プロセスに抜け漏れがないかをみんなで確認する。他人の目線を借りることで、忘れているプロセスを発見するのだ。

その後、⑦全体を俯瞰しながらリードタイムのカイゼンに大きな効果が出そうなプロセスに印をつける。バックワードで書くことによるメリットがここで発揮される。もし何か問題があれば、バックワードで書いている最中に違和感が出てくるのだ。開始から書いていくとプロセスを付け足すことになるので、前工程が当たり前となり、気づきが少ないのだ。たとえて言うなら、逆算により計算ミスを発見するような感覚だ。後ろから書くことによって発見される違和感は、カイゼンの兆候になるので大事にしよう。

これらを踏まえて、⑧カイゼン案のアイデアを考える。それから、⑨出てきたカイゼン案に優先順位づけして、⑩カイゼン案のアクションプランを策定し、⑪日々実施していく。一定期間が経ったら、⑫カイゼン案のリードタイム削減効果を確認しよう。

なお、リードタイムという定量的なものだけではなく、より楽に、より安全になったかという定性的な評価指標も用いよう。カイゼンが負担になってしまっては、持続可能なペースでのカイゼンマインドは根付かない。

短期的な一過性のカイゼンでは、すぐに昔の状態に引き戻されてしまう。長期的な視点も同時に持って臨みたい。

ムダを発見してカイゼン

リードタイムを減らすポイント

バリューストリームマッピングでプロセスが俯瞰できたとしても、どこをカイゼンすれば良いか、最初は悩むと思う。リードタイムを減らすためのポイントを伝授しよう。

ポイント①：待ち時間が長く、ボトルネックとなっているプロセス付近

待ち時間の単位が「分」のような箇所をカイゼンするより、「週」や「日」という単位に着目したほうが、リードタイムは一気に短くなる。

ポイント②：手戻りが発生していて、その割合が高いプロセス付近

手戻りをゼロに近づけていこう。さらにいえば、手戻りが一切発生しない対策を講じよう。つまり一直線に進むように直行性を上げる作戦をとり、プロセス自体を入れ替えるのだ。

例えば、プロセスの最終段階でテストをすると、不具合があったときにその間のプロセスがすべて手戻りになってしまう。すると当然、その間のプロセスを再度実施し直すことになる。面倒くさいし、プロセスのムダだ。

これを解決する方法の例がTDD（テスト駆動開発）だ。テストを先に書いて、プロセスの手戻りをなくすのだ。手戻りがなくなれば一直線にスムーズにプロセスが流れてムダを削減できる。

ポイント③：不安な作業やいつも心配しながら作業しているプロセス付近

日頃、不安に感じている作業に着目しよう。カイゼンを実施していく際、小さな成功体験を積むことがカイゼンマインドの醸成に役立つ。小さな成功体験が精神的な余裕を生んでいくからだ。カイゼンした結果、精神的な負荷が減ると、生産性に良い影響をもたらす。集中できる時間が増えるためだ。チームのムードもどんどん良くなっていくはずだ。

問題発見が難しいと感じるなら、まずはファクト（事実）を把握する目的で、プロセスタイムやリードタイム、手戻り頻度を計測し統計データを集めることから始めても良いだろう。

最後に、真面目な人であればあるほど陥りがちな注意点も指摘しておこう。

バリューストリームマップを初めて書くに際に陥りがちなのが、誰かに仕事を覚えてもらうための「手順書を書く」のと同じになってしまうことだ。バリューストリームマッピングは、手順書とは考え方が大きく異なる。手順の可視化ではなく、カイゼン点を見つけるために書いているのだ。数カ月もかけて手順書のようにつくるのではなく、ラフでも良いので短時間で全体像を書いてリードタイム削減のカイゼンを実施していこう。

また、バリューストリームマップを書くこと自体が楽しくなりすぎるのも危険だ。楽しくやるのは悪いことではないが、完璧なフローを表現したい誘惑に負けてはいけない。完璧なものを記載してしまうと、人の気持ちとして書き換えたくなくなるものだ。カイゼンの手を伸ばしにくくなってしまう。

それから、カイゼンが進むと、バリューストリームマップ上のボトルネックはこれまで問題だった箇所から移動し始める。別のところがボトルネックになるのだ。

ボトルネックが変わり、それに対するカイゼンを繰り返していると、プロセス内やプロセス間で見落としていたムダもたくさん表出されてくる。プロセス内のムダを検討する過程で、プロセスを分解し、詳細化しなくてはいけないタイミングがくるはずだ。バリューストリームマップがどんどん変わっていく性質のものだとすると、表現の完璧さを目指すよりも、カイゼンして待ち時間やリードタイムが削減されていくことを楽しもう。

さて、そろそろ私の話はお開きにしようか。私からはもうたいていのことを伝えた。後は、江島くんとチームが、自分たちが正しいと思う方向へ試行錯誤しながら進んでくれたら良い。それでは。またな！

Column

ECRS

バリューストリームマップでムダなプロセスをカイゼンしていくときに、どこから手をつけていけば良いか迷うこともあるでしょう。IT業界だけでなく、様々な業種・業界に広く活用されている業務改善の方法論が役立ちます。ECRSです。ECRSは、Eliminate（排除）、Combine（結合）、Rearrange（交換）、Simplify（簡素化）の英語の頭文字を取ったものです。

①**Eliminate（排除）**：必要な業務・プロセスなのか見極める。形骸化していないか？
②**Combine（結合）**：待ち時間のムダや過剰な作業分担がムダを発生させていないか？
③**Rearrange（交換）**：順番を変更することで中間生成物ややりとりを

削減できないか？
④**Simplify（簡素化）**：複雑なタスクは本当に価値を生成しているのか？単純化できないか？

①効率性を上げる努力をする前に、プロセスそのものを削減できれば、かなりのインパクトがあるカイゼン策になります。②類似の作業がある場合、集中化、結合して全体の待ち時間を減らしましょう。③順序を入れ替えても問題のないプロセスがあるかもしれません。作業担当者を入れ替える視点も持ちましょう。④複雑すぎるプロセスやタスクがあれば、価値を届けるために必須なのか、形骸化しているだけなのかも検討してください。知恵をフル活用してプロセスを見直し、ユーザーの手元に価値が届くまでの時間を削減しましょう。

ECRSを活用すれば、付加価値を生み出しやすいスムーズなプロセスの流れをつくっていくことができます。（新井 剛）

●〉■

ストーリー ■ 僕たちが考えた最強のカンバン

僕たちのチームで、バリューストリームマップを書き出したのは初めてのことだった。書き出してみると、かなりのステップになった。ムダなことをしているつもりはないが、一つのプロダクトバックログアイテムが生み出されて、デプロイされるまでの間に相当な時間を要しているのは明白だった。

今まで、ベロシティしか見てこなかったから、一つひとつのプロダクトバックログアイテムがどのくらいの時間で片づけられていたか、実感を持てていなかったのだ。各プロダクトバックログアイテムが本当のところ、どのくらいの期間で完了できているのか。この時間も計測すれば、自分たちがどんなボトルネックを抱えているのかに気づけるかもしれない。

蔵屋敷さんが言っていた「遅い」とはこのことなのだろうか。すでに、蔵屋敷さんはプロダクトバックログアイテムのリードタイムを測っていて、ずいぶん前から気づいていたのかもしれない。

各プロダクトバックログアイテムのリードタイムを計測するためには、プロダクトバックログアイテムがワークフローのどこに存在しているかを把握し、完成まで追い続ける必要があるだろう。そのためには、タスクボードのステージをもっと細かくして、ワークフローのプロセス単位でステージを表現する必要があるだろう。

自分たちのワークフローを表現したボードがあれば、どのプロダクトバックログアイテムが今どこにあるのか、そして、滞留しているのかどうかを誰でも把握できるようになる。

そう、僕は**カンバン**にたどり着いたのだった。カンバンというやり方について、存在は知っているがやったことはない。さっそく、七里に自分の考えを伝えて、フィードバックをもらうことにした。

「そんなことしたら、そのボードとてつもなく長くなりますよ。運用できるのかな……」

それはそうだろう。タスクボードと違って、ステージの数は何倍にもなる。この終盤にきて初めての取り組みなので、やりきれるのか、七里にも、そして僕にも自信はない。

煮え切らない雰囲気の中、七里が新たな疑問を口にした。

「スクラムイベントは何を残します？」

「実は、全部残るんじゃないかなと思ってる」

「え？」

七里は理解できない様子だった。しかし、考えてみると、カンバンに移行したとしても、取りかかるべきプロダクトバックログを整えるのにスプリントプランニングは必要なのだ。この2週間でこのチームで、何をやりきらないといけないのか、ひとまず洗い出す必要はある。その上で、日々出てくる新手のやるべきことを、カンバン上の一時的に置いておくためのステージに挙げておく。ここに何が挙がったのか、チームでの同期はデイリーで行う。つまり、デイリースクラムをなくす必要もない。

「開発が終わったプロダクトバックログアイテムは、プロダクトオーナーが引き受ける『受け入れ』ステージに移して、適宜確認してもらえば良いんですよね。スプリントレビューはいらなくありませんか」

「うん、そうなんだけど、プロダクトオーナーだけで確認ができるわけではないから、プログラマーも交えることになる。そうすると結局、ある程度まとめることになると思うんだ。ただし、2週間に1回だと、今と変わらないから、もっと頻繁にデモ会を実施することになるかな」

七里も納得したようだった。

■〉●

江島の解説● タスクボードからカンバンに

西方さんがいなくなってしまったので、ここからの解説は僕、江島が務めることにしますね。今回は、カンバンについて。

僕たちは、自分たちのワークフローを表現するボードを用意しました。各プロダクトバックログアイテムが現在どのプロセスで作業中で、どのように流れていくかを見えるようにするためなんです。

リリースまでを終え、運用と機能開発が同時進行するような状況ではカンバンがさらに力を発揮してくれます。生まれてから、その締め切りまでの時間が極めて短い運用課題や機能改修が、多くなってくるからです(運用上すぐにやらないといけないものが増える)。また、そんな小さなものがいくつもあって、それでいて一つひとつの状態を管理しなければならないから有用なんです。

図2-18｜カンバンの例

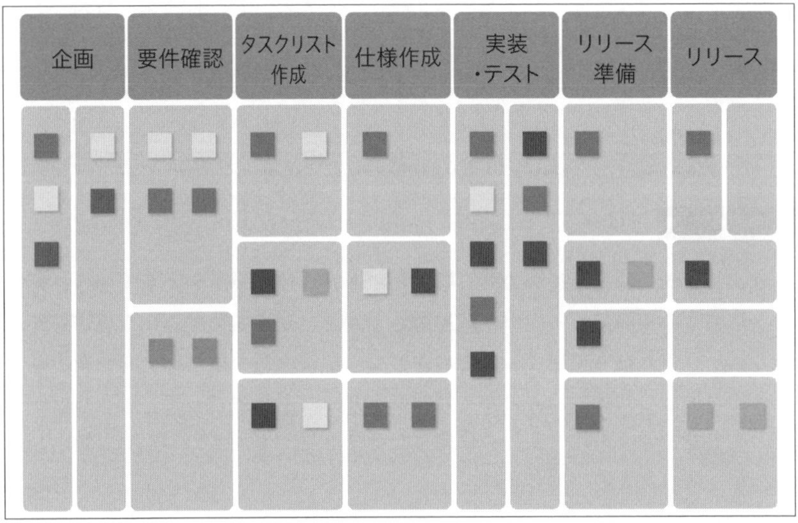

カンバンのステージ(列)づくりは、今やっていることを目に見えるようにすることから始まります。前の話で出てきたバリューストリームマップが役に立ちますね。マップのプロセスをステージに利用してしまいます。

仕事の流れに注目するのがカンバンといえます。たくさんの開発するべき機能が、あるステージでつっかえていて、流れが滞っていたり、やり忘れや手戻りがあったら、それは何かのボトルネックが起きているサインなんです。

スクラムでベロシティを計測したように、カンバンでも計測することは重要です。以下の二つを計測します。

①カンバンで着手Ready状態となったプロダクトバックログアイテムが完了するまでの期間を記録する
②定期的に完成したプロダクトバックログアイテムの数を数える

カンバン上を流れていくプロダクトバックログアイテムを常に把握し、スタートからエンドまでどれくらいの期間がかかったのか、どれくらいの数をこなせたのかを記録していきます。

カンバンを使うと、自分たちの仕事のスピードを可視化し、体感できるようになります。開発・運用の作業がスムーズに流れているか、どこで滞っているかが一目瞭然になるからなんです。

また、これらの数値を計測すれば、ムダ取りやフローのカイゼンのためのインプット情報にもなります。

バリューストリームマップもカンバンも全体を俯瞰して見られるから、カイゼンができるんです。前工程・次工程にいる人と、ただ作業の投げ合いをしているのではなく、仕事の全体を捉えることで、ユーザーに価値をいち早く届けるためにはどうすれば良いのかということに関心を移せるんですね。

●〉■

ストーリー ■ リリース!

カンバンへの移行は思いの外、順調にできた。ウラットさんや土橋さんは最初はなじめない雰囲気だったが、蔵屋敷さんがとにかく始めてみようと声をかけて、そのフォローも買って出てくれたおかげで、混乱を最小限に抑えられた。リリースまでの最後の期間は、とにかく無我夢中だった。正直言って、カンバンがどうだ、こうだという前にリリースに向けたラストワンマイルにみんなが集中した結果、乗り切れたという感じだ。

4カ月。実にいろんなことがあったこの期間を経て、とうとうリリースする日を僕たちは迎えることができた。ウラットさんが用意していた小さな小さなくす玉を天井からぶら下げる。本当に小さいけれども、僕たちはこれ以上にないくらい誇らしい気持ちだった。

「蔵屋敷さん、引いてください」

七里が蔵屋敷さんに声をかけたが、苦笑いして答えた。

「最後まで言わせるなよ。このチームのリーダーは、江島だ。江島に引いてもらおう」

蔵屋敷さんに促されて、僕はくす玉の下に立った。周りを見渡すと、いつものみんながいる。七里、ウラットさん、土橋さん、浜須賀くん。そして、蔵屋敷さん。

僕はくす玉から出ている糸に手をかけて、思いっきり引っ張った。大きくはないけど、フロアに響き渡る爆発音。フロアにいる人たちも、なんだなんだとこちらの様子をうかがい始める。

くす玉から出てきた大量の紙吹雪を頭から被って、よく顔が見えなくなってしまった僕。

「ウラットさん……紙吹雪仕込みすぎだよ」

取り囲むみんなが、笑っている。僕もみんなの様子を見て、弾けるように笑った。

実はカンバンが威力を発揮したのは、リリースしてからだった。プロジェクトとしては完了ということになったのだけど、リリースして終わるわけではない。むしろプロダクトとしては、それからがスタートといえて、実際にはその後運用や機能開発も続いていく。

リリース直後はバグを中心にプロダクトも安定していないので、やるべきことの優先順位も頻繁に変わる。タイムボックス中心で進めるより、カンバンで各プロダクトバックログアイテムを捉えたほうが現実的だった。

プロダクトバックログアイテムのリードタイムを取るようになって、ふりかえりでカイゼンを考える観点も増えた。蔵屋敷さんが懸念したとおり、プロダクトバックログアイテム単位で見ると、ひどく時間がかかっているものがある。例えば、プロダクトオーナーの土橋さんに判断がつかない仕様策定については、品質管理部に問い合わせる必要があり、この回答にたいてい時間がかかっていた。この手の、いったんチームからボールが外部に渡るケースは、その後のトレースが弱くなり、放ったらかしになっていることもあった。

こういったプロダクトバックログアイテムのリードタイムをカイゼンするために、土橋さんが動いたり、蔵屋敷さんが動いたりする。そう、たいてい手の打ちようはあるので、問題は、こうしたプロダクトバックログアイテムの状態が見える化されていなかったことにあるといえる。蔵屋敷さんもカンバンの効果に満足しているようだった。

チームは、リリース後すぐに解散させられるんじゃないかと気にかかっていたのだけど、運用保守のためにしばらく継続することになった。今回の新たな開発プロセスの取り組みをかなり会社のほうで評価してくれたらしい。浜須賀くんの面倒を引き受けたのも社内的には意味があったはずだ。

運用保守がリリースから2カ月続いたところで、僕らのチームはいよいよ解散することになった。スタートから実に、半年が経過していた。僕たちは、チームとして最後のミーティングを行うことにした。

第19話 EPISODE 19

チームの解散

ストーリー ■ プロジェクトの終了

プロジェクト全体を振り返り、出来事と学びを棚卸し、僕たちのチームは解散することになった。プロダクトの運用保守は、品質管理部に移管される。土橋さんも、プロダクトと共に品質管理部に戻る、という形を取ることになった。

運用保守メンバーとして、ウラットさんも同じく品質管理部に配属されることになった。ウラットさんは、このプロジェクト期間中に社歴が2年目になったのだけど、他の2年目と比べて明らかにたくましいプログラマーに成長していた。

それもそうだろう。七里や僕、蔵屋敷さんといった変わった面々に毎日囲まれて、スクラムだのカンバンだのやってきたんだ。社内のいわゆる普通のプロジェクトだけをやってきた人に比べれば、自分で考えて自分で動くということが格段に身についている。

土橋さんとウラットさんは、その後品質管理部に定着し、このプロダクトの拡張に携わり続けることになる。

一方、七里はこの開発を終えると、会社を辞め転職してしまった。プロジェクト管理ツールを開発、販売している事業会社に移っていった。今回スクラムでプロダクトをつくるということをやって、その方向でどっぷりやっていきたいということに気づいたらしい。

当初は、七里の生意気な態度が我慢ならなくて、ずいぶん言い争いもしたけども、終盤になるに従って、僕にとっては、思いがけないフィードバックをくれるサブリーダーのような存在になっていた。彼との別れは一抹の寂しさを感じたけども、この世界でやっている限りは、またきっと会うこともある。実際、七里とはすぐに社外のイベントで顔を合わせることになった。

さて、僕と蔵屋敷さんは、初めて出会ったときの部署であるSI事業部に戻されることになった。社内プロダクト開発で培ったスクラムやカンバンのやり方をSI事業部にも展開して欲しいということだった。浜須賀くんも、元いた自分の部署へと戻っていった。

最後のミーティングでは、西方さんのことはほとんど話題に上らなかった。みんな、西方さんと蔵屋敷さんが衝突した事件に触れようとしなかった。僕は、あの衝突はガチンコだったんじゃないかと思っている。

むしろ、あの局面で、どういう方向へ進むのか検証することが、今回の蔵屋敷さんの目的だったんじゃないのか。十分に練度の高まったチームがいて、リリースを控えたプロダクトがある、そのとき開発のやり方はスクラムなのか、カンバンなのか、それとも他の何かなのか。何がより良い選択なのか。蔵屋敷さんが言ったからやるとかではなく、必然的にどこにたどり着くのか見たかったんだと思う。

僕の選択が蔵屋敷さんの仮説と一致していたかはわからないが、僕自身にとってはどっちでも良いことだった。僕は、僕なりの考えでやったのだから。

■〉●

江島の解説● ポストモーテム

チームの解散時に僕たちは「ポストモーテム」を行いました。ポストモーテムとは、プロジェクトの終了後、プロジェクトを振り返って行う「事後検証」のことです。その検証結果から得られた学びを他のプロジェクトに活用できるようにすることが目的なんです。

ポストモーテムの場が、問題を追求する犯人探しのように、堅苦しく、気軽に発言ができないようでは、当たり障りのないきれいごとの羅列で終わってしまい、時間のムダになってしまうでしょう。

ポストモーテムのやり方についてまとめます。

＜場の設定に関するポイント＞

□時間厳守・タイムボックス厳守
□ゆとりある開催時間(最低でも1時間)
□全員参加
□時間を割いてくれたことに感謝
□集まった目的の共有
□本日のゴールを明確化させる
□最後に全員で写真を撮る(最後の姿を記念撮影！)

＜ルールに関するポイント＞

□人事評価には関係ないということを宣言する
□気軽で自由な発言の場にする
□初めに自分たちでグランドルールを3つくらいつくる

<議論に関するポイント>

□抽象論の場合、具体的な内容を語るようにする
□各自の見方は異なるので、事実を集め、解決すべき課題を見つける
□事実なのか、意見・解釈なのかを分ける
□ポジティブな問題解決に導く
□全員で決めたことに意義がある。リーダーのものでもファシリテーターのものでもない
□次のプロジェクトの糧にする。メンバー各自のTry事項をつくる

<ファシリテーターとして気をつけるべきポイント>

□個人攻撃や誹謗中傷が出てきそうになったら、個人ではなく問題を対象に議論するように促す
□考えを代弁せずにメンバーが発言のために思い出す時間を耐える

タイムラインふりかえり

さて、運営の考え方やルールはこれで良いとして、具体的にはどのように進めれば良いのか。お勧めはまず「タイムラインふりかえり」を行うことです。

図2-19｜タイムラインふりかえり

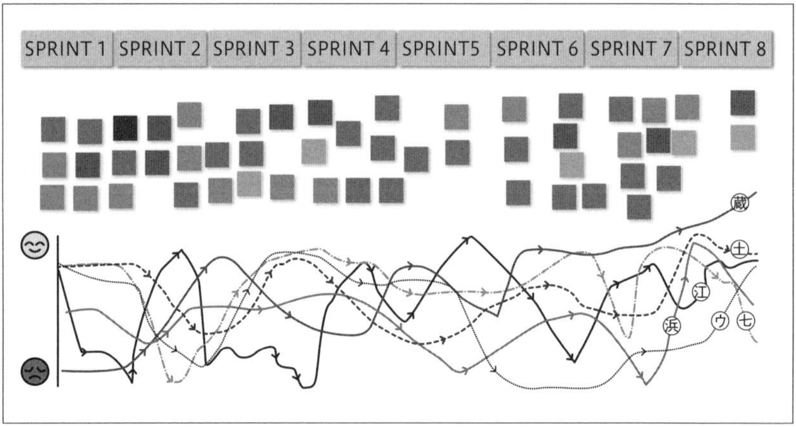

図のような年表をみんなでつくるんです。ホワイトボードや模造紙に、プロジェクトの開始から終了までの出来事を時間軸上に置いていきます。

まず、ホワイトボードの上部に1本線を横に引いてスプリント番号や日付をざっくり記載します。後はメンバーで思い出しながら、そのときに発生した事

件や問題などの事実を付箋紙に書いて、貼り付けていく。チームにとって重要なことだけでなく、個々人にとって意味のあるものも貼り出します。

次に、みんなが出したボードの下のほうに、自身の感情の起伏やモチベーションの起伏をグラフとして書き出してみます。問題や事件、イベントと、各々の感情やモチベーションの起伏の因果関係から、プロジェクトのドライブがかかった瞬間やターニングポイントがどこだったか気づけるようになります。

最後に、次のプロジェクトで、この経験をどう活用するか、それぞれのメンバーに考えてもらいましょう。考える時間は15分以上、たっぷり取ってくださいね。焦らせてもしょうがないですから。そして、各々の表明を付箋紙に書いて貼っていきましょう。自らの考えを整理して言語化し、明文化し、表出することが重要なんです。これまで見てきた様々なプラクティスと同様に、見える化がカイゼンへの第一歩となるのですから。

江島の解説● 感謝のアクティビティ

プロジェクトの終わりには、ポストモーテムとは別に、メンバー同士で感謝を贈り合うイベントを企画します。これを感謝のアクティビティといいます。

ゆとりがなかった時期は、特にチーム内で意見が対立し、ぶつかったこともあったでしょう。でも、それってそれぞれが、どうすればもっと良いプロダクトになるか、どうすればプロジェクトがうまくいくか真剣に考えているからこそのぶつかりなんですよね。最後に、やりぬいたお互いへの気持ちを文字として残し、同時に言葉として伝え合いましょう。

図2-20｜メッセージカードの例

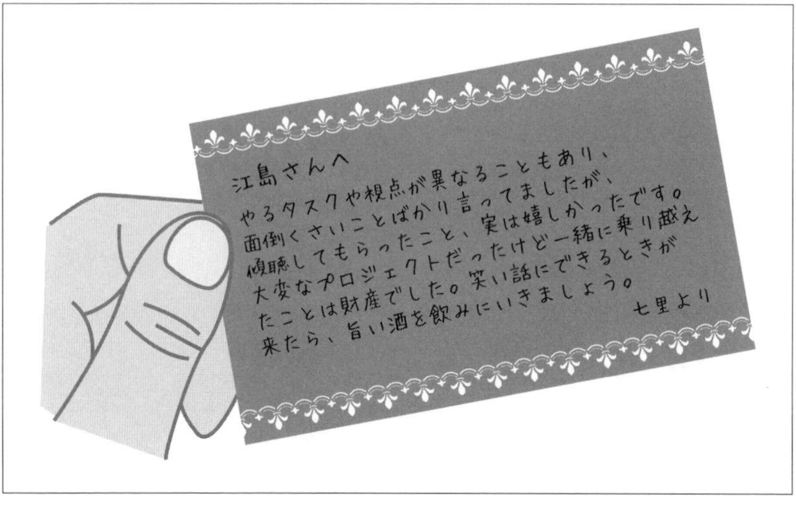

＜運営ポイント＞

□十分な時間を割く（1時間以上）
□付箋紙ではなく、はがきよりふた周りくらい小さいメッセージカードを使う
□字がきれい汚いは個人差が出るが丁寧に書くことを心がける
□感情面・抽象度の高いことでも良しとする
□具体的な出来事があればそれを書く

＜手順＞

①このアクティビティの目的を伝える
②Aさんについて感謝の念を言語化する時間
　Bさんについて感謝の念を言語化する時間
　　…
　　…
　Nさんについて感謝の念を言語化する時間
　（この間、書いていることはなるべく言葉に発しない）
　（誰かの意見に左右されないようにする）
③全員からAさんへ感謝のカードを渡す
　全員からBさんへ感謝のカードを渡す
　　…
　　…
　全員からNさんへ感謝のカードを渡す
　（このとき、一人ずつカードを読み上げながら感謝を伝える）
④もらったカードをそれぞれが咀嚼（そしゃく）しじっくり読む
⑤もらったカードに関する感想を一人ずつ手短に返す

面と向かって、感謝を伝え合うのは少し恥ずかしいかもしれませんが、コミュニケーションが重要なことは誰しもが認識しているはずです。ちゃんと心の内面に向き合いましょう。そして最後は全員でハイタッチです。絶対に盛り上がりますから。

Column

タックマンモデル

チームの混乱やトラブルを乗り越え、様々な変遷を経てチームもメンバーも大きく成長します。組織づくりやチームビルディングをする際に、

チームの成長過程を知っておくことで、リーダーとしての振る舞い方を考えるきっかけになる概念を紹介します。タックマンモデルです。

タックマンモデルとは、心理学者のブルース・タックマン氏が提唱した組織づくりにおける発展段階のモデルで、4段階構造になっています。人が集められたからといって、すぐに成果を上げられるチームにはなりません。また、自分の意見を言うことがはばかれるようなチームでは、機能期までの旅路は遠いですね。チームビルディングを通して信頼関係を築き、混乱や意見の対立などを乗り越えて、協働するチームへと成長させましょう。

①**形成期（Forming）**：組織としてメンバーが集められ、目標などを模索しながら関係性を築いていく時期
②**混乱期（Storming）**：組織の目標やあり方で、メンバーの考え方の枠組みや感情がぶつかり合う時期
③**統一期（Norming）**：目的や期待が合い、共通の規範や役割分担ができあがり協調が生まれる時期
④**機能期（Performing）**：チームとして成熟して一体感が生まれ、機能し、成果を出していく時期

（新井 剛）

図2-21｜タックマンモデル

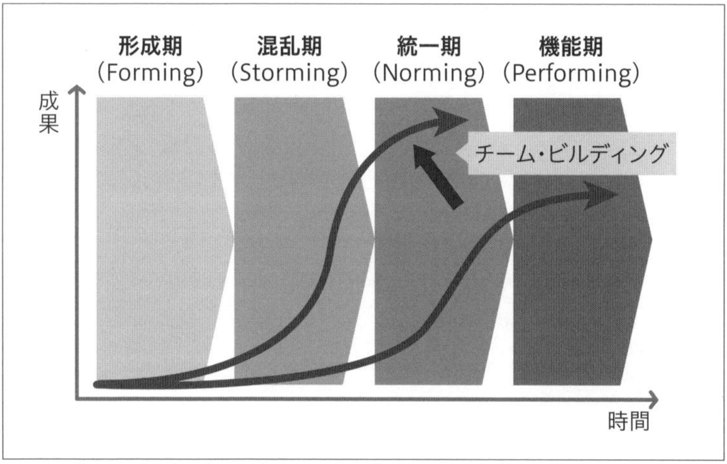

引用元：『チーム・ビルディング―人と人を「つなぐ」技法（ファシリテーション・スキルズ）』（堀公俊、加藤彰、加留部貴行著／日本経済新聞出版社 p.25）

●〉■

ストーリー ■ 次のジャーニーへ

みんなからもらった感謝のカードを眺めていると、たくさんの出来事が走馬灯のように頭の中で流れた。その中で一つ、蔵屋敷さんから以前もらった言葉を思い出した。

それは、かつて蔵屋敷さんと再会したときにかけられた「こんなんでは、ダメだぞ」という言葉だった。社内の勉強会イベントを成功させて、のぼせていた僕を一瞬にして凍りつかせた言葉。

ひと仕事終えたちょうど良いタイミングだと、蔵屋敷さんに問い直してみることにした。

「蔵屋敷さん、あれは、社内勉強会をして盛り上がっていたけど、チームで開発するということが全然進展していなかったことへの『こんなんではダメだぞ』だったんですよね？」

蔵屋敷さんは何も答えなかった。でも、どう見てもその表情から、答えは「まあな」だった。気難しいリーダーだ。

でも、僕はまた蔵屋敷さんと次に行けることにワクワクしていた、次はどんな挑戦になるんだろう。きっと、また、ただでは済まないだろう。

KAIZEN JOURNEY

第3部 みんなを巻き込む

第3部 ｜ 登場人物紹介

江島：物語の中の主人公。第3部の開始時点では、30歳手前になっている。蔵屋敷の代わりにリーダー代理を務める。第1部、第2部を経て、落ち着いた性格になってきている。一方で、開発へのパッションは変わらず、高い。第2部でプロダクトをローンチまで持っていったことで自信も持ち始めている。AnP社SI部門所属。

由比：江島よりひと周り年上。AnP社には中途入社。経験豊富なアーキテクトで、要件定義やモデリングも得意。やや垂れ目がちの顔立ちで一見優しそうだが、話し方は手厳しい。AnP社所属。

万福寺：ベテランプログラマー。いつも冷静で紳士的。礼儀正しいが、頑固な部分もある。坊主頭で巨漢。あだ名は和尚。フリーランスとして、江島のチームに加わる。

マイ・日坂：20代後半の女性プログラマー。幼少のころに渡米し数年前に帰国。やや小柄で明るい性格。たいていオーバーテンション。万福寺とコンビを組むことが多い、フリーランス。同じく江島のチームに参加。

浜須賀：まだ修行中の駆け出しプログラマー。コードに影響があることにはとても敏感。かなり几帳面で顔色がすぐ青くなる。AnP社所属、江島のチームに加わる。

長谷：テストについての知見が深く、粘り強い性格。あご髭がきれいに揃っている。江島はちょっと苦手。MIH社に常駐。AnP社所属、在庫管理チームのチームリーダー。

稲村：高圧的で自信に満ちている。MIH社をメインに担当する営業職。陽によく焼けていて休日のサーフィンがこの上ない楽しみ。開発者に煮え湯を飲まされた過去があり、開発者のことを目の敵にしている。AnP社営業部所属。

砂子：江島にとっては兄貴のような存在。MIH社の新プロジェクトでEC側のプロダクトオーナーを務める。明るく、他人を励まして物事を成し遂げようとするタイプだが、言葉はやや乱暴。株式会社MIH所属。

[次ページにつづく]

[登場人物紹介つづき]

矢沢：定年間近だが、まだまだ元気。MIH社の業務知識が豊富で、本質を見定める眼力は鋭い。江島も新人の頃しごかれた経験がある。株式会社MIH所属。在庫管理側の元プロダクトオーナー。

袖ヶ浦：優秀だが一切笑顔を見せない。目的のためなら人を否定し無視することもいとわない。複数のシステムのプロダクトオーナーを兼務することになる。MIH社所属。

音無：江島とほぼ同じ年齢の女性デザイナー。情報設計が専門でデザインにはこだわりがあり妥協しない。その一方で、開発チームとの仕事のやり方は試行錯誤している。デザイン制作会社所属。

谷戸：育成目的でプロジェクトを転々としている1年目のプログラマー。昔の江島のように先輩にも物怖じしない性格。AnP社所属。

小町：世の中の勉強会によく顔を出していて勉強熱心。極端に謙遜する性格。とあるソフトウェア開発会社の開発部長。

株式会社アチーブ・アンド・パートナーズ（AnP）：江島が所属する企業。メーカー向けのSI（システムインテグレーション）事業を中心としてきたが、ここ数年は、自社サービスの開発・提供に軸足を変えつつある。社員数は500名程度。通年採用者も多く、魅力ある企業文化として知れ渡っているが内状は残業の嵐。

株式会社MIH：インテリアをメイン事業としているメーカー。国内シェアは第3位。AnP社には、業務基幹系システムの開発を委託してきた。販売を強化するべく、第3部でBtoBのECサイト構築プロジェクトをスタートさせる。AnP社にとっては売上も大きく、重要なクライアントという位置づけ。

新しいリーダーと、期待マネジメント

ストーリー ■ 新しいリーダーがやってきた。

蔵屋敷さんとSIの部門に戻ってくると、次の仕事が待ち構えていた。僕が以前、運用保守を担当していたクライアントのMIH社の、新しいプロジェクトがちょうど立ち上がろうとしていたのだ。MIH社は、個人宅のインテリア(室内灯とか家具とか)を手がけている総合メーカーで、国内シェアは第3位。僕たちの会社のクライアントの中でも、規模がかなり大きいほうだ。

プロジェクトの内容は、よくあるBtoBのECサイトの構築。大型のインテリアではなく、電球とかカーテンとか小物の日用品、消耗品を扱う。メーカーとしてモノづくりに専念し、販売を代理店に委ねてきたMIH社としては、インターネットで自分たちで商品を売るというのは画期的な試みといえた。代理店経由ではなく、直接工務店や内装業者などの事業者に販売する。

当然のように注文や在庫を管理する基幹システムとの接続もあるので、システムの規模感は結構ある。「(自社プロダクト開発からSIへ戻る)リハビリだな」という蔵屋敷さんの言葉とは対象的に、僕はあまり気が抜けるプロジェクトではないと感じていた。

さっそく事件が起きたのは、チームが動き出して半月も経たない頃だった。リーダーを務めていた蔵屋敷さんが他のプロジェクトへ駆り出されてしまったのだ。どうも会社を挙げて受注した大型開発プロジェクトが炎上しかけているらしい。こうした手を打つのが早いのは、この会社の良いところだと思うが、こちらのプロダクト開発にとってはリーダーがいなくなるのだから、影響は大きい。

蔵屋敷さんも、もう少し何か言うことがあるかなと思ったら、別れ際の言葉はあっさりしたものだった。

「じゃあ、後は頼んだ。江島」

あっさりとはしているけども、きっと僕のことを信頼してくれているのだろう、と思いたい。蔵屋敷さんはしばらくは帰ってこられそうにないけれど、蔵屋敷さんがいつでも帰ってこられるように、こちらのプロダクトづくりをうまく進めておきたいと気持ちを新たにした。

蔵屋敷さんがいなくなって、しばらくは僕がチームリーダーの代行を務めることになった。会社としては、まだ年齢の若い僕に、大型プロジェクトの命運を任せることはできないらしい。ただ、リーダー不在というわけにはいかないから、何かと目立った活動をしている僕に、とりあえず代行を任せるということであった。たぶん、蔵屋敷さんもマネージャーに推薦していたのだと思う。

リーダーが変わったところで、やりようは大きくは変わらない。デイリースクラムから日々が始まる。1週間のスプリントをスプリントプランニングで計画。スプリントの終わりには、チーム、関係者で集まってスプリントレビューでデモを行う。デモにはクライアントも参加する。デモでのフィードバックを受けて、次のスプリントに向けたプロダクトバックログを整理する。そして、スプリントの終わりをふりかえりで締めくくる。

ファシリテートには、もう慣れている。社内向けのテストツールをつくっていたときも、今回のプロジェクトでも、蔵屋敷さんからチームイベントのファシリテートは任されてきた。チームのリズムは、もうでき始めているので、ここで定着させてしまいたい。

蔵屋敷さんの代わりを務め始めてから、4回のスプリントと4度目のふりかえりを終え、新しい体制にみんなも僕も慣れ始めた頃、また変化が起きた。新しいリーダーが突然やってきたのだ。

新しくリーダーに着任したのは、中途採用で1カ月前に入社した、由比さんという人だった。由比さんの前職は1万人以上の社員がいるSIerで、主にアーキテクトを務めていたということだった。由比さんは、僕より10歳も年上で、経験豊富。ここに来る直前は、ある銀行のFintech系サービス開発のシステム設計で腕を振るっていたらしい。僕はそんな経験豊富なアーキテクトと一緒に仕事ができることが楽しみだった。

リーダー代行の役目として、さっそく由比さんにこのチームの今のやり方を伝えたところ、眉をひそめられてしまった。

「江島さん、今このチームでは、プロダクトの要件定義がまだ終わっていないのではないですか。もちろん設計も。今の様子を見ると、とりあえずわかっているところから、コードを書き始めている感じがしますね。これは、だいぶまずい」

由比さんはやや垂れ目がちの優しい顔立ちの人なのだけども、話し方が突き放すような感じで厳しい。他のメンバーに、ちょっと怯えた雰囲気が広がった。僕はいつもと変わらない調子で、由比さんに言葉を返した。

「僕たちのチームは、スクラムで開発しています。要求はプロダクトバックログとして、まず最初のローンチに必要なもの、そしてその次くらいに必要そうなものを挙げています。設計は、全体のアーキテクチャを、プロジェクト開始時点でざっと決めて、後はスプリントごとにプロダクトバックログアイテムを開発する際に、みんなで検討していますね」

由比さんの眉間にいよいよ深い縦皺が刻まれた。

「必要そうなものって……。かなりアバウトですね。このままでは、今見えていない要件が後になって現れて、そのときに設計変更を迫られてしまう可能性がありますよ。かなりの手戻りになりますね」

由比さんは、それ以上僕が話すのを遮って、チームに宣言したのだった。

「みなさんのやり方を否定するつもりはありません。しかし、まずはしっかりとした要件定義を行いましょう。コードを書くのはそれからのほうが効率的です。次のスプリントは、要件定義を行います」

そう言い放つと、由比さんは要件定義のアウトプットとして必要なものを挙げていくのだった。ユースケース図、ユースケースシナリオ、クラス図、アクティビティ図、ER図、ロバストネス図……。

「ロバストネス図って何ですか？」

「やるときに教えます」

冷たい視線を一瞥くれると、由比さんがこちらに目を向けることはもうなかった。

というわけで、要件定義に突入して、チームはコードを書く手を止めることになった。さすがにこれまで数多くのプロジェクトをこなしてきただけあって、由比さんは丁寧に、詳細に要件定義のレクチャーを行ってくれたのだった。その内容は、初めてのことも多く、実際のところとても勉強になった。僕も含めチームのメンバーは、これまでそれぞれが必要に迫られたときに、見よう見まねでやりながら学んできたところがあったから、体系的に知識を得ること自体が新鮮だった。

ただし、その分、由比さんが考えていた以上にチームの歩みは遅く、要件定義は1回のスプリントではまったく終わらなかった。次のスプリント、また次のスプリント……。実に、3週間を過ぎても、由比さんが定義したアウトプットを完成させることはできなかった。むしろ、いったんスコープをできるだけ広く取って、要件の洗い出しをしたものだから、可能性を考えるなら「あれもこれも必要！」ということになって、いまや要件定義が終わる見込みはまったく立たなくなっていた。

さすがに、プロダクトオーナーを務めるクライアント側の担当者、砂子さんも心配になったらしい。

「江島くん、もうコードを書いていないスプリントが4つ目だよ。実に1カ月もだ」

砂子さんとは、別のシステムの運用保守を1年以上一緒にやっていたことがある仲だ。今回のプロジェクトにはプロダクトオーナーとしてアサインされている。砂子さんとは忌憚なく話ができた。

「そうですね……。ちょっとメンバーのフラストレーションもたまってきているみたいです」

「そりゃあ必要といわれれば、いくらでもプロダクトバックログを出すことはできるよ。でも、こんなことをしていて良いのかねえ」

僕も砂子さんに同感だった。

事件が起きたのは、由比さんが来てから5スプリント目に入ったときだった。クライアントとの定例会で、関係者の一人が、先日行われたクライアント側の事業検討会議の内容を展開してくれて、その内容に参加者一同の間で衝撃が走った。

販売対象を、事業者向けから一般家庭向けに変える。BtoBからBtoCへ転換するというのだ。請求書を基本とした掛売りから、クレジットカードを用いた即時決済へ変更。マイページなど個人客を意識した機能の充実を行う。

どうやら、ECを始めることについて代理店との折り合いがつかず、上層部で事業企画自体を見直したらしい。ECをやること自体は変わらないのだから機能の大幅な仕様変更は発生しないだろう、また、プロジェクトを開始してまだ2カ月ほどなので大きく方針を変えるなら今しかないだろう、という思惑が働いたらしい。だけど実際にはこの決定によって、今まで検討してきたプロダクトバックログのうち半分くらいが、塩漬けになることを意味した。

さすがに、由比さんも言葉を失ってしまった。チームは、これからどう進めていけば良いのか。ただでさえ進みが悪かったのに、この方針転換でさらに進捗は悪化するだろう。プロダクトオーナーの砂子さんの心配は頂点に達しているようだった。

こんなとき、蔵屋敷さんなら一体どうするだろう？ 西方さんは僕にどんなヒントをくれるだろう？ 僕は蔵屋敷さんと対決することになった事件のことを思い出した。あれは、変化するプロジェクトの方向性を捉え直そうとしなかったために招いた事態だった。

もう一つ、僕は自分の記憶をたどった。社内のプロダクト開発でプロダクトオーナーだった土橋さんと、役割の認識や振る舞いの期待が合っていなかったときに起きた衝突。今の由比さんとプロジェクトチームの関係も、あのときと同じなんじゃないだろうか。

僕は、自分で出した問いかけ「今、何をすべきか？」に自分で答えた。インセプションデッキと、ドラッカー風エクササイズだ。

■>●

江島の解説● 期待マネジメントのアップデートとリーダーズインテグレーション

第3部の解説は、僕、江島自身で務めます。石神さんも、蔵屋敷さんも、西方さんもいません。僕とチームで乗り切っていかなければなりません。

さて、第13話で紹介したドラッカー風エクササイズと、第11話で紹介したインセプションデッキは、一度つくって終わりではありません。定期的に更新が必要です。

特に、新しいメンバーが加入したときやプロジェクトの状況が一変したときには、すぐに実施する必要があります。既存のメンバーにも新メンバーにも「どういう風に自分はプロジェクトに関わるのだろう？」という疑問を持たせたままにしておくのは、避けなければなりません。

プロジェクトのスコープが変わったとき、今回のように人員の増減があったとき、市場の変化や競合の状況によりマイルストーンやリリース日が変更されたときは、立ち止まって向き直るべきでしょう。大きなリリースがありプロジェクトの谷間でゆとりが生まれたときなども、良いタイミングだと思います。

また、こういった状況の変化がなくとも、3カ月から半年に一度は見直すほうが良いです。開発メンバー自身のスキルや前提が変化していて、また解釈の違いから期待がすれ違っていて、その差が時間の経過とともに拡大してしまっていることもあるからです。

まず、内側の期待と外側の期待を合わせる二つのプラクティスをどのように更新していくのかを見ていきましょう。

①**内側の期待**：チームにおける期待（ドラッカー風エクササイズ）
②**外側の期待**：プロジェクト関係者における期待（インセプションデッキ）

ドラッカー風エクササイズのアップデート

まず、内側の期待のすり合わせ、ドラッカー風エクササイズから。新しいメンバーがジョインしても短時間でチームをリビルドできます。

第13話で紹介した4つの質問と、プラス1の質問をしていきましょう。

①自分は何が得意なのか？
②自分はどうやって貢献するつもりか？
③自分が大切に思う価値は何か？
④チームメンバーは自分にどんな成果を期待していると思うか？
⑤その期待は合っているか？

④と⑤の質問は特に重要です。新メンバーだけでなく、他のメンバー同士でも頻繁に見直し、期待のすり合わせのメンテナンスをしていきましょう。一度すり合った期待はずっとそのままではなく、チームやプロジェクトの状況によって変わるはずだからです。結婚や子供の成長、家族の疾病など、メンバーのライフイベントなどにより、大きく変わることもあります。

また、前回の期待のすり合わせをした内容に沿った成果を出せているか？今のチームやプロジェクトの状況から新たな期待はどのようなものか？ といったことを話し合う必要もあります。

以前のままだと思い込んで進めていると、期待がすれ違ったままプロジェクトを進めることになり、チームがパフォーマンスを出せなかったりして、プロジェクトの状況が危険にさらされることになります。

インセプションデッキのアップデート

次は、外側の期待のすり合わせ、インセプションデッキです。

これもドラッカー風エクササイズと同様のタイミングや頻度で見直していくべきですね。ソフトウェアの開発プロジェクトは、市場の変化からも影響を受け、かつ、不確定な要素が多い場合もあり、簡単にその方向を見失ってしまうことが珍しくありません。

方向を見失ったままプロジェクトを進めることは、仕事のムダを招き、メンバーのモチベーションに悪い影響を与えてしまいます。そうならないためにも、プロジェクトの方向性を見定めるインセプションデッキは、定期的に関係者の間で見直すことが重要なのです。

見直す範囲も状況により様々です。毎回イチからつくり直す必要はありませんが、下記は最低限見直したいところです。

□**「われわれはなぜここにいるのか」**
何も変わっていないか？ を問い直そう。ここが変わっているとそのプロジェクトの根幹が変わってしまう。

□**「やらないことリスト」**
スコープの増減を確認し、"後で決める"ことなども時間の経過とともに更新する。

□**「『ご近所さん』を探せ」**
プロダクトの方向性に多大な影響を与える発言権を持った新しいステークホルダーが出現していることもあるだろう。状況をアップデートしよう。

□**「夜も眠れない問題」**
プロジェクトの時間の経過とともに、不確定要素が減り、ボトルネックが移っていくこともある。リスクに関してきちんと向き合いコントロールしよう。

□**「トレードオフスライダー」**
状況が変わり、優先順位が変わっていないか？ スコープの変更や期間の変更などステークホルダーなどからの圧力により、実態に即していない場合も多くある。きちんと確認し合い更新する。

▌リーダーズインテグレーション

みなさんは、リーダーズインテグレーションをご存知でしょうか。リーダーズインテグレーションとは、リーダーとメンバーの間の信頼感を醸成するためのワークショップです。新任リーダーの着任時や、チームとして一体感が欠落している場合などに実施すると良いです。

内容はとてもシンプルです。リーダーについて知っていることやリーダーのためにできることなどを、リーダー抜きでメンバーが意見を出し合うのです。手順は下記のとおり。時間はリーダーとチームの距離感や関係性をもとにカスタマイズしましょう。

＜手順＞

①リーダー、メンバー、ファシリテーターが会議室に集まる
②リーダーの自己紹介、抱負、価値観などを発表する（5分）
③リーダーは会議室から退室する
④メンバーだけで以下の項目を話しながら、付箋紙に自分の意見を書き出し、ホワイトボードに貼り出して共有する
　④-1　リーダーについて「知っていること」（10分）
　④-2　リーダーについて「知りたいこと」（10分）
　④-3　リーダーに「知っておいて欲しいこと」（10分）

④-4　リーダーのために「みんなができること」(10分)
⑤メンバーが会議室から退室しリーダーが入室する
⑥ファシリテーターが議論の流れや行間をリーダーに説明する(10分)
(誰の発言かは伏せる)
⑦リーダーは付箋紙の意見を見ながら回答を考える(10分)
⑧メンバーが入室し、リーダーがメンバーに回答する(25分)
⑨慰労会やフリートークでざっくばらんに雑談する

図3-1｜リーダーズインテグレーション

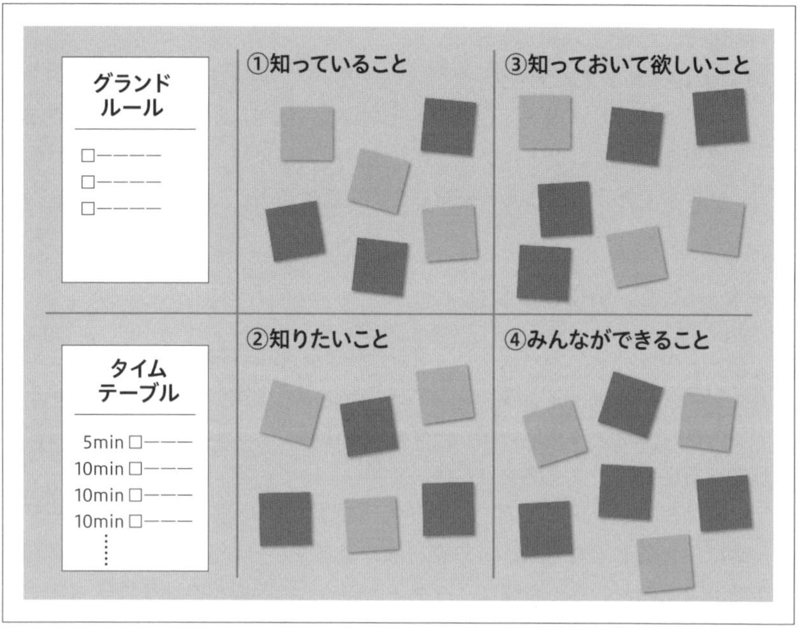

このワークショップにより、リーダーとメンバーの心理的距離を縮めることができます。それが、信頼感、一体感の醸成につながります。またリーダーの考えている価値観なども言語化することで、考えていることのギャップを埋めることもできるわけです。

ファシリテーターはチームに関係ない第三者が良いでしょう。役職やポジションが関係してしまうと、評価や上下関係などをメンバーが気にしてしまい、積極的に発言しづらくなるからです。メンバーが発言を躊躇するような要素は極力なくしましょう。

また、どれだけリラックスして話をさせられるか、どれだけ自己開示ができるか、どれだけ心理的安全な場をつくれるかが、ファシリテーションの肝になります。

ときには、付箋紙の書き出しが進まないこともあるでしょう。そんなときは、とにかく何かを出せるように、ハードルを下げることです。例えば、自分が仕事に感じているモヤモヤとか。自分が得意とする活動やタスクとか。リーダーに何かを伝える以前に、自分の気持ちや考えを出してみるわけです。自分が主語のことなら、きっと出せるでしょうから。それを踏まえて、リーダーに伝えたいことをまとめてもらうようにします。

ドラッカー風エクササイズ、インセプションデッキ、リーダーズインテグレーションなどを実施・アップデートして、チームの状態を定期的にメンテナンスしていきましょう。

自分たちの状況は自分たちで管理したいところです。人が集まっているだけでは、ただのグループでしかありません。チームとなるためには、お互いの期待をすり合わせ、信頼感をつくり上げ、心理的にも安全な状態をつくり出すことが必要です。

Column

モダンアジャイル（心理的安全な場）

モダンアジャイルとは、Joshua Kerievsky氏が提唱している概念で、下記4つの基本原則で構成されています。2001年にアジャイルマニフェストが誕生してから17年以上経過し、IT業界は大きく変化しています。これらの4つの基本原則が、現代の多様な開発の新しい基準となることを示唆しています。

＜モダンアジャイルの基本原則＞

①人々を最高に輝かせる
②安全を必須条件にする
③高速に実験＆学習する
④継続的に価値を届ける

この基本原則の一つに「安全を必須条件にする」があります。プロジェクトやチームの状態、人を非難しないメンバー間の関係性、コードの修正をCI（Continuous Integration）やテストで担保することなど、安全が基本原則の一翼を担っています。

チームの状態が「安全」であることも価値最大化のファクターとなっているのです。チームの中で反対の意見を言ったりミスをしてしまっても、そのことで非難されたり評価が下がったりしない場が重要なのです。お互いが尊敬し合い、信頼できているという確信が、より強いチームへと導き、結果として高い生産性が生まれるのです。

安全で、人々が最高に輝き、高速に実験でき、失敗から学べ、ユーザーが本当に欲しい価値を提供できるのであれば、みなさんも働きがいがありますよね。

人が先か、チームが先か、場が先か、仕組みが先か、働き方が先か、文化が先か、何が先でも良いのですが、それぞれが依存し循環しているのだと思います。自律的でモチベーションの高いチームが至るところに生まれると良いですね。 （新井 剛）

図3-2｜モダンアジャイルの基本原則

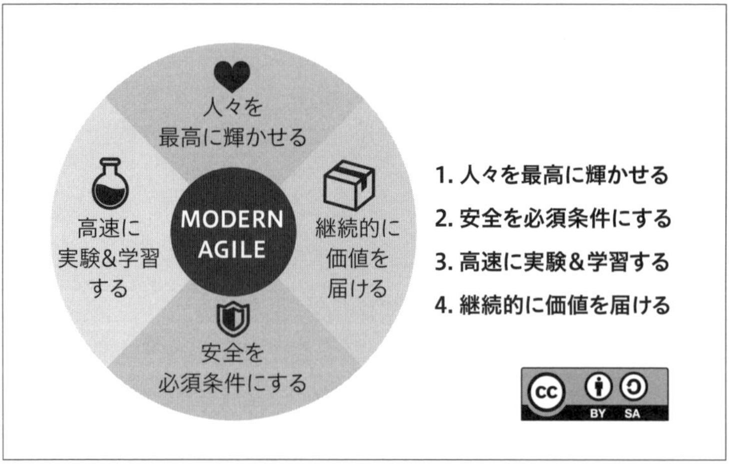

引用元：Modern agile principles ©Joshua Kerievsky（http://modernagile.org/#mediaKit）

●〉■

ストーリー ■ お互いの期待を明らかにする。

インセプションデッキで、改めてこのプロダクト開発の目的にむきなおる。何しろBtoBだったECサイトをBtoCに仕切り直すのだ。開発チームだけではなく、クライアントにも参加してもらう。それに、由比さんにやり方を受け止めてもらうためには、クライアントも含めた合議、意思決定が必要だと考えた。

「われわれはなぜここにいるのか」から始まり、「トレードオフスライダー」や「やらないことリスト」を挙げていく。やらないことリストでは、例の請求書まわりの機能が真っ先に挙がる。

僕は、プロダクトバックログ上のやらないことだけではなくて「このチームではやらないやり方」、また「取り組みたいやり方」を挙げるようにした。「やらないやり方」には、「想定だけですべてのプロダクトバックログを挙げないようにする」が開発メンバーから挙げられた。

由比さんは、わずかに目を細めたように見えたが、何も言わなかった。こうして、僕たちはまた、自分たちのやり方を取り戻したのだった。

また、クライアント側からは、開発リーダーを僕にしてもらいたいという要請がひそかにあったらしい。ドラッカー風エクササイズに取り組む際、ひょっこり参加していたマネージャーが、先手を打ってきた。

「今後、開発チームのリーダーは江島にやってもらいます」

すかさず、砂子さんが後を続ける。

「江島さんなら、安心ですねー。昔、一緒に仕事をしていましたから」

どうやら、差し金は砂子さんのようだ。僕は砂子さんを凝視したが、彼はそれに気がつかない風を装った。リーダーの交代は、僕にとっては火中の栗を拾うようなものだったけども、この状況では引き受けないわけにはいかない。

「わかりました。でも、一つお願いがあります」

マネージャーは、僕の物言いにぎょっとしたが、交換条件とでも思ったらしい、僕にその先の言葉を促した。

「僕がリーダーに専念させてもらう代わりに、サービスの設計、アーキテクチャ検討のリードは、経験豊富な由比さんにお願いしたいです」

それまで、腕を組んで黙っていた由比さんが、思わず腕組みを解いてこちらを見た。由比さんはプライドの高い人だ。簡単に、他人から言われたことを受け入れないだろうと僕は思っていた。だから、由比さんが否定するよりも早く言い放った。

「そうじゃないと、僕はリーダーを引き受けません」

即座に、砂子さんが「それはダメだ」とばかりにマネージャーの顔を見る。こうなると困るのは、マネージャーだ。マネージャーが、由比さんを一生懸命に諭した。由比さんも良い大人なので、ここまでお膳立てられたら受け入れるしかない。参ったとばかりに締めくくった。

「このサービスのアーキテクチャはまだまだ検討が浅い。私がこの観点の議論をリードしていくようにします」

僕は、ほっと安堵のため息をついた。修羅場になりそうな雰囲気を察知して、緊張していた他のチームメンバーや関係者たちも胸をなでおろした。こうして、僕たちはチームの中の役割について期待を話すことを通じ、誰が何に責任を持つのか明確にすることができた。きっと、僕たちはまた、前進していける。

第21話 EPISODE 21 外からきたメンバーと、計画づくり

ストーリー ■ 社外からやってきた二人組

蔵屋敷さんが吸い込まれたプロジェクトはさらに燃え盛っているらしい。今度は、僕たちのチームのメンバーが半分も連れて行かれることになった。僕と、由比さんと、5人のメンバーを合わせて7人だったチームから、3人もいなくなり、4人体制になってしまった。

さすがに、由比さんもあきれたらしい。

「お得意様のMIH社の新規事業だということで、会社を挙げて注力するプロジェクトだったはずなんですがねえ」

仕方がない。このプロジェクトより、さらに会社を挙げてやらないといけないプロジェクトが現れたということだ。不幸中の幸いというか、クライアントの砂子さんと頻繁にコミュニケーションを取っているのは僕なので、チームのメンバーが入れ替わってもクレームにはならないだろう。

ただし、チームに空いた大きな穴をどう埋めるかについては、僕と残されたメンバーにとって夜も眠れない問題だ。曲がりなりにも3カ月近く一緒にやってきたメンバーがごそっと減るわけだ。新しいメンバーを招き入れることができたとしても、キャッチアップだけで相当なオーバーヘッドになるだろう。穴埋めじゃない、実力のあるメンバーが必要だ。とはいえ、社内の腕のあるメンバーは炎上プロジェクトにどんどん吸収されていて、こちらに回ることは考えられなかった。

「外部で、業務委託でやってくれるプログラマーをアサインする他ないでしょう」

由比さんの助言に、僕はなんともいえない微妙な気分になった。実は今まで業務委託の人たちとはあまり一緒に仕事をしたことがなかったし、外部の方々なのでどこまでコミットメントをしてくれるか不安だった。

しかし、二の足を踏んでいる時間はない。僕は、メッセンジャーを立ち上げて、社外のある人物と連絡を取ることにした。

「相変わらず大変な事態に遭遇していますねー」

メッセンジャーの相手は、七里だった。うちの会社を退職しても、彼とは社外の勉強会でちょくちょく顔を合わせ、近況を語り合う間柄になっていた。

「しかし、蔵屋敷さんもチームからいなくなって、江島さんは正真正銘のリーダーになったんですね」
「ああ、でも、こっちのプロジェクトだっていつ炎上するかわからない不穏なやつだ。何かあったときは真っ先にすげ替えられるようなポジションさ」
僕は、七里に業務委託でやってくれるフリーランスを紹介してもらうつもりだった。
「七里は、今の会社を通じて、フリーランスのプログラマーに顔が広いだろう」
七里が転職した先の事業会社では積極的に業務委託を活用していて、七里は僕よりよっぽどフリーランスとのつながりをつくっていた。勉強会に頻繁に出入りするようになったのも、業務委託で一緒にやれるプログラマーと出会える機会を増やすためだという。
「もちろんですよ。腕に覚えのあるメンバーを何人か知っていますよ」
「結構タフなプロジェクトになるはずだから、骨太を頼むよ」
七里は、OKサインのスタンプを返してきた。それから3日も経たないうちに、奇妙な二人組が僕のところに姿を見せたのだった。

その二人組は、お互いフリーランスで独立してやっているけど、馬が合うのでコンビを組んで一緒にいろんな現場を回っているのだという。
「どうも、はじめまして。万福寺といいます。Rubyはもう10年書いています」
礼儀正しいその男性は、かなりの巨漢だった。縦にも横にも大きい。僕も見上げなければならない。何よりも特徴的なのは、その坊主頭だ。年齢はもう40歳を超えているはずだけど、坊主頭のおかげで、年齢よりは若く見えた。変わった名字を踏まえて、仲間内からは「和尚」と呼ばれているらしい。万福寺さんの容貌から目が離せないでいると、唐突に明るく伸びやかな声が僕に向けられた。
「マイネーム イズ マイ・日坂。こんにちわ、ミスター江島！」
もう一人は、僕より年齢が下に見える、女性のプログラマーのマイ・日坂さんだった。日本人だけど幼少の頃にアメリカに渡り、ずっと海外で生活してきたらしい。この数年は日本に戻ってきて仕事をしているが、長い海外生活のために語調にクセがあった。欧米人が無理やり日本語を話しているときのような感じ。
二人が並ぶと、巨漢の万福寺さんと、やや小柄なマイさんなので、余計にお互いの体型の違いが目立った。どうにもすぐにはなじめない雰囲気の二人だが、七里に言わせると、とんでもなくコードが書ける凄腕だそうだ。今回たまたまプロジェクトの切れ目でちょうど仕事を探していて、すぐにこちらに入れるんだという。
二人と一緒に仕事をしてきた七里の目利きは信頼ができる。彼を信じて、すぐにチームに合流してもらうことにした。まずは計画を立て直さないといけない。

「こんな見積もりでは、計画が成り立ちませんよ」
　言葉は丁寧だが、由比さんがもっと言いたいことがあるのを我慢しているのは明白だった。二人には、すぐにプロダクトバックログをもとにプロダクト全体の開発規模を見積もりし直してもらったのだけど、その結果必要なスプリントの数を積み上げると、あっさりとローンチ予定日を踏み越えてしまったのだ。その踏み越え方がかなり大きくて、これまでの見積もりの倍近くもかかる計算になってしまっていた。
「どうして、こんなにかかるんです？」
　由比さんがだんだん詰問調になってきた。眉間に皺が寄り始めている。対する和尚とマイさんは、涼しい顔をしている。
「このくらいかかりますよ。今のプロダクトバックログの内容の詰め具合からすると。わかっていないこと、決まっていないこともまだ結構ありますよね」
「そうです！ 詳細がわからないものを見積もりするにはバッファを積むしかありませーん！」
　二人が適当に見積もりをしているわけではないのもまた、明白だった。「終わらない要件定義事件」を通じて、周囲の意見を意識的に受け止めるようになっていた由比さんは、それ以上二人に詰め寄るのを止めた。
「……一つひとつ、見積もりを精査しましょう」
　覚悟を決めた由比さんの様子に、マイさんのほうが難色を示した。
「セイサ！ ただ見直すだけでは、見積もりは下がりませんヨ！」
　和尚もマイさんを援護し始めた。このあたり、本当に息がぴったりだ。
「むしろ、このくらいの規模で収まるだけマシというものです。もっとかかる可能性だってあります。今からでも、スケジュールの調整を始めるべきでは？」
　それが、プロジェクトマネージャーの仕事だろう。マイさんと和尚が言葉には出さずに、由比さんに突きつけた。とうとう我慢の限界を超えた由比さんが、大きく息を吸い込んで次の言葉を吐き出す前に、僕が間に割って入った。
「もう一度、見積もりをやり直しましょう」
　僕が期待外れだと思ったのだろう、マイさんが眉をへの字にして何か言いかける。それを制して、僕はアイデアを提案する。昔、西方さんに教えてもらった見積もりの工夫。
「みんなで、見積もりましょう。プランニングポーカーで」
　僕はあえてゆっくりとした口調で語りかけ、みんながこれ以上ヒートアップするのを止めにかかった。

江島の解説● アジャイルな見積もり、アジャイルな計画づくり

時間や労力やお金をかければ、プロジェクトの最後まで変更のない正確な計画がつくれるのでしょうか？ ちなみに僕はできないです。つくれる人はほぼいないでしょう。初期フェーズで長い期間をかけて、使えない緻密な計画を作成するよりも、現場で活用できる使える計画づくりをし続けることが重要なんです。

プロジェクトの進捗とともに情報量が増加します。プロダクトが備えるべき価値の高い要求や、開発チームの過去の経験がどれくらい活用できるかなど、様々な発見があるでしょう。プロダクトが成長していく時間軸の流れとともに、顧客からの要望も増加していくのが常です。いつだって、プロジェクトの期間よりもやることのほうが多いのです。

そうなれば、マルチタスクになり、スイッチングコストが増加し、遅延が徐々に膨らみ、体力が消耗され、失敗が増え、手戻りが発生するという悪循環が生まれます。

プロジェクトが進んで当初の計画の算段が狂い始めたとき、実行不可能な計画にコミットしたままにするよりも、新たな学びや獲得した知識を計画に適応させ、価値の提供に注力していきましょう。初期のリリース計画は、作成したら完成ではないのです。スプリントごとに毎回リリース計画を修正するといっても過言ではありません。むしろ積極的に変更するためにつくっていくのです。

見積もりから計画づくりの基本的な流れ

まずは、基本的な流れを見ていきましょう。

＜基本的な流れ＞

①規模の見積もり
②見積もったストーリーポイントの合計
③期間への変換
④スケジューリング

図3-3｜見積もりから計画づくりの基本的な流れ

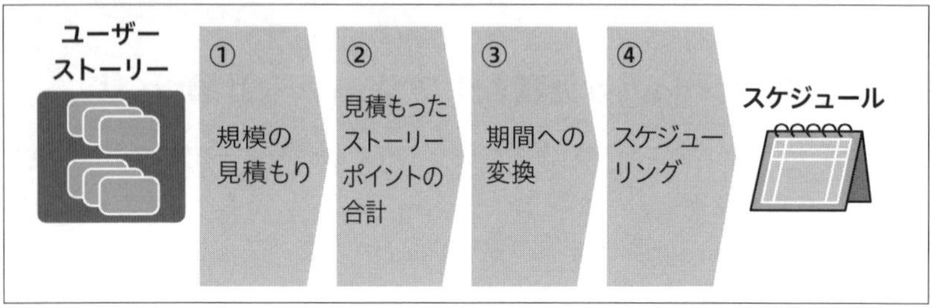

この手順で見積もり、計画づくりをしていきます。規模と期間を分けることがポイントです。まず規模について考えると、ユーザーストーリーとしてまとめられた要求は、スコープが固まれば、必要な作業は誰にとってもほぼ同じになります。一方、期間はチームスキル、過去の経験、人数などの背景により変わってきます。よって、これらを両方一度に考えるのではなく、分けて考えていくことが重要なのです。

ユーザーストーリーの規模を表した単位をストーリーポイントと呼び、規模の見積もりには絶対的な工数や時間ではなく相対的な値を使います。絶対的な工数や時間を見立てることは難しく時間もかかりますが、大小の相対関係や、2倍や数倍などの感覚的な把握はそもそも人間が得意とするところなのです。

全体のユーザーストーリーをストーリーポイントで見積もったら、ポイント全体を合計します。続いて1回のスプリントで開発できるスピードであるベロシティを使います。開発がスタートしていない場合には、チームの規模感からベロシティを予想して、開発が進んでいる場合には過去のベロシティの平均値を利用しましょう。そして、ユーザーストーリーのポイントの合計をベロシティで割ります。これで全体の開発に必要なスプリント数が算出されます。

必要なスプリント数＝ストーリーポイントの合計÷チームのベロシティ

最後にこのスプリント数をカレンダーにあてはめれば、スケジューリングできるという流れとなります。

プランニングポーカー

次に見積もりの技法を見ていきましょう。見積もりは、上司や外部のコンサルタント、上流工程のSEがやるわけではなく、開発メンバーである自分たちで見積もるのです。実際に自分たちが開発していくのですから、これほど現場感のある値はないでしょう。

早期にプロジェクトに導入可能な、シンプルな見積もりプラクティスがプランニングポーカーです。

<プランニングポーカーで見積もる手順>

①全員に1組のカードを配る(このカードには、1、2、3、5、8、13、∞のフィボナッチ数列の数が書いてある)
②プロダクトオーナーが対象のユーザーストーリーを読み上げる
③プロダクトオーナーは開発チームからの質問に答える
④開発チームメンバーは各自カードを選ぶ
⑤選んだカードを一斉にオープンする
⑥全員のカードの見積もり数値を確認する
⑦全員が同じ数値ならその値を見積もり結果とし、次のユーザーストーリーに移り②から始める
⑧異なれば、一番高い人と低い人の見解と根拠を聞く
⑨その根拠や懸念点などの学びをチームで話し合う
⑩再度、開発チームメンバー全員でカードを選び直す
⑪⑤に戻る

図3-4 | プランニングポーカー

この手順での見積もりは、壮大な研修や長い経験がなくとも誰でもがすぐに導入でき、スムーズに見積もり作業ができるようになります。また、全員の見積もりが違っていても構いません。若手の心配事なども共有できますし、チーム内のハイスキルなメンバーや、データベースやUXなどが得意な専門領域があるメンバーの経験談や懸念点も学べます。見解の相違は善なのです。

この見積もりの目的は、完璧で緻密な見積もりを出すことではないことを肝に銘じてください。低コストで素早く、現場として価値のある見積もりを出すことが重要なのです。

規模を見積もっていることも忘れてはいけませんよ。ついつい、自分のスキルと合わせて期間を見積もってしまうことがあります。スクラムマスターが注意を促しながらファシリテーションしていきましょう。

そして、繰り返すにしても時間は有限です。3度も繰り返せば洗練されるはずですが、意見がまとまらないこともあると思います。「2、2、2、5」というように大多数が同じ数字を出していたり、「3、3、3、5」というように隣り合った数字であれば、大多数の意見を合意として次のストーリーの見積もりに進むのでも良いでしょう。

プランニングポーカーがうまくいく理由

この方法がうまくいく理由は何だと思いますか？ それは、参加者がそれぞれの知見を持ち寄って、活発な議論を行うからです。実際に開発をする人が見積もりをするために、それぞれの知見を持ち寄って確かめ合う。結果がばらばらになるということは、それだけ異なる見方が存在するということです。

出したカードの数字がお互いに異なれば、その説明をしなくてはいけません。説明の過程で懸念事項や過去の失敗談を共有できます。チーム内でのタスクの難易度やスキルギャップが埋められていくわけですね。全員で見積もることで訓練され、成長につながり、チームのレベルが上がっていくわけです。

そして、何よりも楽しい雰囲気を醸し出せることが大きな要素でしょう。カード型であることと、ポーカーというトランプのメタファーが大きく影響しているのかもしれないですね。

リリースプランニング

見積もりから計画づくりの基本的な流れの中で、プロダクトバックログとその見積もり、チームのベロシティで、スケジューリングが可能であることを見てきました。

上層部やステークホルダーがプロジェクトを遂行する中で常に気になるところは、期日にリリースできるのか、コストはどれくらいかかるのか、といったところでしょう。

スケジューリングの際、これらの懸念点を考慮しながらマイルストーンの計画づくりをしていきます。これをリリースプランニングと呼びます。リリースプランニングにおいて、期日、スコープ、予算、品質などバランスを取った上で将来を見通すわけです。

市場の状況やプロダクトの経営戦略などを勘案して、プロダクトバックログにリリースの目安となる線を引いていきます。一つのリリースは複数のスプリントで構成されるのがよくあるケースでしょう。

リリースプランニングでは、遠い先まで詳細にした緻密な計画ではなく、妥当なレベルの正確性を重要視します。経験主義でスプリントごとに検証による学びを活用し、増加した情報量を反映させていくので、このリリースの目安の線は上下することもあります。計画は、一度つくったからといって終わりではないんです。

図3-5｜リリースプランニングとプロダクトバックログ

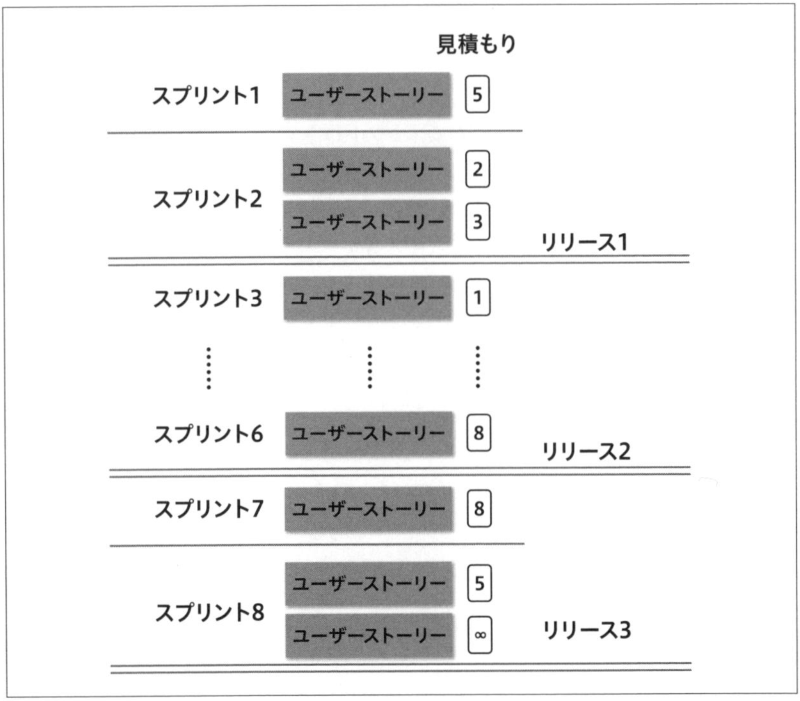

「計画」ではなく「計画づくり」という活動をしよう

図3-6｜リリースプランニング、スプリントプランニング、デイリースクラム

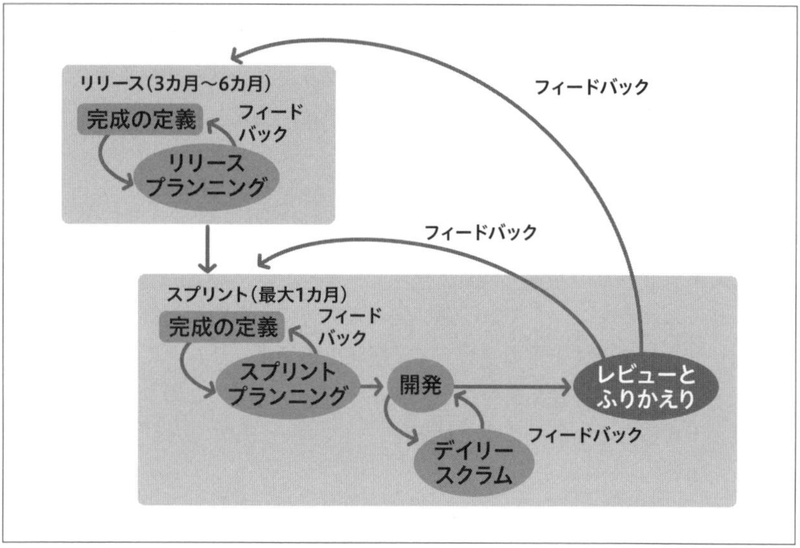

『アジャイルな見積りと計画づくり～価値あるソフトウェアを育てる概念と技法』P.56（Mike-Cohn 著／安井力、角谷信太郎 翻訳）を参考に作成

当初の計画を変更せず済むプロジェクトは皆無でしょう。計画とはその時点でわかっていることをベースにした単なるスナップショットでしかありません。計画ではなく、計画づくりをしましょう。活動そのもの、過程そのものに価値があるのです。変更があるのは何かを学んだ証です。当初の計画に固執せず、学んだ証を計画に反映させましょう。

ソフトウェアやサービス開発のプロジェクトは、毎回がオーダーメイドの色が強く、また開発チームの背景やメンバーなども様々です。プロダクトの初期フェーズではわからないことだらけでしょう。それは顧客側も開発側も一緒です。顧客が喜ぶものをつくる際に、まだ判明していないことやわからないこと、つまり不確実性を無視してはいけないのです。不確実性を解消するには、第15話で触れたクネビンフレームワークにあるように、まず探索や行動をするしかありません。その実践で経験からの学びをフィードバックして、知識に変えることでしか解消できないのです。

計画変更を後向きなスタンスとして捉えることは終わりにしてください。短いスパンで繰り返し、足りないタスクは計画に追加し、誤った見積もりは修正し

ていくのです。継続的な学びを知識とし、プロジェクトに適応させ続けることが重要なのですから。

●〉■

ストーリー ■ バッファはどこに消える?

プランニングポーカーを使ってみんなで見積もりをする。疑問点や前提がどうなっているかを明らかにし、解決策のすり合わせまでその場で行いながら、見積もる。もし見積もりに開きがあれば、その差が何かを明らかにし、とことんプランニングポーカーを繰り返す。相対見積もりなので、見立てる時間が少なくて済む。正直、由比さんはこうした見積もりの仕方に慣れない様子だったが、マイさんや和尚には合っているらしい、前のめりで乗ってきてくれた。

二人のプロダクトに対する疑問もいろいろと解消したらしい。いかに効率的に開発するかという観点で実装の仕方を考えてくれて、前回に比べて全体の見積もりを大幅に減らすことができた。

「やりましたネ！ 前回のほぼ半分くらいですヨ！」

「おかげで、何をつくるべきなのかよくわかりました」

マイさんも、和尚も、自分たちの見立てた内容に満足しているようだ。二人でハイタッチしている。七里が言ったとおり、この二人の腕は確かだ。

僕の微妙な思い出の中では、業務委託の開発メンバーといえば、たいてい「言われたことをただやります。正確に指示をください」というスタンスだった。受発注の関係の中では、仕方のないことだと諦めていたけども、この二人はまったく違うスタンスだった。一つひとつのプロダクトバックログアイテムの背景まで確認しようとし、目的が変わらない範囲でやり方の選択肢を幅広く出して、どれがベストなのかをしっかりと対話して決める。実に頼もしいプログラマーだった。

ただ、まだ計画の問題は残っている。これでも、ローンチ予定日を少しばかり踏み抜いているのだ。何とか収まりそうな線ではあるが、たいてい開発プロダクトのスコープは広がる方向にあるので、今のままではあっさりとローンチタイミングを割ってしまうだろう。

悩ましげな僕を見て、マイさんが明るい声を上げた。

「ミスター江島は心配性ですね」

「いや、確かにこのままではダメでしょうね。BtoBだったサービスがC向けに変わるくらいの変更が起きるんです。今後も何が起きるかわかりません」

由比さんの言うとおりだった。

「しかし、これ以上はもうどうにも。これでもまだはっきりしない内容については、バッファを積むしかありませんし」

和尚の何気なく言ったバッファという言葉が引っかかった。バッファか……。本当に、各プロダクトバックログアイテムの見立てに積んだバッファは活用されるんだろうか？ もちろんバッファに助けられることはあるが、たとえバッファに手をつけずタスクを終えたとしても、プロジェクトを進めているうちに、その都度あったはずのバッファはどこかへ消えてしまう。

バッファという言葉をもとに遠い記憶をたぐり寄せてみた。刹那、脳裏に強面の人が浮かんだ。石神さんだ。

そう、昔、初めて聴いた石神さんの話の中にバッファマネジメントという考え方があったんだ。あのとき取ったメモは、ちゃんと自分の手元に残してある。急に黙り込んで、PCに向き合ってしまった僕をいぶかしげに3人が囲んでいる。僕は懐かしいメモを夢中になって読み直した。

■〉●

江島の解説● CCPM（Critical Chain Project Management）

計画はたいてい上振れする

機能不全やバグだらけだったりするプロダクトでは、会社の評判や経営に悪影響を及ぼすことは想像に難くありませんね。経営判断や、顧客や市場の理屈に沿ってリリーススケジュールが立てられている場合、期日やスケジュールが変更できないことも多々あるでしょう。そのため、不確実な状況やリスクに対処するために、バッファという、見積もりの誤差を吸収するための安全策を埋め込むはずです。

しかし、要求は次から次へと発生し、不確定なものがどんどんわかるようになり、新たなタスクが次から次へと生まれ、たいていの計画は上振れします。わからないものを計画している時点で、その見積もりは幅があって当たり前なのです。

パーキンソンの法則

また、パーキンソンの法則というのがあります。仕事の量は完成のために与えられた時間を満たすまで膨張する、という法則です。大きく余裕を持って見積もったとしても、バッファというゆとりを追加したとしても、なくなっていきます。顧客側か開発側かにかかわらずです。一度、期間が設定されてしまうと、その中で対処するように人間は考えてしまうわけですね。当初の計画時点でのバッファは、ただただ消費されていくだけなのです。

CCPM

そこで、CCPMという考え方があります。CCPMとは、各タスクには個別のバッファを持たずに抑えた見積もりをして、全体としてのバッファを持ってプロジェクトを管理する方法です。個々のタスクが遅れた場合、この全体バッファであるプロジェクトバッファから消費していくという考え方です。

全体のプロジェクトバッファはどのようにして求めれば良いでしょうか？単純な方法を一つ紹介します。個々のタスクの個別バッファは使いません。五分五分の確率で達成できる個々の見積もりの合計値を算出し、その合計値を半分にした値を、プロジェクトバッファとして使います。

図3-7｜個別バッファからプロジェクトバッファへ

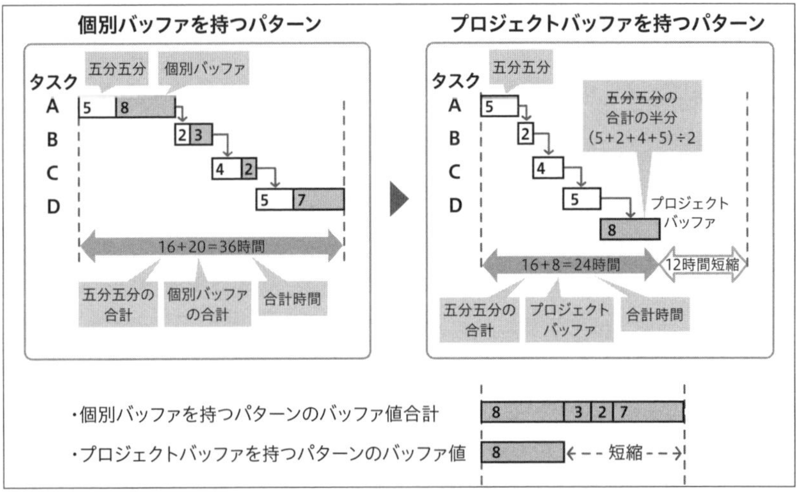

プロジェクトというのは非常にたくさんの種類の不確定要素を持っています。その不確かさに対するバッファなので、いくら時間をかけて精度を上げようとしたところで限界があります。

プロジェクトバッファを持つメリットは何でしょうか。個別のタスクにバッファが存在しないため、追い込み時期が早くやってきます。期限ギリギリまでグズグズと作業を先延ばししてしまうという学生症候群の現象を回避できるわけです。

また、個別にバッファを持っていた際に発生していた、それぞれのタスクにおけるパーキンソンの法則も打破できます。都度都度、バッファを食いつぶしてしまうことを減らせるわけです。その結果、全体的にムダなバッファの消費を削減できるのです。余裕時間としてのプロジェクトバッファが最後にあるので、リスク回避にもつながります。

信頼関係が必要不可欠

CCPMの導入にあたっては、チームやプロジェクト関係者の間での信頼関係が必要になってきます。プロジェクトバッファを消費したときに、バッファを使ったことを責められない場づくりが必要です。バッファを使ったメンバー自身も、周りの目を気にしているようではいけません。五分五分の精度で見積もることの形骸化が進み、個別見積もりの中にバッファを積んでしまっては、元も子もありません。巧妙に見えない形でバッファを積んでしまうことは「悪い習慣」であるという文化を形成していきましょう。そのためには、透明性が重要です。それぞれの進捗や実績時間をきちんと報告する場も重要になります。残業で過小見積もりを回避したことも、正直に連絡し合いましょう。

●〉■

ストーリー ■ プロジェクト再開の手応え

「お断りします」

和尚はかたくなだった。プロダクトバックログの見積もりから、無意識のように積んでいたバッファを根こそぎ落とす。もちろんただ落とすだけではなく、プロジェクトバッファとしてスケジュール上の最後尾に期間として確保しておく。バッファがまったくなくなるわけでもないのに、和尚は頑として受け入れようとしなかった。

「プロジェクトバッファがどの程度残っているかは、スプリントプランニングで毎回確認すれば良いし、みんなの状態もデイリースクラム、カンバン、ふりかえりで常時見える化するので、余裕がない開発をただ強いるということはありませんよ」

という、僕の言葉も和尚には届かないようだった。いつも紳士的だった和尚が打って変わってかたくなになった様子に、付き合いが長いマイさんもちょっとあきれた様子だった。

「……昔、あったんです」

初めて、ぽつりと和尚がその理由を語り始めた。

「どうしても間に合わないからといって、いろんなところに積んでいたバッファをすべて吐き出して。その結果、計画どおりにはいかなくて、進行は遅れ、プロジェクトはむちゃくちゃです。やっぱり間に合わないし、私も追い込まれました。何よりも、有望な若いプログラマーがメンタルを壊してしまって、現場に戻ってこられなくなってしまったんです」

和尚にとって、忘れることができない辛いプロジェクトだったのだろう。だから、バッファを剥がすなんてもっての外、という拒否反応として現れる。このプロジェクトだって、プロジェクトバッファがあったとしても、本当に守られるのかわからない、ということが和尚の感じている不安だった。

僕は、和尚に改めて語りかけた。

「昔、僕にも同じような事件がありました」

和尚だけではなく、マイさん、由比さんも、僕のカミングアウトを受けて神妙な顔つきになった。

「当時、新入社員でも関係なく、いくらでも夜遅くまで仕事をしていて。何日も一人で徹夜していた新人がいたんです。彼のことがとても気になっていたんですけど、僕も自分のことで手一杯で何もしてあげることができなかった。結果、その新人は程なくして辞めてしまったんです」

和尚はつぶらな瞳を僕に向けて、真剣に僕の話を聴いてくれている。

「それから、ずっと思っているんです。どうして、声をかけなかったんだろうって。大変だっていったって、その子に声をかけるくらいは、いくらでもできたんです。彼の大変さを引き出して、見えるようにしてあげられれば、周りも上司も巻き込めて、何かできたんじゃないかって。少なくとも心を折って、辞めることはなかったんじゃないかって」

僕は、和尚をまっすぐ見据えて言った。

「もう、僕の周りでそういう人を絶対につくらないようにしようって、決めたんです。だから、このプロジェクトでも僕は、見たふりをして都合の悪いことを見ないようにしたり、問題を放ったらかしにしたりして、万福寺さんを、みんなを追い込んだりはしない」

僕の言葉はようやく和尚に届いたらしかった。彼は、小さく頷いた。雰囲気を変えたかったんだろう、その様子を見たマイさんが僕の考えをフォローした。

「私も、バッファマネジメントは教わったことがありまーす！ 混沌としたプロジェクトほど、この考え方は後々効いていた気がしますヨ！」

マイさんも知っていたんだ。この考え方でプロジェクトを回すの初めてだから、多少なりとも知っている人がいると心強い。僕は、このチームでプロジェクトを再開できることに手応えを感じ、七里に感謝した。

第22話 EPISODE 22

外部チームと、やり方をむきなおる

ストーリー ■ 別れと、そして新たな事件

和尚とマイさんがジョインして、2スプリントが経過した頃だった。今度は由比さんが、例の炎上プロジェクトに駆り出されてしまった。さすがにマネージャーから由比さんを引き抜く旨を伝えられたとき、すぐには言葉を返せなかった。蔵屋敷さん、開発メンバー3名に続き、由比さんまで、もう5人も吸い込まれる形だ。

いよいよもって、あちらのプロジェクトはやばいらしい。会社中から、いろんな人がかき集められている。さすがの惨状に僕も不安を覚えたが、どうすることもできない。このプロジェクトを僕が離れるわけにはいかない。

「まあこちらもこちらで大変ですけどね」

「和尚と私が関わるプロジェクトはたいてい大変だからネ！」

顔を見合わせて大笑いする二人。この二人がいるだけで、悲壮さが消えるようだ。

一方、由比さんは、チームを離れるときに感傷的なことは何も言わなかったが、まだサービスのアーキテクチャのことが心配だったらしい、チャットでメッセージを送ってきた。

「まだ、ECサービスの基盤となるコードの質が上がってないです。リポジトリのアカウントは残したままにしておいてください。コードレビューくらいは続けます」

僕は、嬉しくなって絵文字で返事したが、由比さんらしく、返信はなかった。

しかし、由比さんが抜ける穴は大きい。まずもって開発メンバーが足りない。僕はマネージャーに掛け合うしかなかった。マネージャーは何とかしてみると返事はしたが、すでに自信がない様子だった。自分で何とかするしかなさそうだ。腕を組んで悩んでいると、マイさんが明るく声をかけてきた。

「ミスター江島、私たちの知り合いももう空いてないですヨ！」

良くない知らせだろうとマイさんの調子はいつもと変わらない。和尚もコードを書く手を休めて近寄ってきた。

「以前、一緒に仕事した人とかいないんですか」

一緒に仕事した人か。僕は自分の記憶を探った。

「この際、多少経験がなくても。私たちがペアプロでフォローしますよ」

右腕に力こぶをつくってみせる和尚にふっと笑みが漏れる。経験がない、ペアプロというワードから唐突に思い出した。以前、そういえばモブプロをやりながら、一緒にチーム開発した若いメンバーがいた。

「……普段はおとなしくて、コードを書くときに人が変わるプログラマーがいるんだけど、どうかな」

独り言のような僕の言葉を聴いて、和尚とマイさんは顔を見合わせた後、同時に首を横に振った。

まるで由比さんがいなくなったタイミングを見計らったかのように、また事件が起きた。いや、新しい事件が発生したわけではない。蓋をして寝かせてあった問題がいよいよ無視できなくなったのだ。

僕たちのチームは、この1カ月、要件定義によって失われた時間を取り戻すように自分たちのタスクの消化に集中してきた。他のチームとの問題について、いったん優先度をあえて落とし、置き去りにしてきたのだ。

その問題とは、在庫管理チームとのコミュニケーションについてだった。在庫管理チームは、EC側を担当する僕たちに対して、在庫のデータを渡すAPIを提供し、商品の在庫管理を担う基幹システムを担当している。

プロジェクトの発足から今日までで、もう3カ月以上が経過している。この間、在庫管理チームの様子がまったく見えてこないのだ。

由比さんがまだチームにいた頃、こんな話をしてくれた。

「在庫管理側のシステムと、私たちのEC側のシステムでは、そもそも果たすべきミッションが違います。なので、開発のあり方が異なるのも仕方ありません。在庫管理のような、業務遂行を支える側のシステムをSystems of Record、SoRと呼びます。一方、ECのようなエンドユーザーと直接やりとりし、その関係性を育んでいくようなシステムはSystems of Engagementといいます」

図3-8｜SoRとSoE

SoE （Systems of Engagement）	SoR （Systems of Record）
顧客との絆を築く、深める	事実を記録する
利用者主体は、顧客	利用主体は、社員
迅速なリリース、顧客の体験	安定性、信頼性
フロントエンド	バックエンド
スマホアプリ、Webサービス	基幹業務システム
開放的	社内・公開限定的
サービスレベルを決めにくい	サービスレベルの保証
仮説検証	業務検証

今回のECサイト構築にあたって、商品マスタに新たなカテゴリが投入されることになった。これを受けて、ECサイト向けのAPI開発だけではなく、基幹システムへの改修も必要となり、SoR(在庫管理)側もちょっとした規模の開発になっていた。

在庫管理チームも、僕たちの会社のメンバーなのだけど、まるで別の会社のようだった。リーダーの長谷さん以下、在庫管理チームは、MIH社の基幹業務を扱うため、チーム丸ごとMIH社に常駐して機能開発と運用を行っている。常駐しているから、クライアントとのコミュニケーションは自ずと取れているようだった。

逆に、クライアント先に常駐をしていない僕たちECチームとの絡みは、同じ会社でありながら、極端に少ない。メールへのレスは滞りがちで、チャットではオンラインになることがほぼなかった。彼らの動きは、両者に関わっているクライアント側のプロダクトオーナーの砂子さんづてに聴く有様だった。

ある日、砂子さんがとんでもないことを言い出した。

「あれ？ ECチームがつくっているこのモック。想定している在庫APIのインターフェース、古いままですね」

なんだって？

僕たちは、音信不通になりがちな在庫管理チームによって、こちらの機能開発の進捗が遅れてしまわないように、在庫管理APIを見立てたモックを用意して、開発を進めてきていた。モックとは、開発対象から外側にある機能が仕上がる前でも、こちらの動きを検証しながら開発を進めるために用意するコードのことだ。外側にある機能と、利用する側の機能との間のインターフェースだけ、実際と同様となるよう取り決めておくようにする。

砂子さんが話してくれた新しいインターフェース仕様は、モックで想定していたインターフェースから大きくかけ離れたものだった。データの持ち方からして、根底から考え方が変わってしまったかのようだ。

「全然私たちの想定と違いますね。これは何で使うAPIですか」

「在庫管理チーム側だけで仕様が進んじゃったみたいですネ」

のんびりとした雰囲気の和尚とマイさんをそっちのけで、僕はさすがに焦りながら、砂子さんに言い返した。

「長谷さんとは、このインターフェースで決めてましたよ」

「それ、いつの話？」

間髪入れずの砂子さんのツッコミに、言葉を窮しながらも絞り出す。

「……3カ月前ですね」

答えたものの、僕はバツが悪い表情になっていたらしい。砂子さんが勝ち誇ったように言った。

「江島くん、それ、アジャイル開発なの？ アジャイルなチームってそんな感じなのかな〜？」

悔しいが、そもそも言い返す相手がまず間違っている。この話は砂子さんとではなく、まさに長谷さんとすべきだ。なぜ、今まで必要なコミュニケーションを取っていないのか？ 砂子さんは暗にそう言ってくれているのだ。

「長谷さんのチームが動いてくれない」と一方的に相手を責めたところで状況は変わらない。これは、僕と長谷さん、両者にとっての問題なのだ。

すぐに、常駐先にいる長谷さんのもとを訪れた。僕もMIH社の入館証は持っているので、長谷さんがいるフロアまで行くことができる。そう、行って会おうと思えば簡単にできるのだ。そうしてこなかったのは、僕がどこかで長谷さんを苦手にしていたことも影響している。予定を押さえずにやってきた僕を長谷さんは最初、門前払いしようとした。

「江島くん、ダメだよ。こっちは、クライアントの仕様変更の要請で、てんてこ舞いなんだ。打ち合わせしている暇なんてないよ」

本当に忙しいのだろう、長谷さんがたくわえているあご髭が不揃いになっている。疲労も、ストレスもかなりあるようだ。
「仕様変更？ どういう変更があったのですか」
食い下がる僕を、早く追い返したいらしい、さっさと話をつけようとするのが、はっきりとわかる言い方で続けた。
「新カテゴリの商品を検討しているうちに、カテゴリの持ち方を大きく変えよう、ということになったんだよ。今まで、1階層しか持ってこなかったカテゴリを複数階層、しかも何階層でも持てるようにするって話だよ」
「ですが、商品idだけで商品が引けなくなっているのはなぜですか」
食い下がる僕に、とうとう観念して付き合うことを決めたらしい。長谷さんは大きなあくびをしながら答えた。
「今回の商品投入で､新規だけではなくて既存の商品も価格改定を行うことになった。だから、改定前の価格と改定後の価格、二つ持つ必要が出てきた」
僕は長谷さんの話に思わずカッとなった。
「なんで、そんな大事なこと、こちらに話してくれないんですか？！」
さすがに声を荒げた僕に対して、長谷さんは一瞬ぎょっとした表情を見せた。
「そんなこと言ったってなぁ。お前らだって、自分たちの状況をこっちに話さないじゃないか。割引価格の話、EC側で上がってきたんだろ？」
今度は僕が、あっとなる番だった。割引価格とは、本来の定価に対して、特別な割引を効かせた後の価格のことで、この見せ方については確かにEC側の定例会で上ってきた話だった。僕は、砂子さん経由で、長谷さんにその仕様を伝えたつもり、コミュニケーションしたつもりになっていた。
僕たちだって、実は同じことをやっていたのだ。コミュニケーションの問題を長谷さんたち、外部のチームに押し付けてきたが、何のことはない、立場が違えば同じことがいえるのだ。
僕は長谷さんに、この二つのチームで改めて、プロジェクトのゴールを見据えたミーティングの開催を提案した。むきなおりだ。

■›●

江島の解説● 越境するむきなおり

チームが細分化されていると、何かと情報が入ってこないものです。チーム間のコミュニケーションの頻度が極端に少なかったり、持っている情報が正しいのかどうか、鮮度や質も含めて、何を正として開発を進めていけば良いか悩む状況が多々あることでしょう。作業がムダになるだけでなく、責任の押し付け合いなども発生します。そう、今回の僕と長谷さんの間のように。

お互いにコミュニケーションや情報共有の必要性を感じながらも、忙しさを言い訳にして、動きが鈍ったりするものです。

でも、誰かがこの状況を打開しなくては物事が進みませんし、問題は解決しません。では、どっちがその一歩を踏み出すのか？ ここまで読んできたみなさんならわかりますよね。踏み出す必要性に気づいた「自分」からです。

こんなときに、良いプラクティスがあります。第16話で出てきた「むきなおり」です。将来のありたい状態をもとに、今これから進む先を捉え直し、正すプラクティスです。

将来どうなっていたいかなんて、どんどん変わっていきます。大きな話としてのビジョンはそう変わらないかもしれませんが、プロジェクトを進めていく中で、ユーザーのことがよくわかるようになれば、提供すべきモノは変わるものです。いや、変わらないのであれば、その間、つくるものについての学びが得られていないとさえいえます。

だからこそ、どこを目指したいのか、それを受けて今は何をするべきなのかを定期的に見直す必要があるのです。

さて、第16話ではプロダクトオーナーとむきなおりをやりました。今回は、それぞれのミッションを持った別々のチームの間でのむきなおりです。

ただし、お互いの主張をただぶつけ合うだけでは、議論は前に進みません。むきなおりをする理由は、目の前のことだけに集中して衝突するのではなく、お互いの共通ミッションである「プロジェクトとして実現しなければならないこと」に立ち返るためにあります。**一つ上の視座にお互いが立てたとき、それまで衝突していたことは小さくなります。**

それでも、相手の仕事が増えてしまうんじゃないかという恐れにより、むきなおりに乗ってきてくれるか不安に思うかもしれません。でも、大丈夫です。自分たちのチームで、雑務などささいなことは全部引き受ける覚悟をして臨めば、大概のことはうまくいきます。

小さくとも身近にある問題はよく見えて、遠くにあるミッションは置き去りにされてしまうなんてことはよくあります。だから、近くにある小さな問題はさっさとこちら側で取り払ってしまうんです。そうすれば、ミッションまでの見通しが良くなって、お互いにどうあるべきかの話がやりやすくなります。

YWTでむきなおり

このむきなおりに便利なフレームワークがあります。YWTです。進むべき先を捉えながら、下記の3つの問いをします。

□Y：やったこと
□W：わかったこと
□T：次にやること

図3-9｜YWT

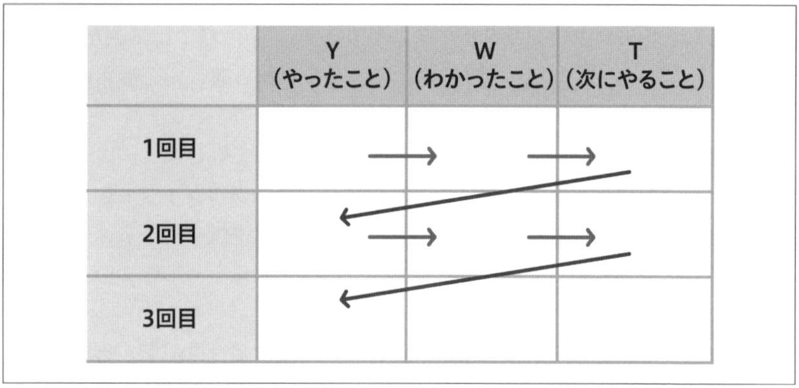

定期的に行うものなので、次回のYWTでは、前回のT(次にやること)が、Y(やったこと)に移動しているはずです。その結果、W(わかったこと)がUpdateされます。このWをベースにTが生まれてきます。経験による学びと、その次の行動のループによって、未来に向かう力が得られます。

●〉■

ストーリー ■ むきなおり、問題を乗り越える。

在庫管理チームと、ECチームのYWTによるむきなおりでわかった問題とは、クライアントから寄せられる要求の受け止めを、両者個別に行っていることだった。商品に関する要求は在庫管理チームで、エンドユーザーに関する機能への要求はECチームで受ける。でも、商品に関することでもECサイト側に、エンドユーザーに関することでも在庫管理側に影響することはある。だから、お互いにコミュニケーションがないと、抜け漏れしていく内容がある。

僕は、このクライアントからの要請を同期するタイミングを設けることにした。今までのように、長谷さんは在庫管理チームとして、僕はECチームとして要求を受け止める。両チームとも、チームの短いミーティングを午前中に行っているので、ミーティング終了後に、長谷さんと僕で、短い時間でリーダー会を行うようにする。クライアントからの要求のすり合わせだけではなく、両チームの状況をお互いが把握するために、情報の鮮度が最も高いデイリースクラムの後とした。

このミーティングは、お互いの場所が離れているためチャットアプリのビデオ通話機能を使うことにした。リーダー会でわかったことや決定事項は、またその後に各チームで共有する。

ずいぶん前に、蔵屋敷さんから聴いたことがあった話に、スクラム・オブ・スクラムというプラクティスがあった。このプラクティスからヒントを得て、チームの状態をよく知っている代表者同士(僕と長谷さんだ)が定期的な接点をつくり、複数チームのコミュニケーションの流れを生み出すようにする作戦だ。蔵屋敷さんはスクラム・オブ・スクラムについて「まあ、大層な名前がつけられているけど、要は集まって話をしろってこった」と軽く片づけたが、僕はまた蔵屋敷さんに心の中で感謝するのだった。

■〉●

江島の解説● スクラム・オブ・スクラム

スクラム・オブ・スクラムについて、解説しておきましょう。簡単にいってしまえば、第5話の朝会や、第14話の中で出てきたスクラムのデイリースクラムを、複数のスクラムチームから代表を集めて実施するミーティングです。

図3-10｜スクラム・オブ・スクラム

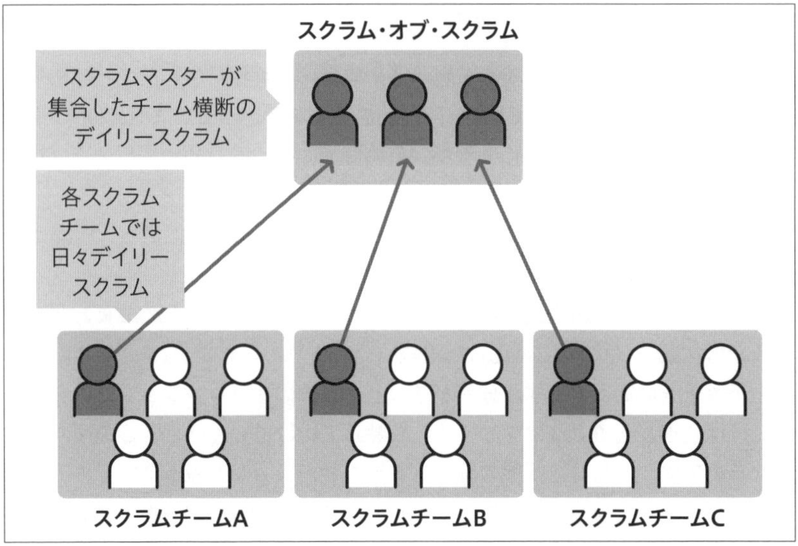

各チームからスクラムマスターが集まり、スクラムマスター同士でチーム横断的に関連情報や障害の共有をしていくわけです。スクラムを導入していない

チームの場合には、チームの中でスクラムマスターの役割に近い代表者に来てもらうのが良いですね。
その際に、

□他のチームに関係する作業の情報
□チーム内だけでは解決できない障害

を他のチームから集まってきたスクラムマスターに共有します。
ただし、注意点があります。ただのスクラムマスターの状況報告ミーティングにしてはいけないのです。スクラムマスターの役割は障害を取り除くためにあるからです。
スクラム・オブ・スクラムの終了後、ある問題について関連するチームのスクラムマスターだけがさらに残って、障害を取り除くための問題解決や対策を練ったりします。デイリースクラムと同じ考え方ですね。
その後、それぞれのチームにわかったことを持ち帰ります。このミーティングが機能すれば、障害物はこれまでより早く取り除かれ、情報遅延によるムダな開発が減ります。そして、チームの壁を超えた協調関係が生まれます。

アーキテクチャと組織の構造

みなさん、チームや組織の階層構造や枠自体が負担に感じたことはありませんか？ また、組織構造は人事部門が決めるものと思っていませんか？ 人事部門が案を出してはいるでしょうが、その背景には、商材やサービス、プロダクトのアーキテクチャが関係しているのです。
コンウェイの法則にあるように「**アーキテクチャは組織に従う。組織はアーキテクチャに従う**」のです。
かつては小さい組織だったのにもかかわらず、プロダクトの成長とともに人員が増加して、専門性に特化した組織に分割されていきます。まさに組織はアーキテクチャに従うのです。分割が進むと、自分のオペレーションだけをやっていけば仕事が回るようになります。成熟していけばいくほど、この傾向は強くなるのです。同時に、組織の壁でコミュニケーションが減っていくのです。同じプロダクトを扱っているにもかかわらずです。すると、アーキテクチャは個々の組織で増強を始めます。今度は、アーキテクチャは組織に依存するようになるのです。
全体を見る機会や人員が減り、それぞれのメンバーがモヤモヤと問題だと感じているのにもかかわらず、ムダな作業やコミュニケーションロスが放置されるようになります。不満は出ますが、全体を俯瞰して手段を講じる人や仕組みは少ないのです。そんな状況にこそ、スクラム・オブ・スクラムは有効に機能するわけですね。

アーキテクチャと組織の構造は表裏一体なのです。組織階層や組織数、人数が増加していくと、プロジェクトとかプロダクトとかというチームの話ではなくなってきます。つまり、問題解決の根底にある会社規模の組織変革を視野に入れなくてはならないのです。

スクラム・オブ・スクラムが浸透していけば、旧来型の上意下達型のピラミッド構造の組織から、会社組織全体が自己組織化されたアジリティーの高い集団への一歩となるでしょう。自立分散組織という高いレベルの組織で、素早く価値を提供し、顧客価値の最大化を望むのであれば、スクラムの本質や概念や文化が組織の中に浸透するのが近道ではないでしょうか。

Column

デイリーカクテルパーティー

プロジェクト内のコミュニケーションの経路をつなぐやり方として、**デイリーカクテルパーティー**があります。『リーン開発の現場』で著者のヘンリック氏が紹介しているやり方です。開発の規模が大きく、複数の開発チームが構成されるプロジェクトでは、たちまちチーム間のコミュニケーションをどのように取っていくかが課題になります。

ソフトウェアをつくるためには、つくるべきモノに関する情報の共有は広く行う必要があります。とはいえ、すべての情報をチームをまたがって、プロジェクトメンバー全員が同じ粒度で受け止められるようにミーティングを運営するのは、困難です。ミーティングばかり行っていては、開発もはかどりません。

ヘンリック氏がデイリーカクテルパーティーで示しているように、ミーティングに構造を持たせて、コミュニケーションの流れを設計するのは有効な作戦です。

デイリーカクテルパーティーでは、ミーティングが3階層になっています。一つ目は、各機能開発チームで行うスタンドアップミーティング(本書でいう朝会にあたります)。その後に開催されるのが、テスターや、アナリスト、各機能開発チームのチームリーダーがそれぞれ集まる専門担当者によるミーティング。機能開発チームのミーティングに参加している専門担当者もいるため、それぞれの開発の現場で起きていることを共有できます。最後に、各専門担当者やプロジェクトマネージャーが横断的に集ま

図3-11｜デイリーカクテルパーティー

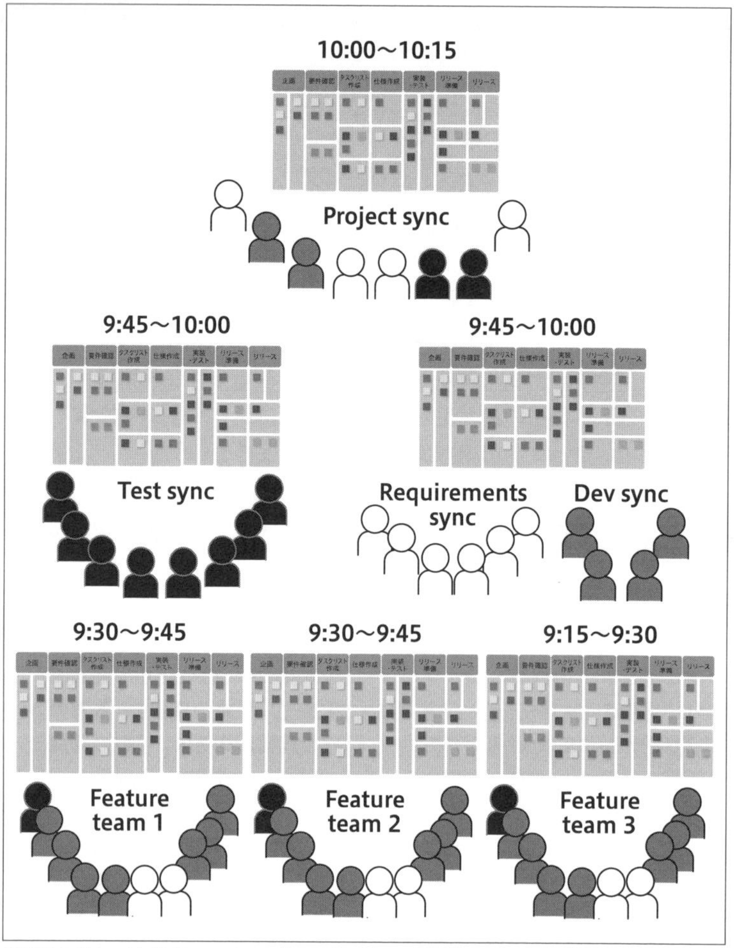

引用元：「Henrik Kniberg: Lean from the Trenches keynote @ AgileEE」P16（https://www.slideshare.net/agileee/henrik-kniberg-lean-from-the-trenches-keynote-agileee）を参考に作成

り、プロジェクト全体を俯瞰するミーティング。このミーティング参加者は、ここで行われるプロジェクト全体に関わるような大きな意思決定を各機能開発チームに展開する役割も担います。

この3階層を通じて、例えばある機能開発チームで起きている問題を拾い上げ、専門担当者が検討したり、プロジェクト全体として手を打ったりすることができるようになるわけです。

私の経験では、この機能開発チームが別々の会社だったりすると、よりコミュニケーション上の問題は起きやすく、また、こうした情報同期の取り組みを進めるのが最初は難しく感じられます。しかし、プロジェクトやプロダクトづくりで目指しているゴールの達成には何が必要なのかと関係者で立ち返ることで、こうした取り組みの必要性を感じてもらえるはずです。会社の間にある壁も、越えることができます。　　　　（市谷 聡啓）

●〉■

ストーリー ■ 対立よりも協調を

開発の計画は、在庫管理側の仕様変更に合わせて、やはり見直しが必要になった。さっそく、プランニング時に織り込んでいたバッファを取り崩す。具体的には、直近のスプリントでやるべきプロダクトバックログアイテムを新たに追加する。押し込まれたプロダクトバックログアイテムの分だけ、各スプリントでやる予定のプロダクトバックログアイテムが後方にずれることになる。リリース計画上最後に確保している「何もやらない期間」に、少しプロダクトバックログが追加される。これでプロジェクト全体のバッファを消費したことになる。うまく追加を吸収できたことに、マイさんがテンションを上げる。
「さっそく、バッファが役に立ちましたネ！」
一方、和尚は少し浮かない様子だ。
「でも、さっそくバッファを消化してしまったともいえますね」
そのとおりだ。まだ先は長い。これからも想定していないことは起きるだろう。まだ慌てる状況ではないが、バッファの残をにらみつつの判断が求められるだろう。

その後、リーダー会を起点にして、僕たちのチームと在庫管理チームとの間のコミュニケーションが生まれるようになった。最初はリーダー同士がコミュニケーションの中心になっていたけども、だんだんお互いの状況が見えるようになってくると、チームメンバー同士での会話も増えた。
そして、リーダー会を始めるようになって、長谷さんのこともだんだんわかるようになった。長谷さんは、テストについての知見が深い。さすが、信頼性が特に求められるSoRの領域を長くやっている人だ。僕はテストについての手法や考え方を学ぶべく、長谷さんを誘い出し、ときどきランチも食べるようになった。長谷さんも、クライアント先で孤独なリーダー業を長く務めていたから、僕のような話し相手ができて嬉しかったらしい。知っていることをいろいろと教えてくれるようになった。その中にはクライアントの体制についてのこともあった。

「江島くん、クライアントに、袖ヶ浦という人がいるでしょ」

確か、EC側のサブ的なプロダクトオーナーを務めている人のことだ。最近、定例会で見かけるようになったが、在庫管理側のプロダクトオーナーを兼務しているということだった。まだ定例会でほとんど言葉を発していないため、どんな人なのかはわからない。

「そういえば、在庫管理側のプロダクトオーナー変わったんですか」

在庫管理側のプロダクトオーナーはもともと業務経験が長い、矢沢という定年間近のおじさんが担っていたはずだった。新人の頃に関わったプロジェクトでずいぶんしごかれた記憶がある。

長谷さんは、芝居がかった様子で周りに目を配らせながら、僕に顔を近づけた。あご髭がきれいに揃っている。

「気をつけたほうが良い」

このプロジェクトに関わり始めてまだそれほど時間が経っているわけではないが、どうやら彼が今回のカテゴリの変更や商品価格の持ち方について、唐突に指摘をしてきたらしい。

一片の妥協も許すような雰囲気ではなかったという。長谷さんは直接的には言わなかったが、ずいぶんやり込められたようだった。久しぶりに会った長谷さんが疲労困憊で追い込まれていたのも、その袖ヶ浦さんという人による仕様変更が多発していたからだったらしい。

でも、後からやってきた担当者が、後から言いたいことを言いたいように言う。そんなことは、開発プロジェクトではよくあることだと思って、僕はこのときの話を聞き流してしまったのだった。

デザイナーと、共通の目標に向かう

ストーリー ■ デザイン変更は突然に

「このページでは、情報の詰め込みになりすぎないように、ページを分けてしまいたいと思います」

僕は、目の前でワイヤーフレームを説明する女性の顔を見て、プロジェクタで映し出されたページのイメージを見て、ということをこのミーティングが始まってから延々と繰り返している。ワイヤーの資料は、一向に減っていく様子がない。説明はもう2時間も続いている。和尚が大きなあくびをして、その隣でマイさんが大きく背伸びをした。みんなも疲れてきている。

説明している女性はデザイナーの音無さん。ちょうど僕と同じ年齢くらいに見える。今回のプロダクト開発に、クライアントが連れてきたデザイン制作会社のデザイナーだった。デザイナーにもいろいろな種類がある。ビジュアルを考える人、コーディングをする人、UIを設計する人、そして、情報設計を行う人。プログラマーの世界に比べると、分業がはっきりとしていて、すべてをやれる人というのは少ない。音無さんは、情報設計をメインでやる人らしい。つまり、今回のページ設計の変更をもとに、まだこれから、コーディングもしないといけないし、ビジュアルもデザインしないといけないというわけだ。

(今更こんな変更をして間に合うのかな……)

ビジュアル、コーディングまで含めたデザインワークの遅れも気になるところだが、ここで話されていることは明らかに機能開発にも影響がある内容だった。

僕は、ミーティングに同席しているクライアントの顔をうかがった。プロダクトオーナーの砂子さんは、いつもと変わらない様子で、ワイヤーを眺めていた。事前に、音無さんとは打ち合わせ済みなのだろう。僕たちのプロダクトオーナーは、コードを書いた経験がないため、この画面の変更がどれくらい影響があるか、わからないのだ。

いや、むしろ確信犯かもしれない。こうした変更を随時僕に相談する形をとると、僕が実現可能かどうかの話をし始めることが砂子さんはわかっているのだ。だから、あえて、デザイナーとの議論に僕を外して、進めてきたのだろう。砂子さんは、UIへのこだわりが強い人だった。ここは自分の良いと思ったことを押し通したいのだろう。さすがに、ほぼ何も言わずに聞いているだけだった僕の様子に、逆にいら立ちを砂子さんは覚えたらしい。名指しで問いかけてきた。

「江島くん、どう？ できる？ できない？」

僕の代わりに答えたのは、うちのチームの新メンバーだった。

「実に、開発するページの3分の2に変更があり、半分はどれもこれも機能にも影響する内容ですよ！」

新加入の浜須賀である。以前社内のテスト管理ツールの開発で、一緒に仕事をしたことがある。何よりもプログラミングが好きで、コードに影響があることには良いことにも悪いことにも敏感だ。普段は物静かだが、コードのことになると急に気が荒くなる、少し変わった子だった。でも、そういう気の強さに、まるでかつての自分を見るようでもあった。

スイッチが入ってしまっているらしい浜須賀は声を荒げて、砂子さんに抗議した。

「まともにやると到底間に合いませんね。これまでのプロダクトバックログと同じ量を積み直すようなもんだ」

浜須賀の言うとおりだった。和尚も、マイさんも「そうだ、そうだ」とばかりに頷いている。確かに、今回の変更は度を越えている。ちょっとフィードバックとして取り込んでおきます、というレベルではない。浜須賀は、音無さんにも強烈な言葉を浴びせかけた。

「デザイナーさんが勝手に決めた内容でも、こうやって集まって話さえしたら、何でもできるようになると思います？ この変更はほとんど取り込めませんよ」

勝手に、という言葉に今度は音無さんがカチンと来たらしい。

「勝手には決めていません。プロダクトオーナーの砂子さんと詰めてきた内容です」

音無さんは今まで接してきたデザイナーの中でも特に、デザインの決定に妥協をしない人だった。浜須賀に対して一歩も引くつもりはないらしい。

「普段どおりの、情報設計を踏まえて、ワイヤーを起こしています」

今度は、和尚が音無さんに反応した。

「普段どおりって。なぜ、開発チームに何の相談もされないんですか」

「デザインの話をするのに、いちいち開発チームを巻き込む必要あるんですか？」

和尚の次はマイさんだ。緊張感が高まっている会議室に場違いなくらい伸びやかな声を上げた。

「デザイナーとプログラマーで、一つのプロダクトをつくる、一つのチームだからですネ！」

音無さんは、浜須賀、和尚、マイさんの面々をにらみつけるように見つめ返した。開発チームはこのところ、要件定義だったり、SoR側との調整だったりに大きく時間を取られていた。その結果、アウトプットを急いだために、デザイン制作会社との絡みに積極的に時間を割けていなかったのは事実だった。音無さんは、そもそも僕らが前のめりではない態度になっていたのを不満に感じていたらしい。

「アジャイル開発は、いつでも変更できるんじゃないんですか？」

もはやけんか腰の音無さんを砂子さんが、さらに口々に言い返そうとする浜須賀、和尚、マイさんを僕が間に入って止めにかかる。

デザイナーの音無さんもプロダクトオーナーの砂子さんも、そして開発チームもこのままでは平行線をたどり、どこにも行けないことはわかっている。それなりにこれまで一緒にやってきてはいるので、音無さんも砂子さんも自分たちが言っていることの無茶に一方で気づいている。

それでも、こうして強硬に言ってくるということには理由があるはずだ。僕は、手元にあるワイヤーフレームの資料をぱらぱらとめくり眺め直した。おそらく、ここまでまとめるのに相当な時間を費やしたに違いない。砂子さんも音無さんも、開発チームをただ困らせたいわけでは決してない。今回の変更で何とかプロダクトの質を高めたいという思いなのだ。この思いを無視して、こちらの言い分だけ言い返してもまず前には進まない。

僕はいきり立つ浜須賀たち3人をいなして、音無さんと砂子さんにある申し入れを行った。それはデザインと機能開発を統合するための合宿だった。

■>●

江島の解説● デザインプロセスと開発プロセス

今回は、デザインチームと開発チームの協業についてです。デザイナーとプログラマーが別々のチームになっていることは珍しいことではないでしょう。デザインを専門に扱っている部署が別にあったり、外部のパートナーにお願いするのはよくあるケースです。

デザインチームと開発チームの間でやりとりが何度も発生し、それでいて認識の齟齬も起きやすく、手間が増えたり手戻りを招いたりします。だから、どういうタイミングでどんな内容の確認と合意を行うべきか、というのは大事で、適当にやっていてもうまくいきません。

具体的には、おおよそ以下の順序でデザインの制作は進むはずです。

①**サイトの全体像**：どんなページが存在し、どうつながるかを整理する
②**スケッチ**：要求を聴いて、最初に起こすラフなイメージ図

③**ペーパープロトタイピング**：スケッチをプロトタイプ化し、インタラクションを検討
④**ワイヤーフレーム**：各ページでどんな情報を表現すべきか、情報設計を行う
⑤**ビジュアルデザイン**：トーン＆マナーを守りつつ、主要なワイヤーについて本番サイトと同様のビジュアル要素を決める
⑥**コーディング**：HTML & CSSの実装

問題は、このデザインプロセスと開発プロセスをどう噛み合わせるかです。特に、開発チームが反復開発をとっていたときに、デザインチームはプログラミングが始まるまでに、どこまでのタスクを終えている必要があるのでしょう。また、スプリントの期間中は、デザインチームはどのタスクをやっているべきでしょうか。これは意外と難しい問題です。

デザインチームと開発チームがそれぞれで動いていくためには、何かで「共通する理解」をつくる必要があります。思い浮かべているものが全然別だと、できるものもそれぞれで違うものになりますからね。

ユーザーストーリー

では、「共通する理解」とは何でしょうか。僕は、ユーザーストーリーが出発点にあると考えています。

ユーザーストーリーにまつわる領域の中で有名な、要求を3段構成の自然な言葉で表現したものを紹介します。

図3-12｜ユーザーストーリー

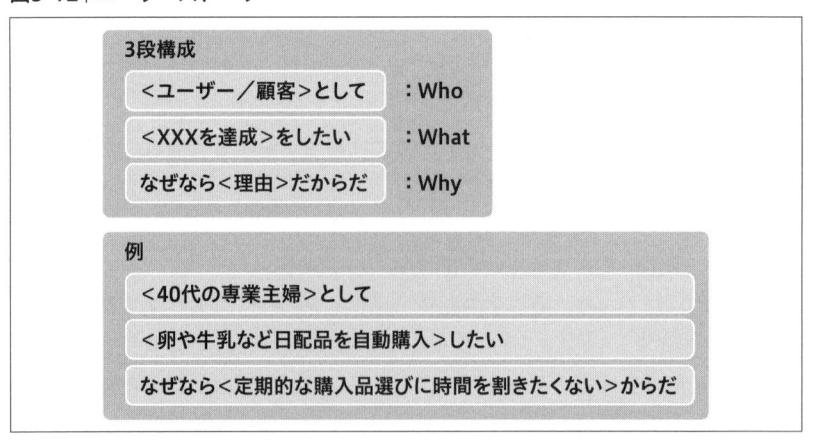

3段構成

<ユーザー／顧客>として	：Who
<XXXを達成>をしたい	：What
なぜなら<理由>だからだ	：Why

例

<40代の専業主婦>として
<卵や牛乳など日配品を自動購入>したい
なぜなら<定期的な購入品選びに時間を割きたくない>からだ

その役割において、達成したい要求を見極め、その理由がビジネス価値につながるように物語を語るのです。

ユーザーストーリーには、方法論やソリューションのHowは書きません。ユーザー（Who）の望みは、理由（Why）から出てきているということ、つまり目的を明確にすることが重要なのです。Whyを実現する手段（How）はむしろ、開発チームが腕を振るう箇所です。

つまり、ユーザーストーリーは機能ではないのです。その対象者にとっての価値を表すもの、その価値をもたらすための手段が機能になります。機能をただつくることだけに目線がいってしまうと、目的を見失ってしまいます。目的は、ユーザーストーリーの対象者に価値をもたらすことです。

ユーザーストーリーはあいまいな表現だったり、抽象度が高すぎたりしても良くないですし、タスクレベルの詳細を書きすぎても良くないのです。何を実現すれば、顧客の片づけたい用事を解決できるのかが明確にわからないのであれば、それはまだ、ストーリーの深掘りが足りないということになります。

下記の条件は頭文字を取って**INVEST**と呼びます。ユーザーストーリーを評価するために有用です。もう少し深掘りが必要なのか、他のストーリーに分割しなければならないのか、組み合わせる必要があるのか、言語化が足りていないだけなのか、修正箇所が見えてくるでしょう。

＜ INVEST ＞

I：Independent（独立して優先順位がつけられる）
N：Negotiable（何をつくるかの案が調整可能である）
V：Valuable（価値のある）
E：Estimable（見積もり可能である）
S：Small（チームで扱いやすい手頃なサイズである）
T：Testable（テストできる）

ユーザーストーリーとは、開発チームと顧客の間で、顧客の言葉を使いながら議論し、顧客がまだ言語化できていない要素を表出化していき、代替案などのひらめきなどを適用させながら共通理解を構築する道具なのです。

そして、ユーザーストーリーにより明確になった要求をプロダクトバックログアイテムとして活用するのが一般的です。ユーザーストーリーには、ユーザーがやりたいことが簡潔にまとめられており、Who ／ What ／ Whyが書かれています。機能面の説明に重きを置いた、よくある機能一覧と違い、顧客に対する価値に焦点が当たるため、顧客が求めているプロダクトをつくり上げていくことにつながっていくのです。「要望したものはこれではなかった」ということが減るでしょう。

また、見積もりポイントや受け入れ条件も同時に追記することで、プロダクトバックログアイテムとして把握できることがより増えます。どのくらいの工数がかかり、どうなればこのストーリーができたかどうかを判断できるのです。

ユーザーストーリーでユーザーのニーズを捉え、その中身についての理解を、デザインチームと開発チームで共通にすることで、ユーザーストーリーを軸にしてそれぞれの仕事を進められるようになります。

どうやって、理解を合わせるかですって？ ユーザーストーリーはその記述だけでは詳しい中身がわかりません。会話が必要です。ユーザーストーリーは**「会話することを約束する」**ものでもあります。

ギャレットの5段階

ところで、なぜユーザーストーリーだと共通の軸になるのかというと……みなさんは「ギャレットの5段階」を知っていますか。

図3-13｜ギャレットの5段階

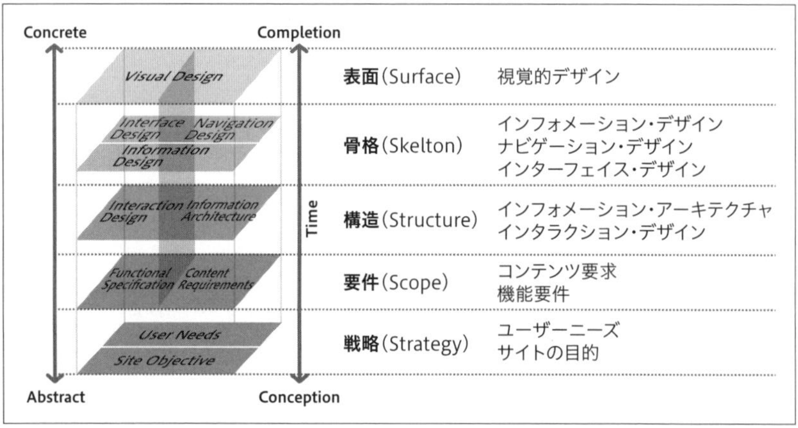

引用元：『ウェブ戦略としての「ユーザーエクスペリエンス」』(Jesse James Garrett 著／ソシオメディア訳／マイナビ出版)

ギャレットの5段階は、Jesse James Garrett氏の著書『ウェブ戦略としての「ユーザーエクスペリエンス」』の中で紹介されています。Webをデザインする際にUXを考え、構築していく上での重要な考え方・概念のことです。

Webサイトのデザインにあたり、ビジュアルを考える人、コーディングをする人、UIを設計する人、そして、情報設計を行う人などの多くの職種に分かれていることは本編のストーリーで説明しましたね。

ギャレットの5段階は、下記の構成になります。

□**表面(Surface)**：視覚的デザイン
□**骨格(Skelton)**：インフォメーション・デザイン／ナビゲーション・デザイン／インターフェース・デザイン
□**構造(Structure)**：インフォメーション・アーキテクチャ／インタラクション・デザイン
□**要件(Scope)**：コンテンツ要求／機能要件
□**戦略(Strategy)**：ユーザーニーズ／サイトの目的

この5段階の根底にある抽象度の高い戦略であるニーズや目的を関係者で共有し、ニーズや目的を満たすために要件を洗います。そして、要件に必要な情報の整理とユーザーとのインタラクションを設計します。その上で、情報を表現するための画面構成やユーザーが迷わないようにするためのナビゲーションを検討します。最後に、表面部分の視覚的なデザインを行います。

決して、視覚的デザインから始めるのではなく、目的やWhyといった深層まで深掘りし、戦略などのコンセプトづくりから始めることが重要です。

5段階目がプロダクトに対するユーザーのニーズを示し、4段階目がそれを実現する機能要件にあたるわけです。この構造、ユーザーストーリーと機能の関係に似ていると思いませんか。ユーザーストーリー（ユーザーのニーズ）をどのような機能で実現するか。

つまり、ユーザーのニーズを捉えたユーザーストーリーをもとに、サイトの要件、構造、骨格、表面は構想され、また同じく、開発すべき機能も内容が特定されるのです。デザインチームと開発チームが協業するにあたって、ユーザーストーリーはその共通の言語になります。

噛み合ったデザインプロセスと開発プロセスの流れ

さて、タスクの流れを見ておきましょう。ユーザーストーリーの内容をもとに、デザインチームは、必要なページの割り出しを行います（前述の「①サイトの全体像」）。そして、各ページのスケッチを行うわけです（②スケッチ）。スケッチを行う際も、ユーザーストーリーから何を実現すべきなのかを踏まえて、ページ構成を練っていきます。

ここで、デザインチームと開発チームはスケッチレベルでの認識を揃えておくのが望ましいでしょう。ユーザーストーリーは必要最小限の記述なので、具体的なイメージが湧きにくく、そのままでは両チームの認識にズレが生じます。ストーリーを実現するページがどんなイメージなのか、スケッチを両チームで書いたり、共有したりすることで、その理解を共通にします。

その後、開発チームは機能開発に進み、デザインチームはペーパープロトタイピングや、ワイヤーフレームの作成、ビジュアルデザインへと進みます。両チームが再び、機能の単位で仕事を共にするのは、デザインチームがコーディングを始めるときです。

おそらく機能単位では開発チームのほうが先行しており、開発された機能に対して、デザインチームがコーディングするという状況になっているのではないでしょうか。「**機能を開発して、その後コーディング**」というリズムが崩れないように、スプリントの計画を行うと良いでしょう。コーディングを始める前、少なくとも一つ前のスプリントで機能開発を終えていることが、理想といえます。

●〉■

ストーリー ■ Whyから始めよ。

まずは、質の高い、良いプロダクトとは何なのか、共通認識にする必要がある。ここがプロダクトオーナー、デザイナーと、開発チームでまだ揃っていない。今更といえば今更だが、そんなことを言っていても仕方ない。気づいて動くときが、その人にとっての最速なんだ。

なぜ今回の変更が必要なのか、根底にある思いをプロダクトオーナーに語ってもらい、まずはその表出を行う。言語化された思いは、論理的に扱うことができるようになる。

僕は、プロダクトオーナーが話す内容を、一つひとつユーザーストーリーに置き換えて、誰のために、なぜ必要なのかを明らかにしていった。すると、ストーリーの実現のためにとるべき手段は一つではないことが明らかになってくる。

What(何)だけで議論していると、到底折り合いがつかないところも、Why(なぜ)までいったんさかのぼることで、Whatの再定義ができるようになる。その上で、ページはどうあるべきか整理をし直す。

この一連の活動を週1の定例会ベースで行うのはあまりにも期間がかかってしまう。共通認識を一気に育むためには、時間を凝縮するのが良い。だから、合宿なのだ。合宿と聴いて、和尚とマイさんはすっかりテンションが上がってしまい、デザイナーとの対立のことを忘れてしまったかのようだった。一方、音無さんは

「こんなときに合宿？！」と言葉には出さないまでも、不満な面持ちがありありと表情に出ていた。

合宿では、ストーリーをベースに、その場でホワイトボードでラフスケッチを書き起こすことを行った。ここはもちろん音無さんの出番。2日間でめいっぱいラフな画面を書き走った。形にしてみると、やりたいこと(ストーリー)に対して、何が必要で、何はそうでもないかが、はっきりとし始める。その頃になると、もともとのワイヤーに固執する必要はなくなっていた。

とはいえ、機能への影響は少なくない。僕は、インセプションデッキの「われわれはなぜここにいるのか」を引っ張り出し、直近のローンチと、それ以降で良いものの仕分けをこの合宿の中で行った。考えるレベルが同じまま(ここでは機能がいるか、いらないか)では、コンフリクトし続ける。上位の基準(ここでは、インセプションデッキ)に照らし合わせることで、違った判断ができるようになる。

テキパキと仕分けが進む様子に、音無さんは感心したらしい。わざわざ僕に声をかけてきた。

「江島さん、合宿をやる意味がよくわかりました。最初、こんなときに合宿なんてって思ったんですけど、集中の仕方がまるで違いますね」

音無さんの感想を聴いて、僕も以前まったく同じことを感じたのを思い出した。あのときはプロダクトのむきなおり合宿だったっけ。

「なぜ、何のために必要なのか、から考えることで、こんなにも何をやるべきかが整理できるんですね」

僕は、以前西方さんから教わった「Start with why」の話を音無さんに披露した。音無さんはさらに感心したらしい。

「私と同じ年くらいなのに、江島さんって物知りなんですね……尊敬します！」

それを聴いてマイさんも同調してきた。

「私も思いますネ。開発だけではなくいろんなことを知っていますよね。私の兄にちょっと似てますヨ。」

マイさんのお兄さんて、やっぱり海外の方でプログラマーなのかな。少しだけ想像に駆り立てられたが、僕は二人との雑談をここまでにした。まだ、仕分けたストーリーをどう実現するか、どの程度新たな機能開発が必要になるか見立てが済むまではのんびりしていられない。

浜須賀も同じ考えだったらしく、さっそく和尚と実装方法についての議論を始めていた。相変わらずコードへのこだわりが強い浜須賀と、やることを極力減らしたい、「less is more」がモットーの和尚の二人は、うまく噛み合った。ストーリーの実現方法の検討について、片っ端から片づけていく。合宿1日目の終わりには、機能開発のほうは何とかなる見込みが立った。

問題は、ページのコーディングのほうだった。この合宿の内容をもとにまたワイヤーから起こすとなると、相当な期間を要してしまう。砂子さんはワイヤーを書くことにこだわっている様子で「ワイヤーがないと最終的なイメージ合わせができないままなので、認識違いが起きそうだ」と言い張った。

音無さんには作戦がなく、だんだん困り始めていた。僕のほうに弱った顔で助けを求めてくる。とはいえ、僕にもアイデアはない。和尚とマイさんは「ワイヤーなんてなくたって、コードは書けますよ」と、気にもしていない。砂子さんとしては、今まできちんとワイヤーに残してこなかったから、今になってこれほどの議論になってしまったんだと考えているようだった。にっちもさっちもいかなくなり、少し雰囲気が重たくなり始めたタイミングで、思わぬところから助け舟のようなアイデアが出てきた。

「ワイヤーを書く代わりに、今回のラフスケッチをもとに、もうコーディングを始めていきませんか」

この合宿でもほとんど目立った発言をしてこなかった人物、サブプロダクトオーナーの袖ヶ浦さんだった。確かに、今回のラフスケッチベースならば認識も揃っているし、以前つくったビジュアル資料からトーン&マナー（デザインの一貫性のこと）を大きく変更する必要もないので、いきなりコーディングを始めてHTMLに落とし込めるかもしれない。袖ヶ浦さんは、書き上がったHTMLベースで調整のための会話を行い、フィードバックを適宜反映してはどうか、と言った。僕は袖ヶ浦さんに同意した。

「なるほど。確かに、今の調子なら、機能開発のほうが先行します。機能の提供を開発チームが行い、それに対してHTMLとCSSを担当するコーダーさんが画面をつくる、ということをすれば、コーディングの段階で項目が落ちてしまうということもなさそうです」

砂子さんも、実物で調整ができるなら話が早いとこれを受け入れた。

僕は、このやり方には、単に時間を圧縮する以上の利点があることに気づいた。「コーダーさんのHTMLを開発側が取り込む」のと「開発チームが提供するラフページにコーダーさんがHTMLを実装する」という方法を比べたとき、前者の場合はどうしてもコーダーさんの段階で仕様が抜け落ちてしまうことがあった（例えば、本来ページに出すべき項目が、まるで存在しないかのように省略されてしまう）。

後者ならば、ラフとはいえ必要な項目をすでに出力しているモノへの画面づくりとなるため、仕様が落とされにくい。

「とすると、コーダーさんも開発環境を構築する必要がありますね」

浜須賀が実装するときのイメージをして、即座に課題を挙げた。

「環境はDockerで準備して、渡すようにすれば何とかなるんじゃないかな。もちろん、開発チームとのコミュニケーションは単純にGitHub上のやりとりだけでは済まない部分が出てくるだろうけど……きっと音無さんが間を埋めてくれますよね」

僕が水を差し向けると、音無さんは急に元気を取り戻して、自信満々に答えた。

「もちろんですよ！任せてください！」

でもその自信にはまったく根拠がないことを、みんなもわかっている。少し笑いが起きた。関係者の間で、ようやく緊張が和らいだということだ。これで合宿を終えられる。この合宿を通じて、初めてプロダクトオーナー、デザイナー、開発チームの3者で協力し合うことができた。僕たちは、目標に向かって再び走り始められるようになったのだ。

第24話 EPISODE 24

視座を変えて、突破するための見方を得る

ストーリー ■ いら立ちから不安へ、そして窮地

社内のエキスパートをどんどん吸い込んでいっていた炎上プロジェクトは、次第に鎮火し始めているらしい。会社としては炎上案件の損失を取り戻すべく、受注を増やすために各方面へ営業を積極的に仕掛けているということだった。

「というわけで、わかるよな、江島」

営業の稲村さんに連れ出されて向かった先は、いつものクライアントの見慣れたビルだった。そう、今日はMIH社の中でも、ECを担当している部署とはまた違う部署から引き合いがあり、案件のヒアリングで訪れていた。

営業の稲村さんとは先日知り合ったばかりだった。陽によく焼けていて、聴けば休日はサーフィンに余念がないという。普段顔を合わせているメンバーは、マイさんを除くとだいたいおとなしい人ばかりなので、よく口の動く稲村さんは新鮮だった。

しかし、こんなことをしている場合ではないのに、と僕は思ってしまう。ECの開発はまだ終わっていない。終わっていないというか、デザイン合宿以降、全体としてコミュニケーションが活発になり、以前よりもはるかに動きが激しくなっていた。クライアントを含めたチーム全体がまるで馬車馬のように仕事をしているようだった。あちらこちらでアイデアや議論が湧くように出てきていて、プロダクトを細かく調整したり、時には大胆にコードを書き換えたりしている。

砂子さんはひっきりなしにプロダクトについてのアイデアを挙げてくるし、音無さんも引き続きUIについてのカイゼン案を出してくる。開発側の和尚とマイさんも、まず受け止めるスタンスなので、議論がリジェクトされることなく続いていく。和尚が自信満々に関係者に宣言した。

「プロダクトが良くなるアイデアならどんどん出してください。どう実現するか、本当にやりきれそうかを考えるのが私たちの役割ですから」

「このプロダクト、私たちが来る前に比べて良い感じに様変わりしていますヨ！」

マイさんもやる気十分という感じだった。それに浜須賀が答える。

「それはそうでしょうね。聴けば、もともとBtoBとして設計していたものを、

BtoCに切り替えているわけですから！」

変更が乱雑に入るとどうしてもコードの質が落ちてしまう。ブルドーザーのようにプロダクトバックログを片づけていくのが和尚とマイさんの二人。その後ろから、考慮の抜け漏れやバグを片っ端から拾って、猛然とコードを正していくのが浜須賀というフォーメーションになっていた。

明らかにチームは乗ってきているし、一方で混沌としているともいえるので、全体を俯瞰して、やりすぎが起きないようにする役割も必要だった。という中で、まったく別件に駆り出されることに僕には少なからずいら立ちが芽生えていた。

稲村さんには、そんな僕の様子が手に取るようにわかるらしい。折に触れてくぎを刺してきた。

「会社として、どんどん新規案件を取らないといけないんだ。この案件の提案も、江島、しっかり頼んだぞ」

開発案件と並行して、提案活動も行わなければならないということだ。

「なあに、下準備というか、前回一度ヒアリングは行っているんだ。今回は決定事項をなぞるだけ。後はどうやってやるかだけだ」

稲村さんの自信有りげな雰囲気が、いら立ちを不安に変え始めていた。

「何を言っているんだ。やってもらわないと困るんだよ」

この言葉をクライアントではなく、同じ会社の人から投げかけられるとは思わなかった。営業の稲村さんはクライアントを代弁するように、さらに高圧的な雰囲気になっていた。クライアント側の担当者は、なんと袖ヶ浦さんだった。ただし、在庫管理、商品管理側の部署の担当として、僕の前に座っている。

稲村さんに比べて、袖ヶ浦さんは涼しい顔をしたものだった。でも、僕はこのとき少し違和感を覚えた。涼しい顔の袖ヶ浦さんに、ほのかな悪意を感じたような気がしたのだ。

それに、デザイン合宿でもクレバーな判断をしたこの人が、こんな馬鹿げた案件を進めるとは思えなかったのだ。内容は、外回りがメインである商品販売の営業員向けのスマホアプリ。外出先から、チャットインターフェースでボットと会話することで、クライアント提案に必要な情報を得ることができる。営業員がボットに断片的に語りかけることで、提案に役立ちそうな業界の情報やトレンドなど、様々な情報を返してくれる。返ってきた情報が役に立つものだったかどうかのフィードバックを得て、ボットの返答精度を高めるという機械学習も盛り込まれていた。

問題はその企画の中身ではない、期間だった。まだ企画書が紙ペラで5枚程度しかない現状で、ローンチ希望は、2カ月先。どうも12月の年末商談に間に合わせたいという思惑があるらしい。
「稲村さんは前回のミーティングで、十分に実現可能であると明言されていましたが」
袖ヶ浦さんはほとんど感情を表に出すことなく淡々とそう言ってのけた。稲村さんは、その言葉に同調する。
「もちろんです！ ……江島くん、もう一度社内に戻ってどうすればできるか検討しよう」
僕はどうするもこうするもないと言葉を出しかけたところで、稲村さんのにらみを目の前にしてのみ込んだ。ここは引き下がるしかない。困ったことになった。前門には、クライアント。後門には、営業。まるで挟み撃ちだ。

僕が持って帰った紙ペラの企画書を何度も読み直して、浜須賀が青い顔をこちらに向けた。
「冗談ですよね、この開発期間……」
浜須賀から紙を取り上げて、マイさんも内容に目を通した。そして、いつも以上のオーバーアクションで、降参とばかりに両手を上げた。マイさんの手からこぼれ落ちた紙を今度は和尚が拾い上げる。
「このままの内容で計画を練ろうとしても、無理でしょうね」
和尚の言うとおりだった。まともに要求を満たすような開発の計画なんて立てようがない。このままではどうにもならない。問題を解決するためには、条件や制約を増やすか、減らすか、変えることをしなければ、活路は生まれてこない。僕は、この企画が解決したいこととは何なのか、そもそもに立ち戻ってみることにした。
企画を一言でいうと、営業向け提案支援ボットサービスだ。果たして、外回りしている営業はどの程度必要としていることなのだろうか？
このテーマを深掘りするためには、クライアントの業務に精通している人に相談するのが欠かせないだろう。僕は、在庫管理と商品管理のプロダクトオーナーを務めていた、袖ヶ浦さんの前任である矢沢さんに連絡を取ることにした。僕が新人の頃に関わったプロジェクトでの様子を矢沢さんは覚えてくれていた。
「お前さんは、ずいぶん生意気だったからな」
そう言って、電話の向こうで矢沢さんは豪快に笑った。その懐かしい笑い声に僕は焦る気持ちが少し和らぐのを感じた。矢沢さんはプロダクトオーナーを降ろされてから、時間を持て余し気味だったらしい。さっそくミーティングを持ってくれるということだった。ただヒアリングをしても要点を押さえにくいだろう。矢沢さんとワークショップ的に、仮説キャンバスを書いてみるつもりだった。

江島の解説● 仮説キャンバス

プロダクトやサービスで解決したい本当の課題は何でしょうか？ 顧客が抱えている課題は、顧客本人ですらわからない場合があります。

こうした顧客の潜在課題に気づくためには、そもそも「お金を払ってでも片づけたい用事」とは何なのかを考えると効果的です。問題解決は、つい手段ばかりに目がいってしまいますが、その用事を片づけることが本来の目的のはずなのです。この考え方は、クレイトン・クリステンセン氏が提唱する「**ジョブ理論**」です。

ジョブ理論では、顧客はやり遂げたい何かがあり、そのためにプロダクトやサービスを「**雇用**」していると考えます。同じ用事でも、顧客の置かれた状況によって雇用するものが異なります。

例えば、仕事中のリフレッシュやリラックスという用事を片づけるために、タバコが雇用されるケースもあれば、ちょっとしたコミュニケーションで憂さを晴らすべくネット越しでSNSを雇用するケースもあるでしょう。つまり、SNSはタバコと競合することもあるのです。

また、クリステンセン氏はミルクシェイクを例にとって、逆に同じプロダクトでも異なる用事で雇われることがあると語っています。通勤中に雇われる場合は「退屈しのぎ」のためで、休日に子供に買ってあげる際は「優しい父親の気分を味わう」ためだそうです。

このように考えると、それぞれの機能面にだけ焦点を当てて差別化を図るだけでは、顧客満足を見つけられません。同じミルクシェイクでも、大人が退屈しのぎに飲むなら分量があって、飽きがこないものが良いでしょう。一方子供に与えるなら、量は多すぎず、健康を害する成分は避けたいと思うでしょう。顧客が片づけたい用事、すなわち目的にフォーカスする必要があります。

顧客の目的や課題解決を達成できる手段やソリューションは様々あります。その多様な案の中から、自社の優位性を用いて、独自価値を提案することが、プロダクトづくりを通じてやりたいことなのです。そのようなプロダクトやサービスを形にして、使えるようにするのがわれわれの仕事です。顧客から言われたものを、ただ盲目的につくっていれば良いわけではないのです。

このように課題や目的を明らかにし、適用可能なソリューションなどのコンセプトを練るフレームワークが存在します。それが仮説キャンバスです。仮説キャンバスは世の中にある他のキャンバスからインスパイアされてつくり出されたものです(筆者市谷による)。

下記の図のように、目的やビジョンや顕在課題といった14の観点から、企画やアイデアの確からしさを見定めていくものです。新規ビジネスや事業の見直しの際、プロダクトやサービスが新たなフェーズを迎える際、現状を整理し、仮説を立てることができます。関係者の間でモヤモヤしていたことが明らかになり、共通理解を構築することができます。

図3-14|仮説キャンバス

<table>
<tr><td colspan="3">目的
なぜこの事業をやるのか</td><td colspan="3">ビジョン
顧客にどうなってもらいたいか</td></tr>
<tr><td rowspan="2">ソリューション
提案価値を実現する手段</td><td>優位性
自社がやるべき理由になる具体的リソース、状況</td><td>提案価値
顧客にもたらす価値</td><td>顕在課題
顧客が気づいている課題</td><td>代替手段
課題解決のための現状手段と不満</td><td>状況
どのような状況にある顧客が対象か</td></tr>
<tr><td>評価指標
評価の指標と基準値</td><td>意味
顧客にとっての意味</td><td>潜在課題
顧客が気づいていない課題</td><td>チャネル
顧客に出会う為の手段</td><td>傾向
状況に基づく顧客の傾向</td></tr>
<tr><td colspan="6">収益モデル
ビジネスモデル</td></tr>
</table>

引用元:「正しいものを正しくつくる」(市谷聡啓著/ slideshare / https://www.slideshare.net/papanda/ss-66082690)

仮説キャンバスの思考ロジックと要素

仮説キャンバスを埋めていくための思考ロジックと各要素を説明していきましょう。右側の顧客側の要素を初めに考えながら、それに対応するように左側の提供側の要素を組み立てていきます。

まずは課題です。顧客の抱えている用事をきちんと深掘りします。この課題には、顧客自身が気づいているかいないかで、「顕在課題」と「潜在課題」の二つの側面に分かれます。それぞれ解決のアプローチが異なる場合があるため、あえて分けて考えます。実際の仮説検証においては、この潜在課題が想定できているか、解決可能なのかが、企画に深みをもたらします。

次に「状況」です。切実な課題を持つ顧客のイメージを明確化します。ここを単に「顧客」のエリアとして捉えてしまうと、デモグラフィック属性を挙げることに偏ってしまいます。顧客が課題を抱えるのは、ある状況に起因するからです。厳密には属性と因果関係があるわけではないのです。

「属性」で顧客を捉えてしまうと、仮説を立てた属性以外の顧客にたどり着くまでが遠くなり、結果として意思決定を誤ってしまいかねません。仮説キャンバスでは「状況」というエリアにして、属性ではなく状況を挙げることを明確にしています。

そして、この状況にある人たちが取りうる「傾向」を考えます。「傾向」とは、この「状況」において発生しやすい思考や行動の偏りを指します。

例えば、インターネットで仕事を探すあるセグメントは、特定の求人サイトへのロイヤリティがあるわけではなく、検索エンジンにキーワードを入れて探すという行動を取っていたりします。これは、一つのサイトの中で探すより、検索エンジンで探すほうが広く仕事に出会えるのではないかという思考の「傾向」から、求職者が示し合わせたように同じ行動を取っていると考えられます。

「傾向」の流れに乗らない、反するようなソリューションは、最初はなかなか顧客には受け入れてもらえません。こうした行動の傾向性も考慮して、サービス設計、提供を行う必要があるわけです。

次に取り上げるのは、課題解決のための現在の「代替手段」です。顧客は何らかの方法で、不満を持ちながらその用事を片づけているはずです。逆に代替手段に満足している場合は、新しいソリューションを採用するためのスイッチングコストが高くなり、分が悪いといえます。

そして「チャネル」です。その課題を持っている顧客と出会う可能性の高いメディアや販路、手段のことです。チャネルの検討はサービス設計上、後回しにしてしまうことがありますが、その場合後々苦労することがあります。せっかくプロダクトをつくり出せたとしても、それを利用する人に届けられなかったら、価値はどこにも生まれません。

さらに、本来の目的を見失わないように、視座を上げて「ビジョン」を言語化しておきましょう。「ビジョン」は中長期的に顧客になってもらいたい状態のことです。

今度はキャンバスの左側を見ていきましょう。まずは、課題に対する「提案価値」について。提案価値を考える際、ソリューションも同時に考えてしまいがちです。提案価値は課題を解決して、顧客をどのような状態にするのかということです。ソリューションは、その提案価値をどうやって実現するか、という手段にあたります。

また、提案価値が顧客にとってどんな「意味」を持つことになるのか、顧客の視点で考えることで、価値を深掘り、強化することができます。

課題に対する「提案価値」を考え、その「提案価値」に対して「ソリューション」を考えるというように、順を追って考えていくことで、目標と手段の整理ができるでしょう。

「優位性」とは自社の強みのことです。この自社の強みがうまく活かされているほど、自社がやるべき必然性が高まるでしょう。

「目的」は、このプロダクトを提供する側のWhy、狙い、この事業をやる理由にあたります。目的があいまいだったり、弱かったりすると、新しいプロダクトを生み出す活動は容易に停滞してしまうでしょう。

実施するにあたってのコストや売上規模を示すのが「収益モデル」です。どんなビジネスモデルで収益を拡大させていくのかという観点で、ここを記載しましょう。

最後に、このモデルの評価軸を何で行うかを「評価指標」にまとめます。

それぞれの要素ごとに深掘りを行いますが、考える際には、キャンバス上のエリアを行ったり来たりすると思います。状況、課題、提案価値、ソリューションは関連が強い要素で、特に行ったり来たりすることでしょう。

また、キャンバスの全体から仮説の整合性をチェックすることができます。「顕在課題」「潜在課題」を解決したら、本当に「ビジョン」で描いている世界が訪れるのか？ 実現したい「提案価値」は、自社の「目的」と合致しているのか。項目の一覧形式ではなくわざわざキャンバスにして1枚に収めているのは、全体の見通しを良くするためです。ひと目で全体を捉えることができますからね。

Column

自分たちだけのキャンバスをつくろう

仮説キャンバスは筆者が仮説検証の現場で頻繁に必要となる観点を組み入れて、構成したものです。例えば、**ビジネスモデルキャンバス**に比べると、キーパートナーのエリアがありませんが、課題のエリアを明示的に設けています。また、**リーンキャンバス**に比べた違いとして、目的やビジョンのエリアを掲げています。

仮説キャンバスで定義しているエリアは、キャンバスを現場で実際に運用している中で必要性を感じた観点です。逆に、あまり必要にならないエリアは省いています。最初から現状の仮説キャンバスの構成を考えたわけではありません。数回の変遷を経て、いったん現状に落ち着いているというところです。

仮説を立てる上で必要な観点は、立ち上げようとしている事業やサービスの内容、起業家や立ち上げ企業の置かれている状況によって、変わります。アライアンスが中核となるビジネスなら、やっぱりキーパートナーのエリアは必要になります。様々キャンバスを見比べたり、実際に書いてみたりして、自分たちに合ったキャンバスを選ぶようにしましょう。

それでも不足を感じたら、世の中にあるキャンバスを参考に、みなさんが必要とするキャンバスを描いてみてください。（市谷 聡啓）

図3-15｜ビジネスモデルキャンバス

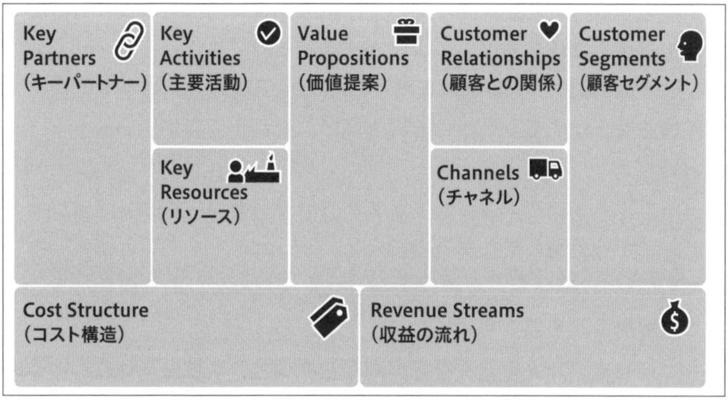

引用元：The Business Model Canvas ©Strategyzer（https://strategyzer.com）、Designed by：Strategyzer AG

図3-16｜リーンキャンバス

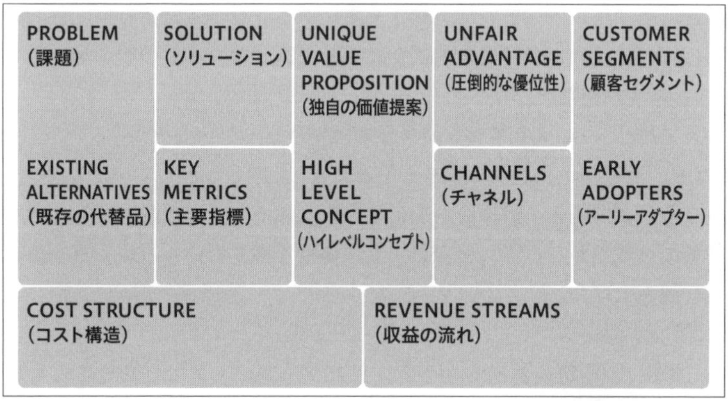

引用元：Lean Canvas ©Ash Maurya（https://leanstack.com）

ストーリー ■ 視座を高めて、状況を打開する。

「お前さんさ、外回りの営業がそんな悠長に提案の準備をすると思うのかい」

開口一番、企画の根底が揺らいだ。矢沢さんは相変わらず口が悪いというか、相手が社内か社外かは関係のない物言いだった。もう60歳を超えているので、矢沢さんから見たら僕なんてひよっこも良いところだろう。それに、これまでSoRの領域を一手に支え、業務に関しては該当する業務担当者よりも詳しいという自負が矢沢さんにはある。

「受注を増やすために、提案の数を増やしたい。提案の数を増やすために、営業に情報が渡るようにする。いかにも現場経験のない企画者が思いつきそうな内容だな、おい」

そう言って、キャンバスの目的エリアに書いていた「受注を増やしたい」という内容をイレイサーで消してしまった。

「受注が増えるのは結果だ。その結果をもたらすために、取り組むべきことを挙げないと、解決手段を誤るぞ」

ぎろりとにらまれた。まるで僕が企画したかのような扱いだった。あるいは厄介な教師に捕まった生徒か。何か答えないと許してもらえそうにないので、苦し紛れに言葉を返す。

「結果的に受注増につながるような目的……。営業の活動の効率化でしょうか」

矢沢さんは、僕の持っていたホワイトボードペンをひったくって、目的エリアに新たに「営業活動の効率化」を挙げた。そして、じろりと僕の顔を見つめる。

「そこで、何が課題だと思う？」

「うーん、提案先のクライアントの業界知識が不足しているとか？」

「それだと、最初のボットサービスと同じだぞ」

おもむろに、課題エリアに何かを書き出す。おそらく、仮説キャンバスを書くのは初めてにもかかわらず、どうしても主導権を握りたいらしい。書き終えたものを僕は読み上げた。

「社内に戻る手間をなくしたい」

「そう。問題は、一部の社内システムが社外からアクセスできないことに起因するんだよ。CRMにはアクセスできるよ。でも、提案に伴う見積もりの稟議システムは、外からはアクセスできない」

おっと、そうなんだ。となると、営業さんの活動にはだいぶ制約が伴うということだ。僕の様子を見て、そのとおりとばかりに頷きながら矢沢さんは言葉を続けた。

「外回りが終わったら、まず会社に戻って上長に報告するでしょ、という昭和の頃の考え方がマネジメント側にずっと残っているのさ。だから、わざわざ社内システムのアクセス環境を変えようとは誰もしない」

「それって、とっても手間ですよね」

「むちゃくちゃ、面倒くさいね」

僕は、ホワイトボードペンを矢沢さんから奪い返した。そして、一気にキャンバスを書き上げていく。解くべき課題がつかめれば、その現状の代替手段、および不満、それらに対する提案価値まですらすらと書き進めることができる。書き上げたキャンバスから、一歩下がって全体を俯瞰してみる。そこで、はっと気がついた。「これって、もはやチャットインターフェースである必要も、ボットの必要性もありませんね……」

矢沢さんは、僕の察しが良かったのだろう、満足気だった。大きく頷き返す。

「問題は社外からアクセス可能なように、稟議システムへ手を入れていくことに上層部がうんと言うかだな。今更SoR領域に投資しようなんてマインドはすっかり冷え込んでいるよ。でも、本当は業務の拡大に対して置き去りにされてきた、SoRにこそ再投資すべきと俺は思うんだけどね」

少し寂しさもにじませていた。長く面倒を見てきたからこそ、業務をもっと良くしたいという思いが誰よりも強いし、同時に、それがどうにもできないことへの悔しさもあるのだろう。

ともかく、僕は矢沢さんに感謝した。矢沢さんのおかげで、僕は問題に対する目線の位置を変えることができたのだ。視座の高さを変えて考えろと、昔、蔵屋敷さんによく言われていたことがある。しかし、僕は矢沢さんと話すまで別の観点に気づけなかった。

視座をただ高めるだけではなく、逆に低くすることも「高さを変える」ことになる。もっと現場に寄り、詳細を見ようとすることで、問題の捉え方を変えることができる。

今回でいえば、前提としていた「受注を増やす」という目的のままでは、真の問題にはたどり着けなかったかもしれない。目的を正しく定義することで、何を問題とするかの着眼点を正すことができる。「営業活動の効率化」と目的を捉えるならば、営業になりきって、その視点で業務を捉え直すことが必要だ。その結果、本当に切実な課題が見えてくる。僕は明るい声を矢沢さんに向けた。

「矢沢さん、これでいけます！」

まあまあだなというドヤ顔で、矢沢さんは頷いたのだった。

僕は矢沢さんとまとめた仮説キャンバスをもとに、ソリューション案をボットサービスからまるっきり変えて、提案に臨んだ。内容は、社内システムをAWSに載せ替えて運用する、という案件に様変わりしていた。検証は必要だが、これなら2カ月でできる。

僕の提案が最も刺さったのは、営業の稲村さんのようだった。営業の抱える悩ましさ、具体的には営業が本来時間を使いたいところに時間を使うことができず、よくわからない制約(社内システムに外部からアクセスできない)によって効率を落とさざるを得ないという実態を捉えた内容に、共感を覚えていた。

しかし、袖ヶ浦さんには刺さらなかった。

「これではボットのサービス企画になりませんが?」

新たな提案を見る前とまったく変わらない声色で、袖ヶ浦さんが僕を見つめてきた。あまりにも冷たい目に、少しドキドキしながら答える。

「目的は、ボットサービスをつくることではないと考えます。受注を増やすという結果をもたらすには、手段は選ばず、解決すべき問題も効果的なものを選ぶべきと考えました」

にしても、これは変わりすぎではないですか、と袖ヶ浦さんが言葉を声に乗せるより早く反応したのは稲村さんだった。

「これなら、予算も期間も、ご希望のうちに入りそうですね」

今度は、袖ヶ浦さんはけげんそうに稲村さんの顔を見た。結託していたわけでは決してないだろうけども、今回の件では意見の一致から、いわば味方だと思っていた人にまるで裏切られたかのような感覚があったのだろうか。

しかし、袖ヶ浦さんは声色をやはり変えることなく、稲村さんと僕を交互に見て、締めくくった。

「この案を、上程してみます」

「企画は見送りになったよ」

やれやれという様子で、矢沢さんは内情を教えてくれた。新たな企画の提案から1週間も経たないうちに結果が出た。

「あいつが何をやりたかったのかはようわからん」

あいつとは袖ヶ浦さんのことだ。矢沢さんからすると、プロダクトオーナーの職務を剥がし取った仇敵に近い。「そんな風には思っとらん」と、こちらの考えを見透かしたように、先手を打たれた。

「まあ、EC側のプロダクトオーナーになるそうだから、こんな案件を相手にしている場合ではないんだろうな」

「え? それって、SoR領域も、SoE領域も、全部、袖ヶ浦さんがプロダクトオーナーとして進めていくことになるってことですよね!」

EC側のプロダクトオーナーだった砂子さんの顔が一瞬よぎった。砂子さんは、一体どうなるんだろう？ 確かに、デザインであれだけ荒ぶってしまったのだから、何かあってもおかしくはない。実際のところ、プロジェクトは当初の目論見よりも遅れているのだ。

僕は、袖ヶ浦さんの顔を思い浮かべて、はっきりと不安を感じた。袖ヶ浦さんから感じたほのかな悪意が思い出される。ぼうぜんとした感じの僕をよそに、矢沢さんは話を続けた。

「あと稲村のことだけどな。客と営業の関係で長くやってきたから、あいつのことはよく知っているのだが」

どうも稲村さんは、プログラマーと折が合わないというか、これまでプログラマーのコミットの薄さに煮え湯を飲まされてきたらしい。クライアントに対し、営業である自分がコミットしようとしても、社内のプログラマーがまったくついてこない。いかに工数を浮かせるか、という視点になってしまっていて、開発部全般に顧客視点が欠けていた時代があったのだ。僕はその状況を容易に想像することができた。

稲村さんは営業として、クライアントへの説明にずいぶんと苦労してきたらしい。クライアントの立ち位置から物事を考えられる稲村さんだからこそ、余計に開発側のスタンスが理解できなかっただろうし、悔しい思いをしてきたのだろう。だから、開発チームへの復讐とまではいわないが、どこかで溝をつくって、対立することになってしまっていたのではないかという。

「だけど、気づいたんだろうな。お前さんが視座を変えて、ある意味顧客以上に顧客のことを考えて問題解決の術を出してきたことで、自分自身の視座の低さにな」

矢沢さんは、稲村さんを代弁するように続けた。

「プログラマーと足を引っ張り合う、自分が取っている行動こそ、実は顧客のためになっていないということに」

矢沢さんはそう言って僕の肩を叩いて、その場から離れていった。後は頼む、ということらしかった。役割を終えてしまった、その後ろ姿を見せられて、僕はたまらない思いになった。

第25話 EPISODE 25

広さと深さで、プロダクトを見立てる

ストーリー ■ 英雄の帰還

スプリントも残すところ後3つとなっていた。もう来月の頭にはローンチを迎える。このプロジェクトでも実にいろんなことがあったけども、いよいよ大詰めだ。プロダクトオーナーが砂子さんから袖ヶ浦さんに変わることに感じていた不安は取り越し苦労だった。袖ヶ浦さんに変わってもそれまでと進みは大きく変わらなかった。むしろ、やや混沌とさえしていた状況が良い具合に引き締まり、発散的な展開からプロジェクトは収束へと進むことができた。終盤にきて、このプロジェクトは落ち着きを取り戻した。

残りのスプリントで大きな機能開発もない。むしろ、次のマイルストーンに向けた計画が少しずつ整ってきて、来月のローンチに必要な機能開発よりも、ローンチ後を見据えてやるべきタスクのほうが、多いことがわかってきた。

浜須賀にローンチ周辺のタスクを任せて、僕は次のマイルストーンに向けたプランニングに入っていく、というシフトをゆるやかに始めていた。その浜須賀が、社内SNSを見ていて、いきなり声を上げた。

「江島さん、この人、袖ヶ浦さんですよね」

浜須賀が指し示すディスプレイをのぞき込んで、確かにそこに袖ヶ浦さんを発見した。僕が反応するより速く、マイさんが声を上げた。

「ああ、この人って、この会社の人だったんですネ～！」

和尚もやってきて、浜須賀を押しのけた。さすがに力が強くて、浜須賀は簡単に椅子ごと横に飛ばされる。

最終更新日は、5年以上も前。少なくとも5年前に、このSNSを、引いてはこの会社を辞めてしまったようだ。MIH社は中途入社だとは見ていたが、まさか前職がうちの会社だったとは。

彼が残したタイムラインを追ってみる。最後に残っていたのは、受託開発のビジネスモデルに対する糾弾にも近い内容だった。言われたものをつくる。それは、必ず言われたことまでしかつくらないという姿勢になる。ビジネスモデルを考えると、いかにやることを減らして済ませるか、つまり、言った言わないの線引きをいかに優位にするかがプロジェクトマネージャーに求められる資質となってしまう。この線引きを、彼は「境界」と呼んでいた。「境界のある開発」という表現をよく使っていた。営業の稲村さんが開発部に憤りを感じたのも、ちょうどこの頃からなのだろう。

「境界のある開発ですか。確かに、一昔前はひどかったからですね」

和尚が記憶をたぐり寄せるかのように坊主頭をなで回しながら言った。それを聴いたマイさんが反論する。

「和尚、今も大して変わらないヨ！」

「砂子さんも、そんな感じなところ、ありましたからね……」

浜須賀はだいぶ振り回された感があったらしい、ぼそぼそとつぶやくように言った。確かに、「アジャイル開発」を旗印に掲げたのをうまく利用していたところはある。「変更に適応できなければアジャイル開発ではない」を殺し文句に、ひっきりなしにプロダクトバックログアイテムをIceboxに積み上げていた。砂子さんの出すアイデアを全部受け止めていたら、今頃このプロジェクトが他のところから大勢の応援を受けなければいけなかったかもしれない。

僕はまた袖ヶ浦さんの言葉に目を向けた。今からは考えられないくらい熱い雰囲気を文面から感じる。袖ヶ浦さんが書いていることは、もっともだ。ただし、和尚の言うとおり確実に状況は変わってきている。

まず当時に比べて、受託開発から自社サービスを手がける会社への転身が圧倒的に増えた。うちの会社からも、3年も経たずして辞める人が後を絶たない。当時は受発注の契約をどうするべきかという問題がよく話題に挙がっていたようだが、今はサービスをどうつくっていくかというエンジニアリングの話のほうが、勉強会のテーマとしても圧倒的に多くなっていた。僕はそのほうが、プログラマーが相手にする問題としてふさわしいと思うし、健全だと感じていた。

もちろん、この「境界」が事業会社と受託開発の間から、事業会社の中での、事業企画と開発部の間へと移っただけという言い方もできる。だからこそ、新たな動きも生まれてきている。ただ言われたものをつくることでリスクヘッジをしたつもりになっていても、結局は目的を十分に満たすようなプロダクトは生まれない。そのことに気づいた人たちが、自分たちの開発をもっとアジャイルにしたいと、やりようを変える活動を至るところで始めているのだ。

開発のやりようとして「アジャイルな開発」が志向されるとともに、共に開発に臨むチームメンバーや、クライアント、関係者を含めた「チームのあり方」も変わるときなのだと、僕は思う。

発注者と受注者、事業と開発、チームとチーム、チーム内のメンバー同士の間、至るところに「境界」は簡単にできる。僕は、「境界」をつくり、そこで攻防するような開発ではなく、境界に自分から踏み込んでいく「越境」を選びたいと思う。

境界を越えようとするときには、様々な困難が伴う。だけど、実は一線を越えさえできれば、状況を打開し前進することができるのだ。みんな、誰かが最初の一線を越えることを待っているだけなのだ。なら、それを自分がやれば良い。僕はそのことを、石神さんとの出会いから、自分一人での取り組みを始めて、二人目の仲間を得て、そして、チームで問題に挑む過程で、さらにチームの外にいる人たちとの関わりから学んだ。

袖ヶ浦さんは最終的に、開発会社ではなく、事業会社を選ぶ判断をしたのだった。開発会社のままではビジネスモデルによる「境界」を越えられないと考えた結果だった。妥当な判断だった。僕もそのときの袖ヶ浦さんの立場なら、きっとそうしたに違いない。でも、今は違う。僕は、いくつもの境界を越えて今ここにいる。おそらく、袖ヶ浦さんと僕との差は、その時々の境界に佇んだときに「師匠」ともいうべき人たちがいてくれたかどうかなんだと思う。僕の脳裏には、いつも石神さん、西方さん、蔵屋敷さんがいる。そして、僕に続いて境を飛び越えてきてくれる仲間たちも。

最後の投稿はアジャイルな開発への憧憬ともいうべき内容で、ついているLikeは二つしかなかった。彼は新天地へと飛び立ち、そして、僕たちの前に戻ってきたのだ。

僕たちの目の前には袖ヶ浦さんがいる。唐突に、残りのプロダクトバックログについての確認がしたいと袖ヶ浦さんから連絡を受け、チームで袖ヶ浦さんとミーティングに臨んでいる。そして、袖ヶ浦さんから放たれる言葉を受けて、僕たちは静まりかえってしまった。

このプロジェクト、耳を疑うような思いになることはしばしばあったが、今回ばかりは、本当に自分の耳を疑った。本気で言っているのかどうか相手のことを凝視するしかなかった。浜須賀はもちろん、デザイナーの音無さんも、いつも冷静な和尚も、いつもオーバーリアクションのマイさんも、鳩が豆鉄砲を食らったかのように言葉を失っている。僕らの視線の先には、プロダクトオーナーがいた。

「理解いただけましたか？ 残りのスプリントでやっていただきたい内容を」

これ以上にないくらい、冷たく突き放す言い方だった。このプロダクトオーナーの問いかけに、まず浜須賀が切り返した。消え入るような声で、勇気を振り絞っている。

「……残りのスプリントの数をご存知ですか。3つしかありません」

袖ヶ浦さんは実に涼しい顔をしたまま、浜須賀を無視した。プロダクトオーナーが提示した内容は、到底3スプリント、つまり3週間では終わりようのない量の、新たなプロダクトバックログだった。むしろ今から、ゼロベースで新たな開発を行うような雰囲気だ。絶句していたマイさんや和尚も、われに返ったように浜須賀の後に続いた。
「袖ヶ浦さんは、ちょっと余裕ができてきたから、新しいプロジェクトを始めようっていう話をしているんですよネ！」
「まともにやったら、3カ月は軽くかかりますよ、これは」
二人の言葉も袖ヶ浦さんにはまったく届いていない様子だった。完全に無視している。続いて、音無さんが声を震わせながら言った。
「これって、次のマイルストーンの話なんですよね？」
この話が通れば、彼女たちデザイン制作会社も間違いなく、詰んでしまうだろう。袖ヶ浦さんは、浜須賀にも音無さんにも答えることなく、僕のほうを見た。現場リーダーのお前の意見を言え、そう目で言っている。声の調子を抑えて、自分の意見を言う。
「とても、今からローンチまでに、できる量ではないですね」
「このプロジェクトは、請負契約です」
僕の言葉が終わるより早く、袖ヶ浦さんは言葉を被せてきた。まさか、ここで契約の話をするとは誰も思ってもいなかった。
「前任者のプロダクトオーナーがなあなあで進めてきた問題はもちろんありますが、このプロジェクトは請負契約です」
請負契約であるならば、最初に決めたスコープの開発をきっちり終えないことには、完了とはいえないという。幸いにして、BtoBからBtoCに転換する際に契約を巻き直しているが、今となっては明らかに不要なスコープも含まれている。サービスのあり方を模索しながらの開発なので、変わる部分は出てくる。
だからこそ、前任者の砂子さんとは、この開発は今までのようなフェーズを切って進めていくやり方とは合っていない、アジャイルにやろうという合意の下で進めている。
かといって、準委任契約では組織の稟議を通すことができない。きっちりとした完成責任がなければ、まず発注が通ることはない。スコープを決めずに開発を始められるようにするため、建前上は請負契約、実態はスプリントごとに優先度を調整できるアジャイル開発をとることで、砂子さんと握って始めているのだ。
このあたりは、かつてのリーダーだった蔵屋敷さんが砂子さんとうまく話をまとめてくれていた。今はその二人とも、この場にはいない。僕は今まで味わったことがない不安を感じた。そんな様子をまったく気にすることなく、袖ヶ浦さんは宣言した。
「やってもらわなければ困ります」
袖ヶ浦さんはそう言って、議論を打ち切り、席を立ったのだった。

さっそく、作戦会議を開いたが、重苦しい雰囲気が漂っていた。さすがの内容に、開発チーム以外に、マネージャーも、SoRチームの長谷さんも、他社ではあるが一蓮托生の音無さんも同席している。それどころか、契約の話に及んでいるため、営業の稲村さんもいた。

「こんなのありますか……」

浜須賀はひどく落ち込んだ様子だった。いつも明るいマイさんも元気がない。みんなの様子を眺めた上で、長谷さんが浜須賀の言葉を受け止める。

「まあ、ひどいね。でも、彼なら不思議ではない」

だから気をつけろと言ったよなという視線を僕に投げかけてくる。確かに、長谷さんの忠告を活かすことができなかった。ボット企画の件で、むしろ袖ヶ浦さんとは歩み寄れたのではないかと僕は勝手に勘違いすらしていた。

「あのボットの企画のときも、後でずいぶん話が違うと言われたんだぜ」

稲村さんも彼の暴走を予感していたらしい。話が別の方向へ行かないようにと、音無さんが稲村さんの話を遮る。

「そんな別の案件のことを言っても仕方ないですよ。こっちを一体どうすれば良いのか」

音無さんは、プロダクトオーナーの示したプロダクトバックログの山のことで頭がいっぱいになっていた。泣きそうな顔で僕を見た。

「江島さん、何か良いアイデアはありませんか……」

何も言葉が見つからなくて、僕はただ身を硬くするしかなかった。リーダーの僕が何も言えないのを見て、みんないよいよ深刻さが増したらしい。誰も、何も言えなくなっていた。そんな中、独り言のように浜須賀が天を仰いでつぶやいた。

「蔵屋敷さんだったら、こんなときどうするんでしょうね……」

僕も同じことを考えていた。蔵屋敷さんなら、どうするか？ 蔵屋敷さんだけではない、西方さんならどうするか？ いや、石神さんなら？……何も答えが見えてこない。袖ヶ浦さんは、僕たちとの間に契約という「境界」を引いた。相手に踏み込みを一切許そうとしない。こういう相手に、一体どう向き合えば良いのか。

そんなとき、プロダクトバックログをもう何度目か数え切れないほど眺め直していた浜須賀が、また、同じく何度目かわからないくらいの言葉を吐いた。

「なんで、今更、こんなプロダクトバックログをやらないといけないんですかね……。どれもこれもどうでも良いことじゃないですか……」

どれもこれもどうでも良いこと？ 僕の代わりに和尚が答える。

「それはそうですよ、浜須賀さん。私たちはスプリントごとに毎回、優先度を決めながら、プロダクトバックログアイテムを選んできたんです」

マイさんもそれに続く。

「今更、プロダクトバックログをかき集めたところで、どれもこれもいったん捨てたようなものばかりですからネ」

そう、今となっては、つくる理由が薄い、あるいはないものばかりだ。そのとき、僕の中で唐突にある考えが浮かんだ。ひょっとしたら、状況を打開できるかもしれない。僕は浜須賀を見つめ直した。

「……みんな、そのとおりだ。それが、アジャイルな開発ってもんだ」

きょとんとする浜須賀。和尚も、マイさんも、不思議そうに僕を見ている。音無さんだけが僕が何かを思いついたことに気づいたらしく、表情を明るくした。

契約を境界にしている限り、相手と同じ立ち位置に立つことはできない。でも、プロジェクトとプロダクトの目的に立ち返りさえできれば、本来の向かいたい先を捉え直し、相手と共に向かうことができるはずだ。まずはローンチし、ユーザー体験を検証したい、というミッションに照らし合わせれば、ここに挙がっているプロダクトバックログアイテムなどどうでも良いものばかりだ。

リスティングされているプロダクトバックログアイテム一つひとつについてのWhyを問うことをしたい。本当にユーザー検証に必要なものなのかを袖ヶ浦さんと一緒に考える状況をつくりたい。つまり、改めて**MVP（Minimum Viable Product：ユーザーにとって価値があり、かつ最小限の機能性を持った製品）**とは何かという議論に土俵を移さなければならない。そのために、ユーザーストーリーマッピングの実施をみんなに提案したのだった。

■〉●

江島の解説● ユーザーストーリーマッピングとMVP

顧客やビジネス側の要求や提案を全部受け入れていたら、プロダクトバックログは膨大なものになるでしょう。それでは、時間がいくらあっても足りません。個々の要求は本当に価値があるのでしょうか。解決したい課題に対して、他のソリューションはないのでしょうか？ 機能をただ積み上げるだけで、ユーザーに使ってもらえるプロダクトができるわけではありません。顧客の声を聞き、新しい物語を描きましょう。

そのために役立つやり方が、ユーザーストーリーマッピングです。顧客が解決したいことの全体像を理解し、時系列に顧客の行動を洗い出し、それぞれの状況で期待されることをベースに開発していくのです。

ユーザーストーリーマッピング

さっそく、ユーザーストーリーマッピングとは何かを見ていきましょう。ユーザーストーリーマッピングは、時間の流れに沿ってユーザーの行動を洗い出し、左から右にその変遷を可視化していくワークです。マップではなくマッピングと「ing」で表現しているのは、マップという成果物以上に、チーム全員でつくっていくことに意義があるからです。ユーザーの体験にチームの考えを集中させましょう。

プロダクトの利用シーンを時系列に洗い出すため、断片的な機能の寄せ集めリストではなく、必然性を伴った要求群を捉えることができます。これが、プロダクトのストーリーの広さにあたります。必要なストーリーが抜け漏れていないか、チェックも行います。

ストーリーの全体像は、まずはざっくりとした粒度で押さえることになるでしょう。段階的にストーリーの粒度を整えたり、詳細化したりすることを、マッピングの過程やマッピング後に実施します。この整理によって、プロダクトのストーリーの深さが見えてきます。

図3-17 | ユーザーストーリーマッピング

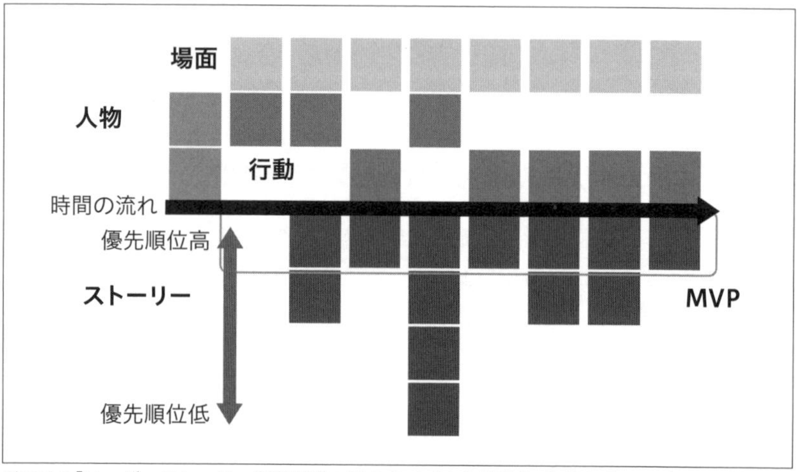

引用元：「ユーザーストーリー駆動開発で行こう。」(市谷聡啓著／slideshare／https://www.slideshare.net/papanda/ss-41638116)

作成する際は、理想像から価値を探索するために、あるべき姿の可視化を行います。MVPや初期プロダクトバックログの抽出が目的で、以下の手順でマッピングしていきます。

<手順>

①ざっくりと場面を話し、付箋紙に列挙する
②時間軸に沿って並べ替える
③人物像を描き、付箋紙に書き出す
④場面ごとの行動を挙げ、付箋紙に書き出す
⑤各行動に対するストーリーを付箋紙に書き出す
⑥行動やストーリーから抜け漏れを見つける
⑦それぞれの行動軸に沿って、ストーリーの優先順位をつける
　⑦-1　優先順位づけの1回目は、ユーザーにとって価値があるストーリーの順序を上にする
　⑦-2　優先順位づけの2回目で、検証できていないストーリーや、つくって確認したいストーリーの順序を上にする
⑧特定の目標のために、最も優先順位の高い最小限のストーリー群をスライスして切り出す
⑨切り出した最優先のスライスをMVPとして特定する
⑩今後のリリースに向け、優先度の高いストーリー順ごとに、ストーリー群をスライスして切り出していく。それぞれのスライスがリリースロードマップとなる

目的によって、ユーザーストーリーマッピングの使い方も変わってきます。例えば、運用しているプロダクトの問題発見にも使えます。まず、現状のプロダクトが前提としているユーザーの行動を洗い出し、それに対する既存の機能をマッピングしていきます。この過程を議論しながら進め、プロダクトに起きている問題を洗い出します。その結果を、課題リストとして整理し、カイゼンを検討していきましょう。

さらに、現状のプロダクトの分析からあるべき姿に向き直るために、ユーザーストーリーマッピングを使うこともあります。現状のプロダクトの機能が本来向かいたい先とずれてしまっていたり、あるいは、現状から大きく舵を切り直したいときには、現状を踏まえた理想像のユーザーストーリーマッピングが有効です。

MVP

MVPとは、「ユーザーにとって価値があり、かつ最小限の機能性を持った製品」のことです。完璧なプロダクトを長時間かけてつくるのではありません。

すべての機能セットを開発するための時間もお金も十分にあり、チームは最高の人員で構成され、かつ短期間で納品できるようなプロジェクトは、世の中にほとんど存在しないでしょう。リソースは常に有限だからです。つまり、ユーザーにとって重要で、かつリスクの高いものから検証していくほうが現実的といえます。構築(Build) - 計測(Measure) - 学び(Learn)のフィードバックループを回し、最小限の機能セットであるMVPの価値を検証していくのです。

MVPの種類は、下記のようなタイプに分けられます。どれもつくることが目的ではなく、つくる製品がユーザーにとって価値があるかどうかを検証します。どんなビジネスでも、つくったものが世に出てからでないと、その成果はわかりません。だからこそ、価値検証が重要なのです。人も時間もお金も有限なのですから。

- □**プロトタイプ型**：DIYなどを駆使した図工の成果物(実験機)。エラーや不具合などの品質は一切考慮せず、試験やデモ用のためだけに荒々しい模型を作成するタイプ
- □**ハリボテ型**：プレゼンテーションソフトやPhotoshopなどで画面イメージだけを作成し、画面遷移を体験をしてもらうパターン。ボタンやリンクを押しても実際には動作しない。プログラムコードは一切存在しない
- □**動画型**：ストーリーベースの動画を作成し、疑似体験してもらうパターン。課題とソリューションがユーザーと一致していて、ユーザーが前のめりになれば、しめたもの
- □**コンシェルジュ型**：たとえて言うなら、有人自動販売機のように、中に人が入って検証する仕組み。システム化などは一切せず、顧客からの依頼があった時点で、人が介在して機能仮説が成り立つか検証するパターン

プロダクトやサービスをユーザーがリアルに体験して、その機能の価値を検証することを重視したければ、動くソフトウェアに近いものをMVPとして実現します。つまり、プロトタイプ型やハリボテ型が良いでしょう。

一方、課題仮説の検証ができておらず、「ユーザーはお金を払ってでも解決したいと思っているか」を確認したければ、動画型やコンシェルジュ型を活用しましょう。

MVPのポイント

また、「プロダクトコードや今後の製品として再利用しよう」などと考えてはいけません。捨ててしまう覚悟で、ラフなもので構いません。つくる価値があ

ると検証できてから、ガッツリ開発していけば良いのです。そのほうが、リリースを優先してしまってアーキテクチャや機能拡張に不安のあるコードがプロダクトに含まれることがなくなり、品質が上がります。一度経験していることでもあるので、アーキテクチャなどもより洗練されるでしょう。

ターゲットもきちんと考えることが大切です。マーケット全体に向けたマスにつくるのではなく、製品を最も強く欲しているイノベーターやアーリーアダプターなどを対象にします。その課題解決にすぐにでもお金を払いたいくらい欲求の高い人が、初期ターゲットユーザーになります。

ユーザーストーリーマッピングでMVPを決めていく際にポイントとなるのは、**「広さ」と「深さ」**です。ユーザーの基本的な行動フローをカバーしながら、目的に照らし合わせて、ローンチに必要な範囲を特定します。つまり、ストーリーの広さについては実現をコミットメントするのです。ただし、詳細化されていないストーリーへのコミットは、おおよそできるだろうという経験からの推測でしかなく、必ず約束できるものではありません。そこで、ストーリーの一つひとつについて、どこまでの内容を実現するのか、幅を持たせておく必要があります。

やりたいことに対して、最低限・最大限の実現内容と、たいていの場合はさらにいくつかの選択肢がつくれるものです。松竹梅と言い換えても良いでしょう。実現内容での調整の余地を残しておくこと、これがストーリーの深さにあたります。広さでコミットメントする際に、最低限のレベルは少なくとも実現できるか見立てておくことが大切です。

このように、ユーザーストーリーマッピングを用いてMVPを切り出していくことが、期限内にプロダクトをつくり上げるコツです。顧客やビジネス側からは常に、われわれの時間よりも多くの要求が出てくるものです。しかも、その要求の優先順位や質や粒度はバラバラです。ユーザーストーリーマッピングやMVPを使って、まずは全体像を明らかにし、価値を最大化するストーリーに仕上げましょう。それから、小さくつくり、その価値を検証するフィードバックループを回していきます。それが一番、ムダをつくり続けなくて済む方法なのです。

●〉■

ストーリー ■ 通らない提案

僕の作戦をひとしきり聞いて、長谷さんが口を開いた。

「なるほど、広さでコミットメントし、深さで調整するという考え方ですか」

和尚も僕の考えが理解できたらしく、勝手に解説をしてくれた。
「あくまでスコープとしては受け止めるけども、実現する内容としてはユーザー検証に必要なレベルにするということですね」
続けて、マイさんが和尚を補足する。
「今まで取捨選択して落としてきたプロダクトバックログアイテムもたくさん含まれているから、必要性で考えたらそれ自体を落とせちゃう。もしくはほとんど作り込みしなくても良いってわけですネ！」
それを聴いて、浜須賀の声にも元気が戻ってきた。
「請負契約といっても契約書としては細かい仕様まで機能の内容を決めているわけではないから、実現のレベルに幅を持たせた選択肢をつくれそうですよね」
音無さんも、みんなの様子に合わせて、いつもの調子の良さが戻ってきているようだ。一方、稲村さんからは否定的な意見が出た。
「まだ、その提案だけ持っていくのは甘いな。相手はあくまで契約の話をしている。スコープの中身の、実現レベルのことではない。いきなり実現レベルの話に持っていこうとしたって、取り合ってくれないぜ」
相変わらずどっちの味方なのかわからない感じの乱暴な口調だった。音無さんがムッとして返す。
「だけど、江島さんの案以外に持っていきようなんてありますか？」
僕は稲村さんに何か考えがあるように感じたので、話を続けてもらった。
「稲村さん、何か作戦がありますか」
「袖ヶ浦さんは、あくまで契約という境界からこっちに押し込んできているんだ。だったら、その境界の存在自体を揺るがさないと、次の手が打てないだろう？」
稲村さんも、袖ヶ浦さんが昔SNSに残していた発注者と受注者の間にある「境界」の話を読み直したらしい。稲村さんは、数枚の紙ペラを僕に投げてきた。それは、今回の開発の契約書だった。
「契約条項には、こう書いてある。スコープが想定以上に大きくなってしまう場合には、両社で協議を行い、対応を検討する、ってな。相手が契約の話をしたがっているんだ、まずは契約の世界の話を片づけようじゃないか」
「なるほど。この内容にもとづいて、スコープ再定義の議論をできるようにするんですね」
さすが今まで数多くの炎上する開発プロジェクトを、契約や営業の観点から見てきただけはある。僕には気が回りにくいところだ。今度こそ、状況を前に進められそうだ。僕たちはお互いの表情を確認して、思いを一致させた。

僕たちの間の話し合いを終えて、さっそく稲村さんに先方への申し入れを行ってもらった。改めて、袖ヶ浦さんを取り囲むような形でミーティングを開いた。取り囲まれて、みんなに余裕が生まれているのを感じ取ったらしい。少し不思議そうにみんなを眺める。でもそのくらいで、やっぱり袖ヶ浦さんは以前と変わらず、感情の消えた顔を僕らに見せるだけだった。

まず、稲村さんが契約について話をする。あっさりとスコープ再定義の申し入れを袖ヶ浦さんは受け入れた。少し拍子抜けだが、次の提案こそが本丸だ。浜須賀から、ユーザー検証のためのMVPの定義を行うべくユーザーストーリーマッピングの説明を行った。ひととおり聞き終えて、袖ヶ浦さんは口を開いた。

「ユーザーストーリーマッピングで、どのストーリーが必要で、どれが必要ではないと机上で言ったところで、想定でしかありませんよね」

ユーザーストーリーマッピングだけでは、必要可否の判断が成り立たないのではないかということだった。慌てて、浜須賀が答える。

「しかし、ほとんどのストーリーの必要性については、これまでのスプリントの中で議論済みです」

だから何だとばかりに、袖ヶ浦さんは浜須賀を無視した。僕は、袖ヶ浦さんがこれまでのスプリントの議論、意思決定をすべて無視するつもりなんだということに気づいた。完全に僕たちのことを否定するつもりなんだ。僕は、恐怖さえ感じ始めていた。

「あなた方が言っていることは、自分たちの都合の良い想像だけでプロダクトをつくるということです」

一同、言葉を失い、静まりかえってしまった。浜須賀は顔色をみるみる白くさせている。和尚は目を指で押さえて下を向いてしまった。マイさんはぼうぜんとした顔つきだ。音無さんは目を潤ませるばかり。長谷さんは袖ヶ浦さんと目が合わないようにしているし、稲村さんも天井を見つめていた。

僕たちが今までやってきた開発は何だったんだ。その思いで頭がいっぱいになって、僕も何も言えなかった。その様子を見て、袖ヶ浦さんは一つ小さなため息をつき、捨て台詞を残した。

「残された時間は3週間もありません。もっと有意義な時間の使い方を考えてください」

第26話 EPISODE 26

チームで共に越える

ストーリー ■ 最後のあがき

どのようにすれば、MVPがつくるべきものだと判断できるのか。袖ヶ浦さんが突きつけてきた問いと対峙するべく、またチームがミーティングルームに集まっていた。

本来、何が必要かを知るためにMVPを構築し、検証を行うのだ。MVPを決める段階で、つくろうとしているものが本当に正しいのかを突き詰めようとしても、答えにはたどり着けないだろう。答えが出せるなら、そもそもMVPでの検証なんていらないのだ。

「袖ヶ浦さんが言っていることも一理はある」

長谷さんは冷静だった。確かに、ユーザーの行動フローを描こうにも、僕らはユーザーがどんな行動をするのか、本当のところはよくわかっていない。そんな僕たちが描くユーザーストーリーマッピングに意味があるのかと問われると、自信はない。

「残された時間はもう3スプリントを切ってます。何か開発をしようにも2スプリントは絶対に必要になるでしょうから、その準備にあてられる時間はもう後5日もありません！」

浜須賀がまた不安に駆られて悲鳴を上げた。まだ修羅場の経験が少ない彼の気持ちはよくわかる。僕は不安以上に怖さを感じてしまった。袖ヶ浦さんはどうして、あそこまで人を否定できるんだろうか。あんな相手をどうにかするなんて、もう無理じゃないか。

みんな、意気消沈していたが、僕も心を折られてしまっていることに、マイさんが気づいたらしい。いつものオーバーテンションは鳴りを潜め、静かに僕に語りかけてきた。

「ミスター江島、**あなたは何をする人ですか**」

……え？ 今なんて言った？

「江島さんは新しいリーダーが来ても、外から私たちみたいなのが来ても、他のリーダーとぶつかったときも、デザイナーさんとも営業さんとも、乗り越えてきたんですよネ」

あなたは境界を越えることで、状況を変え前進してきたんじゃないか。そんなあなたが境界を越えることを諦めてしまったら、一体自分をなんて表現するんだ。マイさんは、僕にそう語りかけているようだった。僕が察したことに気づいたのだろうか、マイさんは急にまた笑顔になった。

「私のお兄さんがよく私に言ってたんです。立ち止まってしまうときに、いつも。何をする人なのかって。そうやって自分自身がどうありたいのか、思い出させていたんでしょうネ」

まだ絶句している僕に、マイさんは言葉を続けた。

「ミスター江島が決めるなら、私も和尚も残りのスプリントですべてのプロダクトバックログを倒すつもりでやりますヨ。きっと、浜ちゃんも、音無さんも。みんなですヨ。だから、最後まで、自分を見失わないで」

和尚がうんうんと大きく頷いた。浜須賀も顔を引きつらせながら頷く。音無さんは根拠なく自信気に、長谷さんは冷静に、稲村さんははにかみながら、マイさんに同意した。そうだった、僕がここで諦めたら、ここまでの開発を袖ヶ浦さんに否定させたまま終わってしまったら、もう誰の声も袖ヶ浦さんには届かず、彼は境界にとらわれたままになってしまうだろう。僕は、みんなを見渡した。もう一度、何ができるかを考えましょう、僕の呼びかけにみんなが応える。……と、作戦を考え始める前に、一つ明らかにしておかなければならないことがある。僕はマイさんに向き直った。

「マイさん、あなたのお兄さんって、もしかして」

「私の旧姓は石神なんですヨ」

僕が言い終えるより早くマイさんはそう答えて、屈託のない笑顔を見せた。正直言って、石神さんとはまったく似ても似つかなかった。

僕は目をつむってもう一度、考え直すことにした。袖ヶ浦さんは何がしたいのか。そもそも、クライアントと開発チームの境界を越えたかったはずだ。だからこそ、事業会社に移ったというのに、今はまるっきり逆のことを僕たちに仕掛けてきている。まるで僕たちのことを試しているかのようだ。試す？ 何のために？

元気を取り戻したものの考え込んでしまった僕の様子を見て、浜須賀の不安は頂点に達したらしい。

「あー、もう！ ストーリーが合っているかどうかなんて、ユーザーに直接でも聞かなきゃ、わかりっこないでしょう！」

なんだって？

「浜須賀、それだ……」

「自分たちの都合の良い想像だけ」ではないことを示せれば良いんだ。僕が何を思いついたのか察したらしく、音無さんが慌てた。
「後5日もないのに、無理ですよ！ 今から、ユーザーインタビューをやるなんて！」

■〉●

江島の解説● ユーザーインタビュー

ユーザーが何を求めているか、お金を払ってでも解決したい悩みは何なのか、作り手側の勝手な思い込みだけで進めていくと、ムダな時間とコストを払うことになりかねません。

ユーザーの声に耳を傾けましょう。インタビューは、ユーザーの声を聴くための直接的な手段です。

インタビューはアンケートと異なり、相手の話の流れに応じて深掘ったり広げたり、相手の考えが徐々に明らかになることで質問自体を変えたり、柔軟に情報を収集することができます。

面と向かって直接話すことで得られるのは、声だけではありません。表情や言葉遣い、身振り手振りなどから、感情も観察することができます。発言に込められた気持ちの強弱は、そうした外面の動きとなって表れます。

インタビューから得られる情報は、視点の転換や発想に影響してきます。予想もしていなかった行動や考えを発見できる可能性があります。想定していた利用シーンの臨場感がより高まり、目的を達成するための他の手段やアイデアを考えやすくなります。

また、直接的に声を聴くことは、チームメンバー一人ひとりの当事者意識を高めることにつながります。目の前の人から寄せられる困りごとや要望を、自分たちの仕事で解決することができるかもしれない。その可能性がプロダクトをつくっていく際のモチベーションにつながるはずです。

気をつけなければならないのは、ユーザーが本当のことを話していない可能性があることです。インタビューを受ける側が無意識のうちに「意味のあることを話そう」と考え、事実を変えて答えてしまっていることがあります。また、主語が入れ替わっていることもあります。自分自身が主語ではなく、「他人はそう思うはずだ」と推測で話をしている場合があり、注意が必要です。

インタビューは、「どう思うか・考えたか」で終えるのではなく、「どんな行動を取るか・取ったのか」を掘り下げ、推測と事実を切り分けるつもりで臨みましょう。

ユーザーインタビューの流れ

インタビューの方法も確認しておきましょう。以下の3つのフェーズに大きく分けられます。

①準備フェーズ
②実施フェーズ
③検証フェーズ

まずインタビューの準備フェーズです。
インタビューする目的をきちんと決めておきましょう。ただデータを集めるだけなら、時間とコストがかかるインタビューは適していないかもしれません。
インタビューで得たい情報は、自分たちの仮説に誤りがないかを判断するための「事実」です。やみくもに話を聴き始めるのではなく、まず仮説を立てましょう。例えば、「ある状況にいる人たちのXという課題を解決するためには、Yという理由からZという機能が必要である」といった仮説があれば、

□Xという課題は本当に存在するのか、存在するとしてもどの程度切実な問題なのか
□Yという理由は、ユーザーの考えと合致するのか
□Zという機能で、本当に解決できるのか

といった、インタビューで把握したい情報を抽出できるはずです。こうした把握したいことを、事前にインタビュースクリプトとしてまとめておくことをお勧めします。
質問を事前に決めておくのは、スムーズなインタビューの進行につながります。聞きやすい、答えやすい流れをつくることができます。これだけは聞かないといけない必須の質問、それを補うための補完的な質問、相手の状況や関心事を確認するための事前の質問など、質問の優先度も決めておきましょう。すべての質問を聞くことにとらわれてしまうと、せわしないインタビューになってしまい、掘り下げたい内容を掘り下げられなかったりと、効果的ではありません。
こうしたスクリプトの他には、インタビュー対象者の確保方法、対象人数、場所、謝礼、スケジュールなどの実施計画が必要です。
スケジュールに大きく影響するのが、日程の調整です。インタビューのお願

いから実施までのリクルーティング活動は思いの外、時間がかかります。日程調整で一定の期間がかかることを覚悟しておきましょう。

次に実施フェーズを見ていきます。

まず相手がリラックスできる環境を選びましょう。相手が緊張していると、なかなか本心を聞き出せません。

対話のスタイルはどうしたら良いでしょうか？ こちらの顔色を見ながらではなく、相手がどんどん話してくるくらいがちょうど良いです。相手のストーリーを引き出していきましょう。

ペーシング（話すスピードや声のトーン、まばたき、呼吸などのペースを合わせる方法）を用いたり、**ミラーリング**（表情や飲み物を飲むタイミングなどを鏡のように振る舞う方法）などのテクニックを使うことで、相手との間に**ラポール空間**という安心感や信頼関係を構築していくことができます。

インタビューの最中は、期待していない回答や話が脱線したとしても、また、ターゲットユーザーと異なってしまっていたことが判明したとしても、敬意を払い続けることを忘れてはいけません。貴重な時間を割いてくれているのだから、不快な思いをさせないように注意します。

質問の最中は、相手の回答を深く解釈することや分析することは避けましょう。分析は一人でもできますが、話を聴くのは相手が必要です。何が重要かという判断はせず、事実や話題をメモしていきましょう。注意深く相手の様子を観察したほうが、質問を柔軟に広げたり深掘りすることができます。

相手が違和感を覚えない程度に、この時間は何を話しても良いんだという雰囲気を醸し出しながら、相手に五感を集中させましょう。

最後は検証フェーズです。

メンバーで持ち帰ったインタビュー情報は共有します。加工していないインタビューログをまず眺めたり、伝え合ったりしましょう。その後に考察や分析を行います。インタビューの内容を解釈することになるわけですが、この解釈が偏らないように気をつけましょう。事実ではなく、声の強い人の意見に寄ってしまったり、根拠のない見立てで判断してしまっては、元も子もありません。せっかく事実を集めるためのインタビューを行ったのですから、想像で振り出しに戻ることはやめましょう。

インタビューの達人が使う技

インタビューの達人たちが使っている技もそっと教えます。

□インタビューの際は、前置きは控えましょう。回答が誘導されてしまうのを防ぐためです。

□中立でいましょう。インタビューアがどちらかのスタンスに立ってしまうと本音は出てこないでしょう。

□自分が**確証バイアス**（自分の関心事や都合の良い情報ばかりを集めてしまうこと）にとらわれている可能性を常に意識しましょう。自分の意見を強化したかったり、聞きたいことのみが記憶に残りやすいものです。

□誘導してはいけません。無意識のうちに誘導している場合もあります。自分の発言が相手にどんな影響を与えるのか、注意を払いましょう。

□インタビュー結果を素早くチームでフィードバックしましょう。メンバーからの気づきも得ましょう。

□インタビューが終了した後が重要です。帰り際に緊張感から開放されて本音が出ることもあります。エレベーターホールや玄関までの見送りの時間も大切にしましょう。

□とにかく相手と話しているこの時間を、楽しく演出しましょう。信頼関係と本音はリラックスした空間から生まれます。

インタビューの知識やテクニックは学びました。さあ、オフィスの外に出てユーザーの声に耳を傾けに行きましょう。

●〉■

ストーリー ■ 共に越える。

ユーザー候補を集めて、インタビューを実施し、その結果を踏まえて、ユーザーストーリーマッピングを行う。そこから、プロダクトバックログの取捨選択と実現内容を決める。音無さんの試算は絶望的だった。

「どう考えてもこれだけで2週間はかかりますよ！」

僕は冷静に応じた。

「時間がかかるのは、インタビュー相手の調整ですよね。インタビュー自体は、僕と浜須賀と音無さんで、同時に3人並行に実施すれば1日で20人はできる」

「2日はユーザーストーリーマッピングとプロダクトバックログアイテムの精査にあてて、残るは1日。1日でインタビュー相手を集めるなんて、無茶ですよ……」

僕は音無さんを励ますように言った。

「音無さん、確かに本当に一般の人たちをリクルーティングするのは難しいかもしれない。でも、今回のECでメインに扱う商品は、生活用品のうち、消耗品なんですよ。ターゲットは、消耗品をまとめて購入することが多い主婦層。うちの会社やクライアントに勤めている方々のご家庭に当たれば、ターゲットへのインタビューとして成立しますよ」

それにしても、インタビューはもうあさってには行わないといけない。これから調整するならば、ここにいる関係者から当たるべきだ。和尚がすぐに名乗り出た。

「私の妻と友人にも当たってみましょう。子供のつながりで当たることができます」

マイさんと浜須賀が、和尚に続く。

「私たちフリーランス仲間にも主婦のみなさん結構いますヨ！」

「私も結婚している同期に当たってみます！」

浜須賀もやれるかもしれないと感じたのだろう。明るさを取り戻している。いつも悲観的な浜須賀が望みを持っているようだと、まったく無理な状況ではない気がしてくる。みんなの様子を見て、音無さんもようやく希望が湧いてきたようだ。

「わかりましたよ、江島さん。うちの会社でも当たってみます。女性が多いから、ターゲットにあてはまる人が見つかるかも。それから、インタビューにはスクリプトがいりますよね。私が今から用意します！」

デザイン制作会社で、長く情報設計に当たってきただけに、このあたりのタスクの取り回しには、慣れたものだった。音無さんが、今以上に頼りになったことはこれまでない。僕が感謝を伝えると、音無さんはいつものようにすっかり元気を取り戻していた。

「いつも、江島さんに助けてもらってばかりですから！」

音無さんの勢いにつられるように浜須賀が続いた。

「インタビューには動くモノがあったほうが良いでしょうから、検証用の環境を整えますね」

「いいぞ、浜須賀、頼むな！」

やけに偉そうな音無さんに閉口しつつ、浜須賀はさっそく準備に取りかかる。最初にぶつかって以来、音無さんと浜須賀の間ではどちらが主導権を取るかの争いが続いているようだった。しかし、意外と二人の仲は良い。

僕も、マネージャーと稲村さんに関係者への働きかけを依頼した後、急いでメッセを立ち上げた。相手はクライアントのプロダクトオーナーだった砂子さんと、矢沢さんだ。クライアント内でも協力者を集めてくれるようお願いする。窮状を知っている二人が断ることはなかった。

僕は、インタビューのめどが立ち始めたことで、少し先のことを考えることができた。次に問題になるのは、プロダクトバックログの実現内容の見立てだ。短い時間の中で、どのくらいの開発になるか、規模の見立てを行う必要が出てくる。厄介なタスクだった。通常のスプリントでは、このタスクだけで場合によって1日がかりになる。

あの人に頼むしかない。思い立って、会社の中を駆け出した。ある炎上プロジェクトの後始末を行っているチーム。その一角に、彼はいた。由比さんだ。彼が僕らのチームにいたのは全体から見ると短い期間だったが、このプロジェクトの要件をすべて洗い直し、アーキテクチャを検討し直し、コードレビューまで引き受けていた人なのだ、僕たちにとってはこれ以上心強い人はいない。

炎上プロジェクトはずいぶんと落ち着いていたが、由比さんはしばらく見ないうちに、少し疲れた様子であった。

「由比さん、あさって、丸1日を僕にくれませんか。プロダクトバックログの見積もりを迅速に終える必要があって、それが頼めるのは開発チームのことを良く知っていて、プロダクトのコードを隅々まで知っている由比さんしかいません！」

頭を下げたので、由比さんの表情はうかがえない。

「江島さん、見積もり大会を1日がかりでやったら、みんな正常な判断ができなくなりますよ」

僕は思わず、由比さんの顔を見た。疲れた表情ではあったが、由比さんは細く笑っていた。

「3時間。私がこっちを空けられるのもその程度です」

そこからは、怒涛のようだった。インタビューは、うちの会社、音無さんのデザイン制作会社、クライアント企業からユーザー候補をかき集めた。僕と浜須賀、音無さんと、さらに砂子さんも借り出して、動くモノを見せながらインタビューを行う。

1日で20人である。行き当たりばったりでやったら、人や部屋、機材の管理が煩雑になって混乱するのは目に見えている。僕もユーザーインタビューを本格的に実施したことはなかったので、ここは音無さんの知見が役立った。音無さんが綿密につくってくれていた1日のタイムスケジュールをもとに、インタビューア（インタビューする人）の分担、インタビューイ（インタビューを受ける人）の担当の用意、デモ用のPCの準備、スクリプトの読み合わせを行っていたおかげで、滞りなく進めることができた。

次は、インタビューの結果を踏まえたユーザーストーリーマッピングだ。この段階から、袖ヶ浦さんを巻き込まなければならない。僕は意を決して、一人、袖ヶ浦さんのもとを訪れた。袖ヶ浦さんは僕に会ってくれたものの、いつものように冷たい表情だった。
「先日からご連絡しているとおり、これからユーザーストーリーマッピングを行います。そこには袖ヶ浦さんにも入っていただく必要があります」
「そんなことにかける時間は私にはありません」
「想定ユーザーの声と反応を集めてきました。これをもとに、もう一度、プロダクトとしてどうあるべきか会話をしたいです」
僕が差し出したノートPCの画面には、みんなでまとめあげたユーザーインタビューの結果が映し出されている。袖ヶ浦さんはちらっと視線を送っただけだった。
「午後からは別の会議があります」
あくまで淡々とした調子での返事。僕は自分の中にある衝動を抑えきれなくなってきた。
「……袖ヶ浦さん、いつまでそうしているつもりですか」
僕はもうぶつかっていくしかなかった。僕の物言いにわずかながら、袖ヶ浦さんは反応したかのように見えた。
「袖ヶ浦さんがうちの会社にいた頃のSNSも見ましたよ。境界のある開発を変えたいと思ったんですよね。それが、なんで、こんなことになっちゃっているんですか」
自分で自分の感情が高ぶっていくのがわかる。袖ヶ浦さんが優秀な人なのには違いない。自分を試すべく、世の中に一石を投じるべく、意気揚々と会社を出た。なのに、そのときとは真逆のスタンスで、今、僕たちに対峙している。僕も、隣の芝生の青さに惹かれて会社を出ていたら、こうして誰かの前に立ち塞がっていただろうか。僕にはあのとき石神さんがいたから、違う選択ができた。袖ヶ浦さんにも、そういう存在が必要だったんだ。だから、僕が彼に問う。
「袖ヶ浦さん、あなたは何をする人なんですか」

うちの会社の会議室に集まって、僕たちはユーザーストーリーマッピングを始めた。インタビューを受け持った僕と音無さんと、浜須賀で、ユーザーストーリーを洗う。そのそばから、由比さんを中心に、和尚、マイさん、長谷さんが手分けしてストーリーの粒度や受け入れ条件を詳細にしていく。
内容の不備で手戻りしている時間は、もうない。このワークの後で、すぐにプロダクトバックログとして開発を始めなければならない。本当は、ストーリーを洗う段階で、取捨選択をしたいのだけど、判断する人がいないのでそのまま残っていく一方だ。
僕は時計と会議室のドアを何度も見ていた。さすがに落ち着かない。袖ヶ浦さんは来てくれるだろうか。何者なんだとたんかを切って、すぐに飛び出したから、袖ヶ浦さんの反応は実はわからないままなのだ。

「……来ますかね」

浜須賀が脇目も振らず、手を動かしながらぽつりと言った。僕は頷くしかなかった。そのときだった。思わず、マイさんが歓声を上げてバンザイした。それを合図に、みんなはっとして、ドアの方向を見た。

開いたドアから入ってきたのは、袖ヶ浦さんだった。いつもの表情がない感じは変わらない。その後ろから、稲村さんが続く。稲村さんが僕に親指を立てて見せた。後から聞いたところ、どうやらうちの会社の表で、佇んでいる袖ヶ浦さんを稲村さんが発見したらしい。逡巡した様子の彼を会議室まで引っ張ってきたということだった。

さっそく、袖ヶ浦さんは、次々とプロダクトバックログとしての取捨選択と実現内容の意思決定を迫られる。僕たちからインタビューの結果を伝えながら進めていく。

「このプロダクトバックログアイテムは、インタビューイの反応も薄く、後回しで良いはずです」

「……そうですか」

浜須賀に促されるままに、順序を後回しにする袖ヶ浦さん。

「こっちのUI変更案はまったくユーザーに刺さっていなかったですね」

「……わかりました」

同じく音無さんに言われて、プロダクトバックログアイテムを廃棄することに了承する袖ヶ浦さん。一見いつもと同じように淡々と意思決定を進めている。でも、僕には袖ヶ浦さんがみんなの熱気に押されているように見えた。議論のリードをするのはプロダクトオーナーではなく、明らかに開発チームが引っ張っていた。

案の定、スコープの再定義によってプロダクトバックログはぐっと絞り込まれた。見積もり大会を行って、2スプリントで収まる算段もつける。ただし、それでも変更箇所は多い。テストの追加実施および、最後のリリース前確認を、クライアントとこちらで手分けして行う必要があり、これが期限までに収まる雰囲気ではなかった。僕は、すぐにSoR側の長谷さんチームを巻き込む判断をし、クライアント側のテストの支援に当たってもらうようにした。クライアントがテストに慣れていないからといって、もたついている場合ではない。

長谷さんは一も二もなく快諾してくれたが、それでも間に合うかどうかわからなかった。浜須賀はそれを察知していた。

「江島さん、開発チーム側のテストが間に合わないかもしれません……」

わかっている。わかっているが、もう手がない。こうなったら、稲村さんに声をかけてもらって、営業のほうで手が空いている人に手伝ってもらうか？ でも、何も知らない人たちにテストしてもらうためには、しっかりとしたテストケースが必要だ。そんなものは、今から用意できない……

万策尽きかけた僕に背後からかけられた声は、懐かしくも頼りのある二人の声だった。僕は今起きていることが信じられなかった。

「江島さん、諦めないで。私たちが、手伝いに来ましたよ」

「そうだぞ、リーダー。あのときだって、最後まであがいたじゃないか」

僕は、胸が熱くなるのを感じた。振り返るとそこには、ウラットさんと土橋さんがいた。そう、あのときもたくさんのアクシデントがあった。でも、この二人と乗り越えたんだ。

「マネージャーの権限で他の作業を止めて、総出でこっちをやることにした」

土橋さんは、テスト管理ツールの社内展開、運用を統括するグループのマネージャー職についているらしい。総出という言葉に、ウラットさんがくすりと笑った。

「総出といっても、メンバーは私だけの二人ですけどね。でも、お父さん、ナイスジャッジでした」

ウラットさんと土橋さんなら、テストケースを整えてもらうところから頼むことができる。なにせ、それが本業なのだから。すぐに浜須賀に任せて、二人の作業分担を行ってもらうことにした。その間、僕は逃げるようにして、その場から離れた。この二人に赤くなった僕の目を、見せるわけにはいかなかった。

最後の2スプリントをどう過ごしたのか、もはや思い出すことができない。そのくらいあっという間の2週間だった。でも、確かに新しいプロダクトが僕たちの手元にはある。本番環境の作業を行っていた浜須賀が、それを見守る関係者たちに振り返った。

「無事、デプロイを終えました！」

僕は拳を強く握りしめた。関係者の間にも達成感が一気にあふれた。稲村さんと長谷さんが拳と拳をぶつけ合う。和尚とマイさんが由比さんと大きな声を上げて、ハイタッチを繰り返している。音無さんが僕の握りしめた拳をつかんで振り回す。ウラットさんと、土橋さんも、笑顔で何か話している。

ふと、袖ヶ浦さんと目が合った。袖ヶ浦さんは、いつもと変わらない様子で、近づいてきて僕に手を差し出した。そして、短く一言。

「江島さん、ありがとう」

僕は迷わず、その手を強く握り返した。

Column

SL理論

リーダーシップのスタイルは、チームやメンバーの成長に合わせて、必然的に変わっていきます。業務に不慣れなメンバーには丁寧に仕事を教え、目的や背景の説明に加え、多くの指示が必要になってきます。一方、一緒に長く仕事をしてきたメンバーであれば、価値観や意思決定のロジックなどが共有されていることでしょう。細かく指示を出すよりも目的やミッションのみを伝えたほうが、メンバー自身もやりやすいでしょう。

ハーシィ氏とブランチャード氏が提唱したリーダーシップ条件適応理論のSL(Situational Leadership)理論を活用してみてはどうでしょうか。

メンバーの成熟度によって、リーダーシップのスタイルは変わっていきます。SL理論によると、S1→S2→S3→S4という段階を経て、メンバーは成長していきます。一つのリーダーシップスタイルに固執することなく、メンバーの成熟度・熟練度に合わせて、仕事のやり方、任せ方を変えていくのです。メンバーと共にリーダー自身も一緒に成長していきましょう。

(新井 剛)

①**S1(教示的リーダーシップ)**：具体的に指示し、事細かに監督する
②**S2(説得的リーダーシップ)**：こちらの考えを説明して、疑問に応える
③**S3(参加的リーダーシップ)**：考えを合わせて決められるよう仕向ける
④**S4(委任的リーダーシップ)**：仕事の遂行の責任を委ねる

図3-18｜SL理論

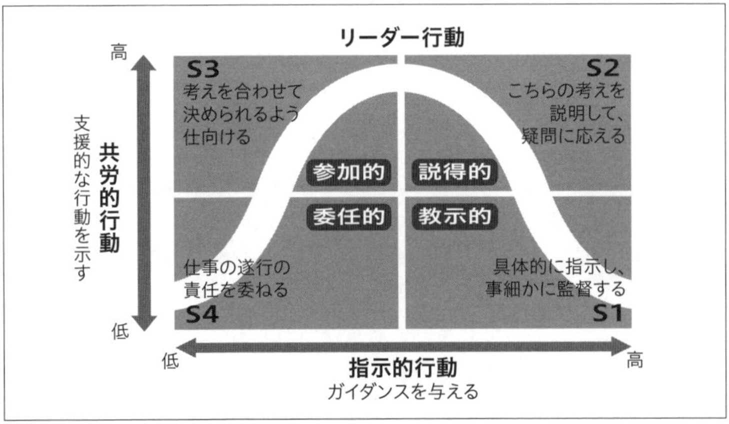

引用元：『入門から応用へ　行動科学の展開【新版】―人的資源の活用』(ポール・ハーシィ、ケネス・H・ブランチャード、デューイ・E・ジョンソン著／山本成二、山本あづさ訳／生産性出版 p.197)

第27話 EPISODE 27
越境する開発

ストーリー ■ 大団円

新しいECサービスは無事ローンチされ、僕たちは次のマイルストーンに向かって、スプリントを継続していた。結局、最後のドタバタが良いようにも作用していて、僕たちはチームとしてのレベルを一段も、二段も上げられたように感じた。

ECチームのリードプログラマーは、浜須賀が務めるようになった。この立ち位置でスプリントをもう少し続けていけば、現場リーダーはもう浜須賀に任せて良いのではないかと思い始めている。

幸いにして、由比さんが僕たちのチームに戻ってきた。由比さんには浜須賀の実力をもう一段引き上げてもらいたいと考えていた。別のプロジェクトでの疲労も癒え、すっかり、口を開けばいつもの調子の由比さんだ。

「まだまだ、このチームのコードは甘い。それに今後のスケールを考えて、アーキテクチャの構想を練らなければなりませんよ」

浜須賀は少したくましくなったようだ。由比さんに簡単に言い負かされない。

「そうですね。由比さんがいなくなってからずいぶん、僕がコードを直しましたよ。由比さん、コードレビュー本当にしてくれていたんですか」

眉間に皺を寄せた由比さんが表へ出ろとばかりに言い放つ。

「言うようになりましたね。どうですか、ペアプロでもしましょうか」

受けて立つとばかりに二人がPCに向かおうとするのを、止める声。

「せっかくだから、私たちも入れて、モブプロにしませんか」

もちろん、和尚とマイさんだった。

和尚とマイさんは、いったん契約を終えるタイミングだったのだが、チームに残る判断をしてくれた。ハードな日々が続いたプロジェクトだったから、もう十分と、このチームから去ってしまうんじゃないかと不安だったんだけど。和尚はいつものつぶらな瞳で僕に言ってくれた。

「江島さんは最初に、『見たふりをして都合の悪いことを見ないようにしたり、問題を放ったらかしにしたりして、みんなを追い込んだりはしない』と言ってくれました。そして、そのとおりでした」

マイさんは僕の手を取り、強く握りしめながら言った。

「ミスター江島。実は兄から、様子を聞いてたんですヨ。だから、七里さんに私のほうから声をかけていたんです。江島さんと一緒に仕事をしたくて。あの兄が認めた人だから」

どうりで、タイミングよく二人の稼働が空いていたわけだ。何のことはない、マイさん、和尚のほうが僕に関わる機会をつくってくれていたんだ。この二人がいなければ、このプロジェクトはまずうまくいっていなかっただろう。僕は改めて二人に感謝した。

それから、デザイナーの音無さんは、制作会社を辞めてそれまでのクライアントであるMIH社に転職することになった。そんなのありなのかな？ と僕は思うけど、案外、元いた制作会社もビジネスが継続するならありみたいだ。

もともとプロダクトオーナーで音無さんとコンビを組んでいた砂子さんが、今後制作の内製化を進めていきたいと考え、その布石として引き抜いてしまったんだという。やっぱり、音無さんは、砂子さんと組むほうが良いらしい。砂子さんが別に立ち上げた企画のほうに加わるという。入社後、僕のところにも挨拶がてら、砂子さんと二人でやってきた。

「江島さん、砂子さんがまた一緒にやりたいって言ってましたよ。そのときは私ともまた一緒に仕事できますね！」

江島さんも嬉しいでしょう、とばかりに得意げな音無さんに続けて、砂子さんが補足した。

「そうそう、江島くんとも長い付き合いだけど、まだ何かプロダクトのローンチをしたことはないんだよね。今度こそ、一緒に開発をやりきりたいねえ」

もとはと言えば、砂子さんがしっかりプロダクトオーナーの役割を果たし続けてくれたら、薄氷を踏み渡るようなことにはならなかったんじゃないかと思うんだけど。「喜んで」と、砂子さんには返した。なんだかんだ案件が増えたら、きっと稲村さんも喜んでくれるだろう。稲村さんは、このプロジェクト以来ひっきりなしに僕のところを訪れて、提案の相談をするようになった。変わったプログラマーだと認めてくれたらしい。僕も、稲村さんが持ってくる、ちょっと変わった案件が楽しみになっていた。

そして、袖ヶ浦さん。袖ヶ浦さんは、引き続きプロダクトオーナーを務めている。ただし、SoR領域のプロダクトオーナーを再び矢沢さんに移すなど、体制の分担化を行っている。SoR方面は、矢沢さんと長谷さんのコンビが復活した。

「まだ、俺に仕事をやらせるなんて、人使いが荒い会社だよ」

矢沢さんは、暇を見つけては僕のところに来て、愚痴を漏らす。長谷さんはそんな矢沢さんの扱いにさすがに慣れているようだった。

「矢沢さん、人間は100年くらい生きられるようになるらしいですよ。後40年ですか。まだまだやれることがありそうですね」

40年と聞いて、矢沢さんは酸っぱいものでも口にしたかのような顔をした。

袖ヶ浦さんも、一人でプロダクトオーナーを担っていくのは限界があると感じたらしい。それに、このEC以外にも社内でやりたいことができたらしい。その時間を取るための体制変更でもあるということだった。直接的には教えてくれなかったが、結果的に後からわかったのは、MIH社として契約形態の内容や選択肢を見直すことに動いていたらしい。

全社的にアジャイル開発に取り組みたい、ということで契約のあり方を相談されていると、稲村さんから聞いた。広さでコミット、深さで調整、というスタイルを契約書に盛り込んでしまおうと二人で画策しているようだ。

みんな、少しずつ動きがありながらも、いろんなつながり方をしている。かつて、僕らの間にあった様々な境界は、もうすっかりなくなっている。以前より、ずっと自由にお互いが動けるようになっていた。

落ち着きを取り戻し始めていた、そんなある日、僕は浜須賀から後輩の相談を聞いてやって欲しいと頼み込まれた。その後輩は、転職を考えているということだった。

「それはひどいね」

僕は、後輩の谷戸からの話を聞き終えて、気持ちが暗くなった。谷戸は、まだ1年目で、ようやく次の春で2年目になる。少しだけ、新人研修で彼の面倒を見たことがある。だからこそ谷戸は僕を頼りに、打ち明けてきたのだった。

「ソフトウェア開発って、こんなにも、対立構造があるなんて知りませんでした……」

聴けば、教育の観点から彼は転々と部署、プロジェクトを異動しており、すでに3つのプロジェクトを経験し、もうすぐ4つ目のプロジェクトに移るのだという。しかし、4つ目も含めて、すべてのプロジェクトで状況はほぼ同じ。

クライアントと開発チームは、受発注の関係から、言った、言ってない、やらない、やれの調整ばかり。開発チーム内も、リーダーとメンバー、メンバーとメンバー、他チームとの絡み、部署を越えた連携が、まったくといって良いほどうまくいっていなかった。プログラマーは、ただひたすら目の前に現れる要件をもとに脇目も振らずコードを書いている。その有様がまるで、塹壕の中にでも入っているかのようだという。自分の目の前のことだけに一生懸命、すぐ隣で何が起きているのかもわからない、そんな縦割りの現場の集まりが僕らの会社なのだという。

僕が気持ちを暗くしたのは、たとえECプロジェクトをうまく乗り越えたとしても、この会社の大半は、今までどおりほぼ何も変わっていないという事実を突きつけられたからだ。

僕がやったことは目の前のプロジェクトを進めるためにはもちろん必要なことであったけども、組織全体として見ると誤差みたいなものなのだ。ちょっと隣を見れば、従来どおりの問題だらけの現場で、相変わらず苦しんでいる同僚やクライアントがいるのだ。かつての自分のように。

そして、まだこれから未来をつくっていく若者が、まさにこの組織から去ろうとしている。僕の前にまた一つ境界が現れた気がした。今度の境界はプロジェクトの中ではなく、外。組織の中にある、境界だ。

「……みんなに、知ってもらわないとダメだな」

「知ってもらうって、何をですか？」

「越境する開発をだよ。谷戸、手伝ってくれるよね」

僕の前向きな態度を見て、谷戸は何かが起きることへの期待で表情が明るくなった。

■ › ●

江島の解説● ハンガーフライト

最後に、組織の中に新しい場づくりを行う活動を紹介しましょう。飛行機乗りの世界では、**ハンガーフライト**という言葉があります。「ハンガー（Hangar）」とは、飛行機の格納庫のことです。かつて、天候が悪くて飛行機を飛ばせないとき、天候が良くなるまでパイロットたちは、格納庫の片隅で経験談などの雑談をしました。まだ電子制御や航空機の技術が進歩していない時代です。直接身の安全に関わる危険を経験していた彼らにとって、この雑談が貴重な情報源となっていたらしいのです。他愛もない「雑談」だからこそ、心理状態などの生々しさがあり、本音が込められていたのです。

自分一人で経験できることには限界があります。そこで、自分の経験を積極的に共有し、他の人の経験を自分のものとして体得します。必ずしも、すぐに役立つ知識ではないかもしれませんが、経験や勘にもとづく知識が蓄積され、血肉となり、腕の確かなパイロットへと成長していくのです。

フライトも、システム開発も、容易な仕事ではありません。そして、われわれもまた、一人ではないのです。この現場の課題を、向こうの現場ですでに乗り越えているかもしれないのです。このお互いの経験を共有する場をつくりましょう。経験と知恵をつなぐ機会をつくるのです。

システム開発の現場では、顧客やアーキテクチャ、開発人数や構成など、文脈や背景がまったく異なります。つまり、まったく同じ経験を、他の人が手に入れることはできないのです。

しかし、経験から得られる知恵は、それを語ることによって、他の人でも共有することができるのです。自分の文脈で捉え直したとき、他人事を自分事に昇華できます。そして、同じ事例を聴いても、聴き手次第で、様々な知恵が生まれるでしょう。話し手の数だけ、知恵を成長させる機会があるのです。

社内でハンガーフライトをするには

では、どのように準備すれば良いのでしょうか。

難しく考える必要はありません。気負いすぎる必要もありません。社内の空気を少し変えるつもりで勉強会を企画しましょう。参加者の熱量が上がる塹壕脱出のテーマを考え、社内勉強会の日程と場所を押さえてしまうのです。

日頃、仲良く話している心理的距離感の近い仲間や、技術的に尖ったスキルを持った先輩社員などを登壇者として誘ってみましょう。コアメンバーと何人かの登壇者が決まってしまえば、しめたものです。運営は業務時間外でボランティアで行うことになるでしょう。

ピザや軽食、ビールなども簡単に用意しましょう。上司などに掛け合うと、寸志という軍資金を得られるかもしれません。もしくは、寄付金をお願いするのも良い案です。

一つ重要な点があります。社内で信頼貯金を持っており、技術的にも社内で一目置かれているリードエンジニアや、技術スキルや学び合うことに対して理解のある経営陣や管理職から、応援の承諾を得ておきましょう。開催に関して消極的な社員に対して、やって良いんだという説得力が増すはずです。

社内を何とかしたいという心意気が通じる人は、自分が想像している以上に組織の中にいるものです。組織のマネージャーにだっています。マネージャーとは組織活動が円滑になり、成果を上げ続けるために必要なことを行うために存在します。本当は社内のノウハウを共有したり、コミュニケーションを活発にしたいと考えているものです(それも仕事ですから)。

ですから、気概を持って何か行動を起こそうとしている人を応援したいと思う人は一定数いるはずです。

ここまでのことを、簡単に整理しておきましょう。

＜やること＞
□日程と場所の確定
□内容の確定
□参加者の熱量が上がる登壇脱出のテーマ
□何かに尖った人たちの話
□ピザやビールも準備
□上位職から応援を得る

＜心構え＞
□自分たちでつくるお祭り
□運営はボランティア

現場でもがいている人々に対して、現場を変えていけるのは自分たち自身だということを感じてもらえることほど、運営側のメンバーにとって嬉しいことはありません。

後は、社内告知、参加者・登壇者募集、タイムテーブルづくり、募金、当日の運営フォーメーションと役割、飲食物の注文などもあるでしょう。第1回目は、なし崩し的でも構いません。社内のメンバーなので、失敗しても良いのです。第2回目の布石にするのです。運営で遭遇したトラブルや対処など、経験したことすべてが、マネジメントスキルやリーダーシップを一段も二段もレベルアップさせます。そして、終わった後の達成感や充実感は、何事にも変えられない財産になるでしょう。

正直言って、準備や運営は手間も多くて大変です。でも、運営メンバーになぜこの組織でハンガーフライトをやるのか、やりたいのか、という強いWhyとどうしてもそれを実現したいというパッションがあれば乗り越えられるはずです。

ハンガーフライトで越境をつなぐ

ハンガーフライトを開催するモチベーションは何でしょうか？

僕の場合は、こんな感じです。普段は関わらない人々と絡み、仕事では扱わない技術などを知れ、登壇者たちのスキルや価値観を垣間見ることができます。一緒に仕事をする人と、良い仕事がしたいという思いはみんな一緒でしょう。同じ屋根の下にいる人々と一緒に強くなれます。プロジェクトで生み出されたノウハウとチームの文化は、プロジェクトが終了しても、それを超えて伝わっていきます。プロジェクトチームには期限がありますが、人々のつながりに期限はないのです。こんな場をつくっていきたいのです。

あなたの思いと影響力に限度はありません。社内でのキャリアパスや自分のエンジニア人生に不安を感じている人も多くいるでしょう。他の人の経験から新しい知識を学び、知的好奇心をくすぐられるかもしれません。ハンガーフライトに参加した誰かが、何かの行動を起こすきっかけになるかもしれません。参加した人の何割かが、また、別のハンガーフライトを開催するかもしれません。人に起きる変化は伝播するのです。成功の背景には、先人たちが繰り返した失敗があるはずです。飛行に成功するまで、泥まみれになる地道な助走があったことでしょう。叡智と勇気という秘伝のソースを、他の部門や次の世代に渡していくのです。

一緒に塹壕を脱出しましょう。プロジェクトを、チームを、組織を越境しましょう。たった一人に起きた変化がやがて世界を変えます。自分がいる世界を変えるのは、遠いどこかの誰かじゃありません。世界を変えるのは自分自身だからです。

●〉■

ストーリー ■ 自分たちにもきっと何かできることがある。

僕が立ち上げたのは、全社を対象とした事例勉強会だった。組織のオフィシャルな何かではなくて、草の根の活動として企画して行う。

当日の参加者は40名ほど。普段の勉強会に比べたら圧倒的な数だ。谷戸が同期に声をかけ、その同期たちが各プロジェクトの先輩を引っ張ってきたらしい。みんな少し手を止めて、塹壕から出てきた、そんな様子だった。

事例はもちろん、MIH社のECサービス。ただ、僕たち開発チームだけが話すのではなく、いろんな関係者に当事者として話してもらうことにした。そのほうがより何があって、どう乗り越えて、大事なことは何なのかが伝わると思ったからだ。僕自身は、直近のプロジェクトだけではなく、一人で始めた見える化、蔵屋敷さんたちとのチーム開発も含めて話をした。

開発チームからは僕の他に、浜須賀、和尚とマイさん。クライアント側からは、音無さん、砂子さん、矢沢さん。袖ヶ浦さんには固辞されてしまった。まだ、古巣に戻って話せるような心境にはないということだった。

クライアントに、僕たちのやってきた開発を話してもらう作戦は、とても効果的だった。クライアントの話には説得力があった。問題は実際に山ほどあった。でも、その時々で関係者の工夫によって乗り越えることができた、という事実。

話を盛っているわけでもない、クライアントの素の声。

参加者の間から、自分たちもやりたい、という声が上がった。ECチームの明るい顔を見れば、自分たちだって、塹壕から出ていきたくもなる。誰もが、足を引っ張り合いながら開発をしたいわけではない。でも、目の前の仕事が置いているこれまでどおりの前提をどう塗り替えれば良いかなんてわからないのだ。いや、やり方も一つではないから、調べていけばきっと何かの手段にはたどり着ける。ただ、現場や組織の中でこれまでにはなかった行動と態度を取って良いのかが判断つかないのだ。「他の誰でもない、この自分がやって良いのか？ 失敗だってするかもしれない！」って。だから、現状を変えるべきとは気づいていながら、その一歩はいつまでも踏めないままでいてしまう。

僕が示したのは、一人、チーム、チームの外、いずれの段階でも、大小様々な自分の足をすくませる境界があるけれども、一つひとつ乗り越えられるということだ。一人からでも始められること、自分のための見える化は他人にとっての見える化になり、それが周囲を巻き込むきっかけとなること。そして、仕事として成果を上げるためには、チームとしての活動が必要で、チームの中にある認識の違いが行く手を阻むのだけど、それも乗り越える手段があること。さらに、チームを取り巻く周囲とも共通の理解を育むことができること。一人で見える化を始めた頃に、袖ヶ浦さんと相対しても、僕は手も足も出なかっただろう。でも、一つひとつの境界を越えて、そのたびに学びを重ね、仲間を巻き込み、その協力を得てきたからこそ、僕は最後の困難も乗り越えることができた。

越えるべき境界はきっと容易なものではないはずだ。それでも、乗り越えた物語はすでにあるのだから。自分たちにもきっと何か始められることがある。そんな声が上がるのを聞いて、僕は自分の体の中から、込み上がってくる何かを感じた。

昔も似たようなことがあった。片瀬と初めて社内勉強会を開いたときのことだ。今でもはっきりと覚えている。あのときに比べて僕は何歩も前進しているし、伝えられることも、とても増えている。これから、自分の得た学びをもっと多くの人に伝えていきたい。谷戸は、そんな僕の気持ちを見透かしたように、明るい声とともに僕の肩を叩いてきた。

「江島先輩、これは定期開催するしかありませんねー」

「お前、その手、偉そうなんだよ。……そんなことわかっているよ」

谷戸の手を振り払う。谷戸は、ぞんざいに扱われるのも嬉しい様子で、僕に宣言した。

「一人でやっていくの大変でしょうから、僕、手伝いますよ！」

Epilogue 自分の世界を広げる

品川の一角にある、ひなびた居酒屋で二人は飲んでいた。
「江島はどうだった？」
傍らに酒を注いでいるのは蔵屋敷であった。その相手は、袖ヶ浦。
「さすがだね」
蔵屋敷が育てただけはある、と続ける。
「まあね」
謙遜するそぶりなど、この男は見せない。
「試してみたかったんだ。境界ある開発から脱却するためには越境が不可欠。組織の間で、それが本当にできるのか、どうか」
そう言い終わるより早く、蔵屋敷が袖ヶ浦の言葉を否定した。
「いやいや、ただの嫉妬でしょ」
蔵屋敷は、袖ヶ浦には遠慮しない。古い付き合いだから、お互いに気を使わない。
「理想的な開発を実現するために事業会社に転職したものの、事業会社の中は従来型の開発から変わる気なんてかけらもない。開発はベンダーに丸投げ、しかも、あらかじめスコープを決めきらないと発注は許されない。仮説を立てて検証してアジャイルにサービスつくる、なんて夢のまた夢。絶望だわな」
袖ヶ浦は微かに笑った。蔵屋敷に言い当てられたとおりだった。
「そんな絶望の中、現れた一人の向こう見ずな男。境界なんてものともしない。どんどん突破する。その様子がまぶしくて、そして嫉妬もした。だから、自分の思いとは裏腹に、あいつを試す行動を取ってしまったんだろ。自分の考えが正しかったか、証明してくれーって」
本当は、むしろ、彼とスクラムを組んで、やりたかったのに。自分の会社で、変わるきっかけが向こうからやってきたというのに。
「素直じゃないよねえ。うちにいた頃から」
「結果的には、こちらの会社を変える布石にはなった」
「そこまで読んで動いていたって？ まさか！」
苦笑いしながら、袖ヶ浦は負け惜しみであることを認めた。
「もう、後は、若いやつらに任せても良いんじゃないか」

蔵屋敷は、すっかり真面目な顔に戻っていた。袖ヶ浦も静かに頷いた。
「蔵屋敷、お前はどうする気なんだ」
問われた蔵屋敷は、店の入口に視線を送った。それを見て、袖ヶ浦も視線の先を追う。そこには、一人の男が立っていた。
「実は、退職することにした」
退職するという話に、さすがに袖ヶ浦が小さく驚いた。男は、どんどんこちらに近づいてくる。
「彼と新しい会社をつくって、いろんな現場を回る。これまで俺たちが得たことを、伝えていきたい」
蔵屋敷と袖ヶ浦を見下ろしながら、男はちょっぴり残った無精髭をさかんに触っていた。そして、黒縁のメガネをかけ直しながら、言った。
「えらい遅くなってすんませんな」

「ハンガーフライトっていうんですか？ 私、それすごいことだなと思って」
僕は、目の前の男性とどうやって出会ったのか必死になって思い出そうとしていた。確か、どこかの、社外であった勉強会で話をしたときに、出会った気がする。
「江島さんって、すごいですね。私なんて、もう40近いけど、江島さんくらいの年齢のときって、全然仕事してなかったな」
やっと、どんな人だったか思い出した。小町さんという方で、交通ナビゲーションに関する製品をつくっている会社の開発部長を務めている人だ。いろいろな勉強会によく顔を出されていて、勉強熱心な方だった。
僕が勉強会で話したハンガーフライトの話と、社内で組織横断のカイゼン活動に取り組むようになったという話を聞いて、ぜひ一度改めて話を聞きたい、会いたいということになって、今がある。
「江島さん、うちに来て、社内向けに話をしてくださいよ」
「え、僕が小町さんの会社に行って？ 別に良いですけど」
そんなにありがたい話なのかな？ と言葉に出さずにいると、小町さんは代わりに大きな声を上げた。
「うちの会社のメンバーもそうですけど、私みたいに悩んでいる人、世の中にいーーっぱいいると思いますよ！」
だから、会社の外にもっと出て、いろんな人に話を届けて欲しい。小町さんはそう言って、僕をまっすぐ見るのだった。僕は少し気圧されながら答えた。
「もし、小町さんが手伝ってくれるなら」
そう言われた小町さんは、私なんて、と謙遜するそぶりを見せた。その様子を見ながら、ふと石神さんのことを思い出した。石神さんなら、こんなときなんて言うだろう。きっと、あの問いをするに違いない。「あなたは何をしている人なんですか」。

石神さんの必要以上に厳しい口調を思い出して、くすりと笑った。そういえば、片瀬はどうしているかな。片瀬は、僕にとって初めての仲間だった。あのとき、石神さんを招待した社内勉強会を超えるような場はまだつくれていない。そうそう、藤谷や、神戸橋さんも、僕に力を貸してくれた。あの二人も、まだ社内でがんばっているはずだ。今度、ハンガーフライトで話をしてもらおう。

それから、僕は目の前の小町さんをそっちのけで、記憶をたどり始めた。

蔵屋敷さんを始めとした、あの開発チームのことは今も忘れられない。最初は対立してばかりだったけど、最後は良き相談役だった七里。そろそろ、また転職を考えているということだった。本気か冗談か、出戻りも考えているという。今度相談に乗ることにしている。

いつもチームを和ませてくれていたのは、ウラットさん。いまや品質管理部のエースだという。今後は、もっと海外から人を受け入れられる体制をつくっていきたいという。応援に駆けつけたときに、夢を語るように言ってたっけ。

それから、少々やりにくいところもあったけど、経験と意地で引っ張ってくれた土橋さん。どうやら品質管理部の部長になるらしい。テストツールの拡充を手伝って欲しいと頼まれている。浜須賀にECのほうを任せるつもりだから、それもありかもしれない。

あのチームに寄り添ってくれていた、スクラムマスター西方さんは今頃どこで何をしているだろう。最高のスクラムマスターだった。西方さんがいたから、僕たちは前進することができたんだ。そして、西方さんから学んだチームへの振る舞い方は、僕のリーダーシップの基礎になっている。

蔵屋敷さんがチームのハードルを引き上げてくれる役割を務めてくれたから、守破離の破へ進むことができた。実は会社を辞めると聞いている。独立して、何かこれまでの経験を活かした事業を始めるって話だ。詳しいことは、今度品川で飲むときに教えてくれるという。紹介したい人もいるそうだ。

まだ、僕の記憶をたどるジャーニーは終わらない。数々の人との出会いが僕にとって、仕事を変えていく旅路になっていた。

僕が初めてリーダーを務めた、ECサービスの開発チーム。最初は頼りなかったけど、浜須賀はいまや僕の代わりも務められる、次のリーダー候補だ。相変わらず、コードを書くときは人が変わるけども、だんだん普段でも気が強くなってきている気がする。

由比さんからは、エンジニアリングについてとても多くのことを学んだ。今は、浜須賀の良いメンターになってくれている。二人で、うちの会社のアーキテクトを育てていくんだと、新たな目標を見つけているらしい。

和尚こと万福寺さんと、マイさんには浜須賀を支えてもらっている。二人とも、僕や浜須賀と一緒に、開発チームを組むのを楽しんでくれているらしい。マイさんは、石神さんと引き合わせましょうかと言ってくれたけど、遠慮した。石神さんが言い残した言葉「それぞれの持ち場でがんばれ」に応えるべく、もう少し自分の持ち場でやるべきことをやってからにしたい。

それから、長谷さん。長谷さんの粘り強さが、あのチームの助けにも、どれだけなったか。変更が激しいEC側に追随して、APIの改修を確実にやり遂げてくれた。今は、矢沢さんと、場合によってはリニューアルも見据えた、基幹システムのテコ入れという厄介な仕事をとっても楽しそうに取り組んでいる。

そうそう、経験豊富な矢沢さんがくれる思いがけないヒントがあったから、ピンチを切り抜けられたんだ。

営業の稲村さんがチームの外側でしっかりと伴走してくれたから、僕たちは得意とすることに集中できた。また、MIH社の営業向けの提案の相談がきていたっけ。

外部の会社の人なのに、同じ会社のメンバー以上に踏み込んでくれた、一蓮托生がモットーのデザイナーの音無さん。今は、砂子さんとコンビを組んでいる。音無さんからの相談も相変わらず多い。

UIを中心としてプロダクトの質を高めることに妥協しないという姿勢は、砂子さんが教えてくれた。今、一緒に取り組み始めているプロダクトも、相変わらず砂子さんはUIへのこだわりっぷりを発揮している。

そして、僕に自分だけがんばってもどうにもならない限界と、それでも誰かと共に越境することで可能性を広げられるということを教えてくれた袖ヶ浦さん。

僕の話は、僕だけのものじゃない。これまで関わってくれたみんなが僕に語らせてくれているんだ。最初は一人きりだけだったけど、今は違う。長い旅を経て、僕は今ここにいる。自信を持って、小町さんに言った。

「大丈夫。これは、二人で始められるんだから」

Afterword

本書の解説としてのあとがき

最後に、これまでのお話をたどりながら、本書をふりかえりたいと思います。

一人から始める越境

最初の越境はたいてい一人から。一人からでも、始められることはあります。しかし、今やっていることを変えるべきだと気づいていても、そう簡単には行動は起こせないものです。越境を阻むのは、ハンガーフライトで江島が振り返っていたように、自分が本当に越境していいのか、ということへの不安です。

筆者も、長らく悶々としていた時期がありましたが、「今の自分の延長線上に何があるのか」を想像したときに、特に変わりようがないと気づいたとき、行動を起こすことに踏み切れました。作中の江島にとってはそれが「あなたは何者なのか」という問いであり、そこに自分の答えがないと気づいたときでした。

良い問いは人を立ち返らせてくれます。そのような問いは人によって異なるでしょう。読者のみなさんにとっての良い問いと出会えるよう、江島同様自分がいる場所から外に出て、いろいろと見聞きしてみてください。もちろんこの本があなたにとっての良い問いになることを願っています :)

私は越境とは引力のようなものだと思っています。誰か一人でも、今までやれなかったことに踏み込めたとき、周りに可能性を示し巻き込むきっかけをつくることができます。例えば、自分のために始めた見える化が周囲の目に触れて、巻き込みができるように。

私は越境には下図のような流れがあると感じます。

図1｜越境のサイクル

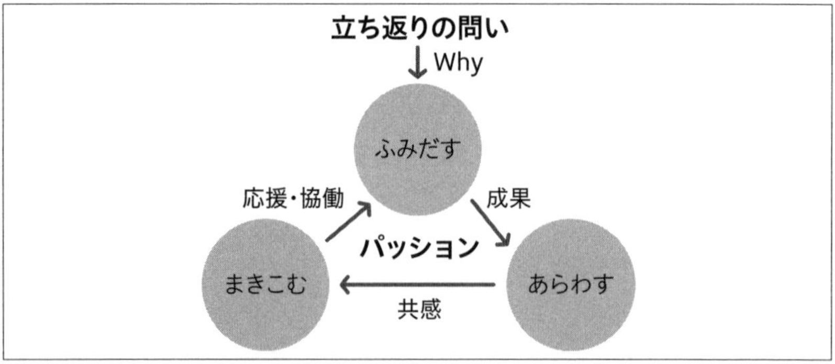

自分を立ち返らせる問いをもとに、なぜ越境するのかというWhyを得て、最初の踏み出しをする。ただ、やってみて自分の中で終えるのではなく、他の人が見たり聴いたり触れたりできるように、成果を表す。仕事の見える化だけではなく、江島が片瀬と一緒に開いた社内勉強会や、ハンガーフライトのように能動的に見せることも含まれます。それらが人を巻き込む機会となり、今度は次に向かうための自分への後押しとなる。越境のサイクルを2周、3周と繰り返す中で、仲間は少しずつ増え、新たな問いに挑むことができるようになっているでしょう。

自分がどんな問いで始めたかを、忘れないようにしてください。ゴールデンサークル(第11話)で説明したように、人はあなたが取り組んでいるWhy(なぜ、越境するのか)を自分のものにしたとき、あなたと行動を共にすることができるようになるのです。こうしたサイクルを意識すると、行動を共にする二人目が現れたときの心強さはとても大きいものです。

ただし、このサイクルが回るためには燃料が必要です。燃料は、パッションと共感、そして具体的な成果です。あなたのパッションがメインの燃料になることは違いありませんが、リスクを踏まえて新たな取り組みを始めるのに宙をつかむ話ばかりでは周囲の動機づけとしては弱いでしょう。

開発や仕事で成果を上げていくためには、自ずとチームでの取り組みが必要になってきます。作中では、神戸橋さんの共感を得て、チームのカイゼンに取りかかるのですが、この時点では江島はチーム開発の術を持っていなかったため、挫折しています。ですから、第2部でチームでの仕事がテーマになっているのです。

チームでの越境

第2部では、一人を卒業しチームでの取り組みになるわけですが、ここでは「共通の理解」が一つの鍵になっています。一人の頃にはなかった概念「共通の理解」を、お互いの対立を越えてどのように育むのか。様々な切り口と、それに合った道具立てをお伝えするのが第2部の役割です。作中では、チームメンバー間の意思疎通の面で様々な事件が起きますが、どれも現実の現場で起こりうることです。インセプションデッキ、むきなおり、モブプログラミングなど、共通理解を育むプラクティスを選び、紹介しています。

一方、テーマがチーム開発ですから、そもそもどんなやり方をベースとするかが不可欠です。 2018年現在においては、スクラムが多くの開発現場で取り組まれているため、この本もスクラムを参考としています。

ただし、スクラムの基本をなぞりながら、作中では自分たちの現場の制約や状況にもとづいて、彼らなりの調整を行っています。例えば、蔵屋敷はステークホルダーの位置づけですが、プロダクトオーナーに近い感じで、かなりチームの意思決定に踏み込んでいます。企画責任者としての蔵屋敷、プロダクトの仕様を整える役割としての土橋という構図になっています。

また江島は、リーダー見習いという立ち位置でスクラムマスターと役割が被っているところがあります。実際の現場でも、組織の職制や関係者の思惑を考慮せず進めることは難しく、やり方を適応させることが必要になるでしょう。

チームを取り巻く周囲との越境

まずは、チームでの仕事の練度を上げることに集中し、その次にチームの外側との関わりに目を向け、問題に対処するのが理想的です(もちろん問題のほうが順番を待ってくれるわけではないので、第2部、第3部と読み進めていってもらいたいと思います)。チームの外側にいる人たちは、例えば新しく赴任してきたリーダー、別のチームの人たち、別の会社に所属するデザイナー、営業、考えが合っていない関係者などなどです。そうした方々との関わりで新たな衝突に直面することでしょう。第3部では、チームを取り巻く周囲の関係者と、どのように方向性を合わせ、行動を取っていくかがテーマになります。

道具の種類も開発チームだけが使うものから、外部の人たちと協働して使うものが出てきています(仮説キャンバス、ユーザーストーリーマッピング、インタビューなど)。それだけに、使いこなし、場をファシリテートする難易度が高まると思います。道具に対する関係者への期待マネジメントを行うとともに、実践の前の練習(素振り)を通じて、自分たちの練度を高めておきましょう。

第3部に至って、一人で越境しようとしても乗り越えられない問題に直面します。チームの外まで含めると、一人きりやチームの中で話が閉じていたときよりも、遭遇する問題の多様さの幅は広がり、複雑さも増します。そういう状況で支えになるのは、共に越境できる仲間の存在です。先の図で示したように、周囲を巻き込み、後押しを周囲から得て、新たな踏み出しを行う。越境のサイクルの繰り返しの中で、あなたが追っているWhyが共感を得られるものならば同じように踏み出してくれる存在が現れるでしょう。

人一人が経験できることには時間の限界があります。あらゆる問題に対するすべての準備を自分一人で行うことが可能でしょうか。直面する問題を独力で乗り越えられないならば、自分にはない仲間の力を得て、共に乗り越えていくより他ありません。

先人たちの知恵を掘り起こす。

この本で形にしたかったことはもう一つあります。それは、現場に必要な知恵の再編集です。私たち自身がこれまで会社組織を越えて、先人たちから会話や書籍、行動を共にするという形でたくさん学びを得てきました。しかし、その頃にあった学びの機会が継承されて、現在に至るまで残されているわけではありません。
　その時々にあった学びのためのコミュニティは、その時点での役割を終えて、活動を止めていたりします。学びを必要としていた人たちが、十分に利活用ができたと感じられたならば、そうした判断は至極当然だと思います。
　一方、ソフトウェア開発に関わろうとする人たちは就職や転職を通じて毎年新たに増えていきます。そうした人たちにとって、かつては存在した学びの機会がなくなっていることになります。これは、一度学びを得た人たちにとっては気づきにくい観点です。
　私たちがこの本で形にできたことは、現場の知恵の一握りでしかありませんが、まだ朝会もふりかえりも知らない方にも、まだバリューストリームマッピングやモブプログラミングをやったことがない方にも、学びが得られるためにはどんな構成にすれば良いか、頭を悩ませました。
　その結果として、主人公が少しずつ成長し、学びを広げる旅（ジャーニー）を用意し、それを読者が追体験できる形をとりました。最初から旅を始めても良いですし、すでにチーム開発に取り組んでいるならば、第2部から読み進めるのでも構いません。また、チームの外の人たちと関係することが増えたので、第3部を紐解き直す。そんな風に、現場のあなたの傍らに存在し、伴走する存在であって欲しいと思い、この本を書きました。

江島くんは誰なのか。
　そろそろ、このあとがきも終えたいと思います。
「はじめに」に書いたように、この本は僕たちの周りでこれまで起きたこと、経験してきたことをもとに、お話として仕立てています。ですから、ゼロからつくったフィクションではありません。
　例えば、神戸橋さんが江島の開いた勉強会に参加して「……俺もなんかしたいと思ったよ」とつぶやいたくだりがあります。これも実際にあった筆者の体験をもとに、表現しています。
　届かないだろうなと自分では思っている言葉でも、あなたから離れて相手に渡ったとき、相手の中で何が起こるかはあなたがコントロールできることではありません。想像していなかった良い変化が起きる可能性があるということですし、良いことをやったからといって自分の思いどおりには他人を変えることはできないということでもあります。
　集中するべきなのは、自分から踏み出し、表し、巻き込むサイクルを繰り返し、学びを蓄積しようとすることです。この渦の中から、予測しえない変化が起きることを楽しみに待ち構えながら。

　この本の登場人物は、私たちが出会った様々な人たちが組み合わさり、重なっています。この本をレビューしていただいた方からの意見では、驚いたことに、読んだ人それぞれで主人公江島の中身の想像が異なっていました。私(市谷)だったり、共著者の新井さんだったり、他の誰かだったり。
　江島には特定の中身なんてなくて、状況を変えようと奮闘する人たちそれぞれの人にとっての分身なのだと思います。私たちは、この本の主人公が読者のみなさんの分身であって欲しいと思っています。
　日本中の現場に、この本のようなお話が生まれることを願っています。今度は、あなたのお話を聞かせて欲しい。主人公は、あなただ。

レビューアへの感謝
原稿レビューに参加・協力いただいたみなさまに感謝の念でいっぱいです。丁寧なフィードバックと共感の言葉で自信を持ち、また、鋭い指摘によって深く考える機会となりました。みなさまの貴重な時間を割いていただき、ありがとうございました。

レビューア(敬称略・五十音順)
秋葉 ちひろ／荒井 千恵／石沢 健人／上野 潤一郎／木下 史彦／木村 卓央／久保 明／倉澤 茜／小芝 敏明／坂部 広大／塩田 英二／野村 敏昭／橋本 宙 ／林 栄一／福本 江梨奈／森實 繁樹／安井 力／安西 剛／横道 稔

新井謝辞
　アジャイル界の様々な勉強会コミュニティに出会えたこと、DevLOVEというコミュニティでたくさんの方と深く知り合えたことによって、この書籍が執筆できたといっても過言ではありません。刺激されエナジャイズされ、自分の興味と関心事と知見がどんどん広がったことが、越境の歩みへの原動力になりました。みなさんとの現場の悩みや経験談の対話で、一緒に試行錯誤できたことがこの書籍への熱量の根源です。
　また、原田騎郎さん、吉羽龍太郎さん、牛尾剛さん、西村直人さん、及部敬雄さん、感謝の念でいっぱいです。みなさまから教えていただいたことが散りばめられていますが、私というフィルターを通してしまうことで、意図しない解釈になっているかもしれません。お許しください。責任はすべて私にあります。
　株式会社永和システムマネジメントのみなさん、ギルドワークス株式会社のみなさん、株式会社ヴァル研究所のみなさん、アジャイル推進委員会のみなさん、株式会社エナジャイルのみなさん、いつも勇気をくれるACジュニオールのみなさん、そして、これまで私にどこまでもどこまでも慈しむ愛を注いでくれた人たちにとって、この書籍が少しでも恩返しになれば嬉しい限りです。
　そして、執筆に絡む様々な相談に快く乗ってくれた翔泳社の秦和宏さん、ありがとうございました。

最後に、共著者の市谷聡啓さん、私の雑文への辛抱強い対応や細かな心遣いなど、この書籍を一緒につくり上げられたことは、本当に財産です。I really appreciate it.

2018年2月 新井剛

市谷謝辞

これまでソフトウェア開発の知見を惜しげもなくコミュニティに提供してくださった先達たちに感謝します。みなさんの背中から多くのことを学んできました。ここに自分の背中を見せる本を届けることができたのは、数多くの先達たちのおかげです。

日々ソフトウェア開発の練度を高めるべく、共に歩んでくれているギルドワークス株式会社の面々と、チームを組んでいるみなさまに感謝します。みなさんとの日々は、私にいつも新たな学びの機会を与えてくれています。

また、様々な人たちの越境をエナジャイズ(後押し)するために集まった株式会社エナジャイルのみんなにも感謝します。この本で届けたかった思い、越境へのエナジャイズは、まさにエナジャイルで実現していく思いそのものです。

翔泳社の秦和宏さんに感謝します。私にとって初めてである書き下ろしを最後までたどり着かせることができたのは秦さんのサポートがあったからです。

そして、共著者の新井さんに感謝します。何年もの間構想までで終わっていたこの本を形にできたのは、新井さんの粘り強さによるものです。一筋縄でいかない、このモノづくりを共にしてくださり本当にありがとうございました。

最後に、この創作を見守ってくれた妻純子に感謝します。いつもいつも、私を支えてくれありがとう。

2018年2月 市谷聡啓

価値と原則

多くの人は、何かに不満やモヤモヤを抱えて、現場で戦っていることでしょう。それぞれの背景や時間軸で状況は異なれど、みなさんの感じている「どうにかしたい」という思いは同じなのではないでしょうか。他責にしていても何も変わりません。

「あなたは何をしている人なんですか？」

「あなたの旅は何ですか？ 次に目指す先はどこですか？」

大切な問いを胸に、まず自分からスタートするのです。

越境の旅、カイゼンジャーニーで、われわれが伝えたい「**価値**」と「**原則**」に関してまとめておきます。この本では価値を、「**越境**」「**自分から始める**」「**フィードバック**」「**リフレーミング**」「**巻き込み巻き込まれる**」の5つで構成しており、行動の基本的な指針としています。

原則は27個あり、「思考」「チーム」「時間」「プロセス」「場」の5つのカテゴリーに分かれています。どの原則も複数の価値との結びつきがありますが、より強い関連のものを挙げています。単一の原則が独立して存在するのではなく、それぞれが互いに影響しています。例えば「小さく試みる」の原則は、「自分から始める」という価値の側面も「フィードバック」という側面もあり、文脈や狙う目的によりバランスが変わってきます。

また、原則はストーリーにあるプラクティスを実践する上で「価値」へ橋渡しします。例えば「むきなおり」というプラクティスを実施するのであれば、「立ち止まって考える」「見直すことをいとわない」「全員同席」などの「原則」が背後にあり、その基本指針として「フィードバック」「リフレーミング」や「越境」という「価値」が存在しているわけです。

それぞれの現場でプラクティスを実施する際、その根底にある価値に向き合うことで、より高く広く遠くに力強く越境できるでしょう。

表1｜5つの価値

価 値				
越 境	自分から始める	フィードバック	リフレーミング	巻き込み 巻き込まれる

表2｜5つのカテゴリー別27の原則

カテゴリー	原則	カテゴリー	原則
【思考】	why から始めよ	【時間】	リズム
	自分は何者か		遅すぎるということはない
	意味を問う		見直すことをいとわない
	視座を変える		立ち止まって考える
	背骨を見定める		時間を味方につける
	制約から捉える	【プロセス】	見える化
	思いやりファースト		全体を俯瞰する
【チーム】	全員で考え抜く		小さく試みる
	共通認識を持つ		一個流し
	みんなのゴールを決める		分割統治
	自分たちでやり方もあり方も変える	【場】	外に出る
	お互いに学ぶ		場をつくる
	期待マネジメント		全員同席
	みんながヒーロー		

図1｜5つの価値と27の原則の全体像

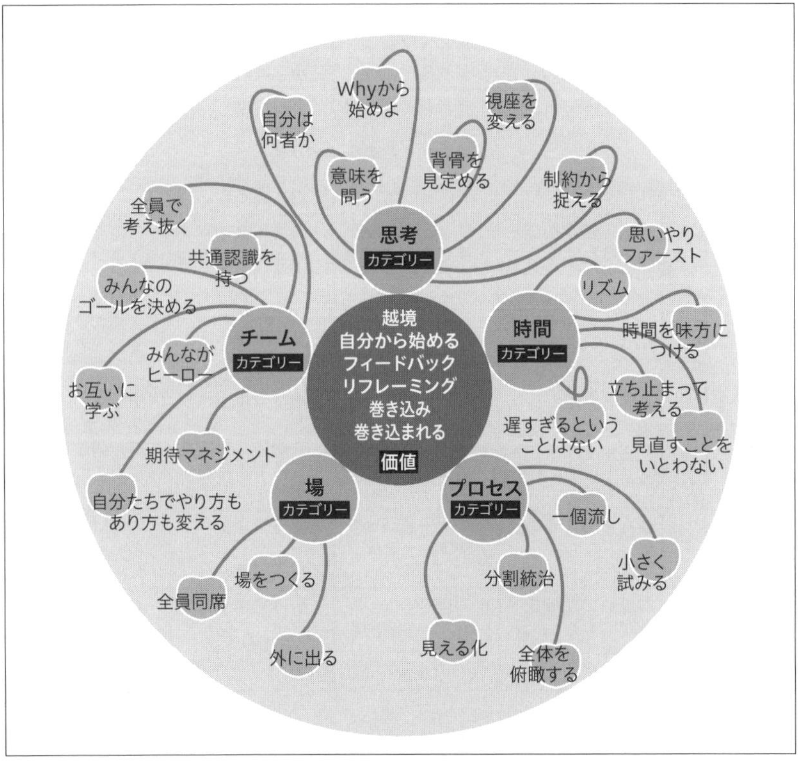

表3｜各話の価値と原則とプラクティス

部	話	タイトル	価値	原則	プラクティス
第1部 一人から 始める	1	会社を出ていく前にやっておくべきこと	・自分から始める	・自分は何者か ・外に出る	・現場の Diff を取る ・外に出る
	2	自分から始める	・自分から始める	・時間を味方につける ・見える化 ・全体を俯瞰する	・タスクマネジメント ・タスクボード ・朝会 ・ふりかえり
	3	一人で始めるふりかえり	・リフレーミング	・立ち止まって考える ・見直すことをいとわない	・KPT
	4	一人で始めるタスクの見える化	・フィードバック	・見える化 ・分割統治	・タスクマネジメント
	5	明日を味方につける	・フィードバック	・見える化 ・時間を味方につける	・朝会 ・1on1
	6	境目を行き来する	・越境	・見える化 ・全体を俯瞰する	・タスクボード
	7	二人ならもっと変えられる	・リフレーミング ・巻き込み巻き込まれる	・リズム ・遅すぎるということはない	・XP
	8	二人で越境する	・巻き込み巻き込まれる	・自分は何者か ・小さく試みる	—
第2部 チームで 強くなる	9	一人からチームへ	・巻き込み巻き込まれる ・自分から始める	・全員同席 ・見える化 ・リズム ・小さく試みる ・場をつくる	・スクラム
	10	完成の基準をチームで合わせる	・フィードバック ・巻き込み巻き込まれる	・共通認識を持つ ・みんなのゴールを決める	・スプリントプランニング ・プロダクトバックログ ・完成の定義 ・受け入れ条件
	11	チームの向かうべき先を見据える	・フィードバック ・リフレーミング	・why から始めよ ・期待マネジメント ・共通認識を持つ ・全員で考え抜く ・制約から捉える	・インセプションデッキ ・スクラムマスターの役割
	12	僕たちの仕事の流儀	・フィードバック ・リフレーミング	・期待マネジメント ・共通認識を持つ	・Working Agreement ・成功循環モデル
	13	お互いの期待を明らかにする	・フィードバック ・リフレーミング	・期待マネジメント ・共通認識を持つ	・期待マネジメント ・ドラッカー風エクササイズ

部	話	タイトル	価値	原則	プラクティス
	14	問題はありませんという問題	・フィードバック	・場をつくる ・期待マネジメント	・ファイブフィンガー
	15	チームとプロダクトオーナーの境界	・越境	・全員で考え抜く ・意味を問う	・スプリントレビュー ・リファインメント ・狩野モデル
	16	チームとリーダーの境界	・フィードバック ・リフレーミング ・越境	・立ち止まって考える ・見直すことをいとわない ・共通認識を持つ ・全員同席	・むきなおり ・合宿
	17	チームと新しいメンバーの境界	・巻き込み巻き込まれる ・フィードバック	・みんながヒーロー ・見える化 ・共通認識を持つ ・全員同席 ・全員で考え抜く ・一個流し	・星取表 ・モブプログラミング
	18	チームのやり方を変える	・越境 ・フィードバック ・リフレーミング	・みんながヒーロー ・自分たちでやり方もあり方も変える ・一個流し	・コーチの撤収 ・バリューストリームマッピング ・ECRS ・カンバン ・メトリクス
	19	チームの解散	・フィードバック	・思いやりファースト ・場をつくる	・ポストモーテム ・感謝のアクティビティ ・タイムラインふりかえり
第3部 みんなを巻き込む	20	新しいリーダーと、期待マネジメント	・フィードバック	・見直すことをいとわない ・場をつくる ・自分たちでやり方もあり方も変える	・期待マネジメントのアップデート ・ドラッカー風エクササイズのアップデート ・インセプションデッキのアップデート ・リーダーズインテグレーション ・心理的安全な場
	21	外からきたメンバーと、計画づくり	・フィードバック ・リフレーミング ・巻き込み巻き込まれる	・見直すことをいとわない ・全員で考え抜く ・遅すぎるということはない	・アジャイルな見積もりと計画づくり ・リリースプランニング ・プランニングポーカー ・CCPM ・パーキンソンの法則

部	話	タイトル	価値	原則	プラクティス
	22	外部チームと、やり方をむきなおる	・越境 ・フィードバック ・巻き込み巻き込まれる	・みんなのゴールを決める ・分割統治 ・場をつくる	・越境するむきなおり ・YWT ・スクラム・オブ・スクラム ・SoE ／ SoR
	23	デザイナーと、共通の目標に向かう	・リフレーミング ・巻き込み巻き込まれる ・越境	・共通認識を持つ ・みんなのゴールを決める ・自分たちでやり方もあり方も変える ・why から始めよ	・デザインプロセスと開発プロセス ・ユーザーストーリー ・INVEST ・ギャレットの 5 段階
	24	視座を変えて、突破するための見方を得る	・越境 ・巻き込み巻き込まれる	・外に出る ・制約から捉える ・視座を変える	・仮説キャンバス ・ジョブ理論
	25	広さと深さで、プロダクトを見立てる	・越境 ・リフレーミング	・背骨を見定める ・みんなのゴールを決める ・全員同席 ・場をつくる ・小さく試みる ・全体を俯瞰する	・ユーザーストーリーマッピング ・MVP
	26	チームで共に越える	・越境 ・巻き込み巻き込まれる	・外に出る ・意味を問う ・遅すぎるということはない	・ユーザーインタビュー
	27	越境する開発	・越境 ・自分から始める ・フィードバック	・場をつくる ・みんながヒーロー ・お互いに学ぶ	・ハンガーフライト
—	エピローグ	自分の世界を広げる	・越境 ・巻き込み巻き込まれる	・自分は何者か ・遅すぎるということはない	—

購入特典について

▶ 以下のサイトから購入特典をダウンロードできます※。
https://www.shoeisha.co.jp/book/present/9784798153346

【特典内容】

仮説キャンバス（PDF 形式、A3 サイズ／ A1 サイズ）

本書の第 24 話「視座を変えて、突破するための見方を得る」で解説している、仮説キャンバスのシートを差し上げます。壁やホワイトボードに掲示できるような大きなサイズも用意しています。ぜひ現場のカイゼンにご活用ください。

※SHOEISHA iD（翔泳社が運営する無料の会員制度）のメンバーでない方は、ダウンロードする際に SHOEISHA iD への登録が必要です。

参考文献

第1部

- 『これだけ！ KPT』(天野勝 著／すばる舎)
- 『アジャイルレトロスペクティブズ　強いチームを育てる「ふりかえり」の手引き』(Esther Derby、Diana Larsen 著／角征典 訳／オーム社)
- 「プロジェクトファシリテーション実践編　ふりかえりガイド」(天野勝 著／URL http://objectclub.jp/download/files/pf/RetrospectiveMeetingGuide.pdf)
- 「プロジェクトファシリテーション 実践編 朝会ガイド」(平鍋健児、天野勝 著／URL http://objectclub.jp/download/files/pf/MorningMeetingGuide.pdf)
- 「スクラムガイド」(©2017 Scrum.Org and ScrumInc. ／URL http://www.scrumguides.org/docs/scrumguide/v2017/2017-Scrum-Guide-Japanese.pdf)英語のオリジナル版はKen Schwaber、Jeff Sutherland 著。日本語訳は角征典。
- 『ヤフーの1on1―――部下を成長させるコミュニケーションの技法』(本間 浩輔 著／ダイヤモンド社)
- 『カンバン仕事術』(Marcus Hammarberg、Joakim Sundén 著／原田騎郎、安井力、吉羽龍太郎、角征典、高木正弘 訳／オライリージャパン)
- 『リーン開発の現場　カンバンによる大規模プロジェクトの運営』(Henrik Kniberg 著／角谷信太郎、市谷聡啓、藤原大 訳／オーム社)
- 『教育心理学概論(新訂版)』(三宅芳雄、三宅なほみ 著／放送大学教育振興会)
- 『学習する組織――システム思考で未来を創造する』(ピーター・M・センゲ 著／枝廣 淳子、小田理一郎、中小路佳代子 訳／英治出版)
- 『システム思考―複雑な問題の解決技法』(ジョン・D・スターマン 著／小田理一郎、枝廣淳子 訳／東洋経済新報社)
- 『完訳 7つの習慣 人格主義の回復』(スティーブン・R・コヴィー 著／フランクリン・コヴィー・ジャパン 訳／キングベアー出版)

第2部

- 「スクラムガイド」(©2017 Scrum.Org and ScrumInc. ／URL http://www.scrumguides.org/docs/scrumguide/v2017/2017-Scrum-Guide-Japanese.pdf)
- 『エッセンシャル スクラム：アジャイル開発に関わるすべての人のための完全攻略ガイド 』(Kenneth Rubin 著／岡澤裕二、角征典、高木正弘、和智右桂 訳／翔泳社)
- 『アジャイルサムライ―達人開発者への道―』(Jonathan Rasmusson 著／西村直人、角谷信太郎 監訳／近藤修平、角掛拓未 訳／オーム社)
- 『WHYから始めよ！―インスパイア型リーダーはここが違う』(サイモン・シネック 著／栗木さつき 訳／日本経済新聞出版社)
- Organizing for Learning: Strategies for Knowledge Creation and Enduring Change(Daniel H. Kim 著／ Pegasus Communications)
- 「戦略を実行する第2ステップ―組織の成功循環モデルを知り、リーダーシップを強化する」(ITmediaエグゼクティブ／細川馨 著／URL http://mag.executive.itmedia.co.jp/executive/articles/1112/05/news007.html)
- 『自分で動ける部下の育て方　期待マネジメント入門』(中竹竜二 著／ディスカヴァー・トゥエンティワン)
- 「Cynefin Framework」(Wikipedia ／ URL https://en.wikipedia.org/wiki/Cynefin_framework)
- 「スキルマップ作成のすすめ」(吉羽龍太郎 著／ Ryuzee.com ／ URL http://www.ryuzee.com/contents/blog/7065)
- 「Mob Programming – A Whole Team Approach by Woody Zuill」(Woody Zuill 著／ Agile Alliance ／ URL https://www.agilealliance.org/resources/experience-reports/mob-programming-whole-team-approach-woody-zuill/)
- 「モブプログラミング　- Woody Zuill氏とのインタビュー」(Stéphane Wojewoda 著／笹井崇司 訳／ InfoQ ／ URL https://www.infoq.com/jp/news/2016/08/mob-programming-zuill)
- 「モブプログラミングという働き方」(TAKAKING22 著／ Speaker Deck ／ URL https://speakerdeck.com/takaking22/mobupuroguramingutoiudong-kifang-number-devlove)
- 「バリューストリームマッピング」(牛尾剛 著／ URL https://onedrive.live.com/view.aspx?resid=AFEA52B867B4A879!7608&ithint=file%2cpptx&app=PowerPoint&authkey=!AGhTjJJeDHXRMpM)
- 『改善が生きる、明るく楽しい職場を築く TWI実践ワークブック』(パトリック・グラウプ、ロバート・ロナ 著／成沢俊子 訳／日刊工業新聞社)
- 『リーン開発の現場　カンバンによる大規模プロジェクトの運営』(Henrik Kniberg 著／角谷信太郎、市谷聡啓、藤原大 訳／オーム社)
- 『カンバン仕事術』(Marcus Hammarberg、Joakim Sunden 著／原田騎郎、安井力、吉羽龍太郎、角征典、高木正弘 訳／オライリー・ジャパン)
- 『現場からオフィスまで、全社で展開する　トヨタの自工程完結――リーダーになる人の仕事の進め方』(佐々木眞一 著／ダイヤモンド社)
- 『アジャイルレトロスペクティブズ　強いチームを育てる「ふりかえり」の手引き』(Esther Derby、Diana Larsen 著／角征典 訳／オーム社)
- 『チーム・ビルディング―人と人を「つなぐ」技法 (ファシリテーション・スキルズ)』(堀公俊、加藤彰、加留部貴行 著／日本経済新聞出版社)
- 「魅力的品質と当り前品質(Attractive Quality and Must-Be Quality)(狩野紀昭、瀬楽信彦、高橋文夫、辻新一 著／品質 Vol.14、No.2、1984 ／ URL https://ci.nii.ac.jp/naid/110003158895)
- 『組織の成果に直結する問題解決法 ソリューション・フォーカス』(ポール・Z・ジャクソン、マーク・マカーゴウ 著／青木安輝 訳／ダイヤモンド社)

第3部

- 「Modern agile」(URL http://modernagile.org)
- 「アジャイルマニフェスト」(Kent Beck、Mike Beedle、Arie van Bennekum、Alistair Cockburn、Ward Cunningham、Martin Fowler、James Grenning、Jim Highsmith、Andrew Hunt、Ron Jeffries、Jon Kern、Brian Marick、Robert C. Martin、Steve Mellor、Ken Schwaber、Jeff Sutherland、Dave Thomas 著 ／ URL http://agilemanifesto.org/iso/ja/manifesto.html)日本語訳は平鍋健児。
- 『アジャイルな見積りと計画づくり～価値あるソフトウェアを育てる概念と技法』(Mike Cohn 著／安井力、角谷信太郎 訳／マイナビ出版)
- 『エッセンシャル スクラム：アジャイル開発に関わるすべての人のための完全攻略ガイド 』(Kenneth Rubin著／岡澤裕二、角征典、高木正弘、和智右桂 訳／翔泳社)

- 「アジャイルチームを互いに連携し協同させるためにスクラム・オブ・スクラムを使うこと」(Ben Linders 著／永瀬美穂 訳／InfoQ／URL https://www.infoq.com/jp/news/2014/03/scrum-of-scrums)
- 『リーン開発の現場　カンバンによる大規模プロジェクトの運営』(Henrik Kniberg 著／角谷信太郎、市谷聡啓、藤原大 訳／オーム社)
- 「人材戦略　MBO機軸の人事評価からYWT機軸の人事評価へ」(高原暢恭 著／株式会社日本能率協会コンサルティング／URL http://www.jmac.co.jp/mail/hrm/161mboywt.html)
- 『ウェブ戦略としての「ユーザーエクスペリエンス」』(Jesse James Garrett 著／ソシオメディア 訳／マイナビ出版)
- 『Web制作者のためのUXデザインをはじめる本　ユーザビリティ評価からカスタマージャーニーマップまで』(玉飼真一、村上竜介、佐藤哲、太田文明、常盤晋作、株式会社アイ・エム・ジェイ 著／翔泳社)
- 「ユーザーストーリー駆動開発で行こう。」(市谷聡啓／SlideShare／URL https://www.slideshare.net/papanda/ss-41638116)
- 「ユーザーストーリーとは？」(吉羽龍太郎／SlideShare／URL https://www.slideshare.net/Ryuzee/ss-8332120)
- 『ジョブ理論 イノベーションを予測可能にする消費のメカニズム』(クレイトン・M・クリステンセン、タディ・ホール、カレン・ディロン、デイビッド・S・ダンカン 著／依田光江 訳／ハーパーコリンズ・ジャパン)
- 「シン・ゴジラの仮説を仮説キャンバスで立てる」(市谷聡啓 著／DevTab／URL https://devtab.jp/entry/internal/23)
- 「正しいものを正しくつくる」(市谷聡啓 著／SlideShare／URL https://www.slideshare.net/papanda/ss-66082690)
- 『ビジネスモデル・ジェネレーション ビジネスモデル設計書』(アレックス・オスターワルダー、イヴ・ピニュール 著／小山龍介 訳／翔泳社)
- 『Running Lean ―実践リーンスタートアップ』(アッシュ・マウリャ 著／角 征典 訳／オライリージャパン)
- 『ユーザーストーリーマッピング』(Jeff Patton 著／川口恭伸監 訳／長尾高弘 訳／オライリージャパン)
- 『リーン・スタートアップ』(エリック・リース 著／井口耕二 訳／日経BP社)
- 『マーケティング／商品企画のためのユーザーインタビューの教科書』(奥泉直子、山崎真湖人、三澤直加、古田一義、伊藤英明 著／マイナビ出版)
- 『図解入門ビジネス最新リーダーシップの基本と実践がよ～くわかる本』(杉山浩一 著／秀和システム)
- 『入門から応用へ　行動科学の展開【新版】―人的資源の活用』(ポール・ハーシィ、ケネス・H・ブランチャード、デューイ・E・ジョンソン 著／山本成二、山本あづさ 訳／生産性出版)
- 『機長のマネジメント―コックピットの安全哲学「クルー・リソース・マネジメント」』(村上耕一、斎藤貞雄 著／産能大出版部)
- 「コミュニティや職場で、ハンガーフライトしよう。」(市谷聡啓 著／papandaDiary - Be just and fear not.／URL http://d.hatena.ne.jp/papanda0806/20090429/1241016409)
- 「人が集まらない勉強会の果てに辿り着いた新しい勉強会 For Meta Con2009」(市谷聡啓 著／SlideShare／URL https://www.slideshare.net/papanda/for-meta-con2009)
- 『チームが機能するとはどういうことか―「学習力」と「実行力」を高める実践アプローチ』(エイミー・C・エドモンドソン著／野津智子訳／英治出版)
- 『ファシリテーターの道具箱―組織の問題解決に使えるパワーツール49』(森時彦、ファシリテーターの道具研究会 著／ダイヤモンド社)

Index

本書内容に関するお問い合わせについて

このたびは翔泳社の書籍をお買い上げいただき、誠にありがとうございます。弊社では、読者の皆様からのお問い合わせに適切に対応させていただくため、以下のガイドラインへのご協力をお願い致しております。下記項目をお読みいただき、手順に従ってお問い合わせください。

●ご質問される前に

弊社Webサイトの「正誤表」をご参照ください。これまでに判明した正誤や追加情報を掲載しています。

正誤表　http://www.shoeisha.co.jp/book/errata/

●ご質問方法

弊社Webサイトの「刊行物Q&A」をご利用ください。

刊行物Q&A　http://www.shoeisha.co.jp/book/qa/

インターネットをご利用でない場合は、FAXまたは郵便にて、下記"翔泳社 愛読者サービスセンター"までお問い合わせください。
電話でのご質問は、お受けしておりません。

●回答について

回答は、ご質問いただいた手段によってご返事申し上げます。ご質問の内容によっては、回答に数日ないしはそれ以上の期間を要する場合があります。

●ご質問に際してのご注意

本書の対象を越えるもの、記述個所を特定されないもの、また読者固有の環境に起因するご質問等にはお答えできませんので、予めご了承ください。

●郵便物送付先およびFAX番号

送付先住所	〒160-0006　東京都新宿区舟町5
FAX番号	03-5362-3818
宛先	（株）翔泳社 愛読者サービスセンター

Profile

市谷 聡啓 いちたに・としひろ

ギルドワークス株式会社 代表取締役／株式会社エナジャイル 代表取締役／ DevLOVEコミュニティ ファウンダー

サービスや事業についてのアイデア段階の構想から、コンセプトを練り上げていく仮説検証とアジャイル開発の運営について経験が厚い。プログラマーからキャリアをスタートし、SIerでのプロジェクトマネジメント、大規模インターネットサービスのプロデューサー、アジャイル開発の実践を経て、ギルドワークスを立ち上げる。それぞれの局面から得られた実践知で、ソフトウェアの共創に辿り着くべく越境し続けている。訳書に『リーン開発の現場』（共訳、オーム社）がある。

新井 剛 あらい・たけし

株式会社ヴァル研究所 開発部 部長／株式会社エナジャイル 取締役COO ／ CodeZine Academy Scrum Boot Camp Premiumチューター

CSP（認定スクラムプロフェッショナル）／ CSM（認定スクラムマスター）／ CSPO（認定プロダクトオーナー）

Javaコンポーネントのプロダクトマネージャー、緊急地震速報アプリケーション開発、駅すぱあとミドルエンジン開発などを経て、現在はアジャイルコーチ、カイゼンコーチ、ファシリテーター、ワークショップ等で組織開発を実施中。Java関連雑誌・ムックでの執筆や勉強会コミュニティのDevLOVE、Agile Samurai BaseCampなど運営スタッフ、イベント講演登壇も多数。

装丁・本文デザイン……大下賢一郎

DTP……BUCH⁺

カイゼン・ジャーニー
たった1人からはじめて、「越境」するチームをつくるまで

2018年 2月 7日 初版第1刷発行
2023年 2月 5日 初版第7刷発行

著 者……市谷 聡啓、新井 剛

発行人……佐々木幹夫

発行所……株式会社翔泳社（https://www.shoeisha.co.jp）

印刷・製本……大日本印刷株式会社

本書へのお問い合わせについては、279ページに記載の内容をお読みください。
落丁・乱丁はお取り替えいたします。03-5362-3705 までご連絡ください。

ISBN978-4-7981-5334-6　　Printed in Japan